明日科技 · 编著

零基础学
Python
数据分析

·升级版·

LINGJICHUXUE

电子工业出版社

Publishing House of Electronics Industry

北京·BEIJING

内容简介

《零基础学 Python 数据分析》（升级版）以数据分析"三剑客"Pandas、Matplotlib 和 NumPy 为主线，从学习与应用的角度出发，全面介绍了数据分析必备入门知识，帮助读者快速掌握数据分析技能，拓宽职场道路。本书通过大量的示意图辅助讲解，力求使读者能够快速理解晦涩难懂的专业术语，同时通过快速示例将知识与应用相结合，并给出实际项目的数据分析案例，让读者能够轻松学习，从而将数据分析与预测知识应用到实际工作中。

全书共 10 章，包括数据分析基础、搭建 Python 数据分析环境、Pandas 入门、Pandas 进阶、可视化数据分析图表、图解数组计算模块 NumPy、数据统计分析案例、机器学习 Scikit-Learn、Python 股票数据分析（Jupyter Notebook 版）、京东电商销售数据分析与预测。本书提供丰富的资源，包含快速示例、案例、项目、视频讲解，力求为读者打造一本"知识讲解＋快速示例＋综合应用＋实战项目"一体化的精彩的 Python 数据分析图书。

本书适合 Python 初学者、数据分析新入行人员、从事数据相关工作的人员、对数据分析感兴趣的人员，以及从事其他岗位的想掌握一定数据分析技能的职场人员。

图书在版编目（CIP）数据

零基础学 Python 数据分析：升级版 / 明日科技编著 . -- 北京：电子工业出版社，2024.4
ISBN 978-7-121-47685-3
Ⅰ . ①零… Ⅱ . ①明… Ⅲ . ①软件工具－程序设计Ⅳ . ① TP311.561
中国国家版本馆 CIP 数据核字 (2024) 第 073834 号

责任编辑：张彦红
文字编辑：孙奇俏
印　　刷：中国电影出版社印刷厂
装　　订：中国电影出版社印刷厂
出版发行：电子工业出版社
　　　　　北京市海淀区万寿路 173 信箱　　　邮编：100036
开　　本：880×1230　1/16　　印张：16　　　字数：499.2 千字
版　　次：2024 年 4 月第 1 版
印　　次：2024 年 4 月第 1 次印刷
定　　价：99.00 元

前言

"零基础学"系列图书于 2017 年 8 月首次面世，该系列图书是国内全彩印刷的软件开发类图书的先行者，书中的代码颜色及程序效果与开发环境基本保持一致，真正做到让读者在看书学习与实际编码间无缝切换；而且因编写细致、易学实用及配备海量学习资源，在软件开发类图书市场上产生了很大反响。自出版以来，系列图书迄今已加印百余次，累计销量达 50 多万册，不仅深受广大程序员的喜爱，还被百余所高校选为计算机、软件等相关专业的教学参考用书。

"零基础学"系列图书升级版在继承前一版优点的基础上，将开发环境和工具更新为目前最新版本，并结合当今的市场需要，进一步对图书品种进行了增补，对相关内容进行了更新、优化，更适合读者学习。同时，为了方便教学使用，本系列图书全部提供配套教学 PPT 课件。另外，针对 AI 技术在软件开发领域，特别是在自动化测试、代码生成和优化等方面的应用，我们专门为本系列图书开发了一个微视频课程——"AI 辅助编程"，以帮助读者更好地学习编程。

升级版包括 10 本书：《零基础学 Python》（升级版）、《零基础学 C 语言》（升级版）、《零基础学 Java》（升级版）、《零基础学 C++》（升级版）、《零基础学 C#》（升级版）、《零基础学 Python 数据分析》（升级版）、《零基础学 Python GUI 设计：PyQt》（升级版）、《零基础学 Python GUI 设计：tkinter》（升级版）、《零基础学 SQL》（升级版）、《零基础学 Python 网络爬虫》（升级版）。

在大数据、人工智能时代，数据无处不在。无论身处哪个行业，能够掌握一定的数据分析技能都是职场的加分项。

众所周知，Python 语言简单易学，处理数据分析任务快捷、高效，对于初学者来说非常容易上手。另外，其第三方扩展库不断更新，也使得其应用范围越来越广。在科学计算、数据分析、数学建模和数据挖掘方面，Python 均占据了十分重要的位置。因此，本书将 Python 作为数据分析的首选工具，和大家一起探索 Python 数据分析的必备知识点，让读者可以零基础学习 Python 数据分析，并将其应用于实际工作。

本书内容

本书共 10 章，采用"知识讲解 + 快速示例 + 综合应用 + 实战项目"四个维度一体化的讲解模式，涵盖了数据分析的必备知识点，具体如下图所示。

 知识讲解 **快速示例** **综合应用** ▶ **实战项目**

知识讲解	快速示例	综合应用	实战项目
结合大量的示意图，对相关知识点及难懂的专业术语进行说明。	根据知识点举例，侧重快速理解与应用。	以案例为主，侧重提升读者对知识点的综合运用能力。	给出两个典型项目，侧重提升读者将所学数据分析知识应用于实际项目的能力。

本书特色（如何使用本书）

☑ 书网合一——扫描书中的二维码，学习线上视频课程及拓展内容

（1）视频讲解

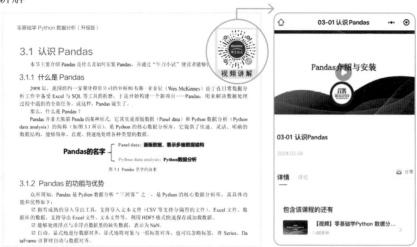

（2）e 学码：关键知识点拓展阅读

☑ 源码提供——配套资源包提供书中示例源码（扫描封底读者服务二维码获取）

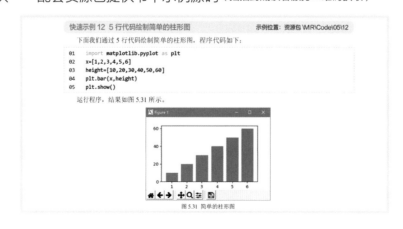

☑ AI 辅助编程——独家微视频课程，助你利用 AI 辅助编程

近几年，AI 技术已经被广泛应用于软件开发领域，特别是在自动化测试、代码生成和优化等方面。例如，AI 可以通过分析大量的代码库来识别常见的模式和结构，并根据这些模式和结构生成新的代码。此外，AI 还可以通过学习程序员的编程习惯和风格，提供更加个性化的建议和推荐。尽管 AI 尚不能完全取代程序员，但利用 AI 辅助编程，可以帮助程序员提高工作效率。本系列图书配套的"AI 辅助编程"微视频课程可以给读者一些启发。

☑ 全彩印刷——还原真实开发环境，让编程学习更轻松

快速示例 32 绘制 3D 柱形图　　　　　　示例位置：资源包 \MR\Code\05\32

绘制 3D 柱形图，程序代码如下：

```
01    # 导入相关模块
02    import matplotlib.pyplot as plt
03    from mpl_toolkits.mplot3d.axes3d import Axes3D
04    import numpy as np
05    fig = plt.figure()                      # 创建空画布
06    axes3d = fig.add_axes(Axes3D(fig))      # 创建3D画布并添加轴
07    zs = [1, 5, 10, 15, 20]                 # 创建列表（z轴数据）
08    for z in zs:
09        x = np.arange(0, 10)                # x轴数据
10        y = np.random.randint(0, 30, size=10)  # y轴数据
11        # 3D柱形图
12        axes3d.bar(x, y, zs=z, zdir='x', color=['r', 'green', 'yellow', 'c'])
13    plt.show()                              # 显示图表
```

运行程序，结果如图 5.55 所示。

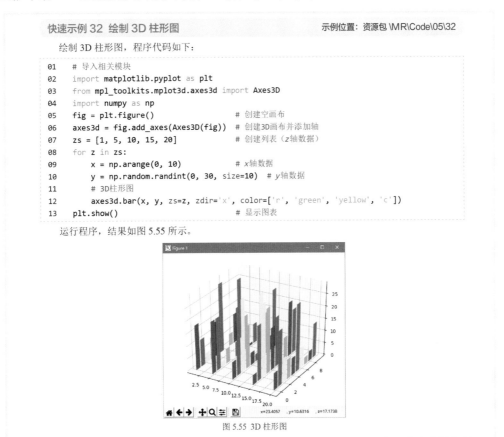

图 5.55 3D 柱形图

☑ 作者答疑——每本书均配有"读者服务"微信群，作者会在群里解答读者的问题

☑ 海量资源——配有示例源码文件、PPT 课件、表结构等，即查即练，方便拓展学习

资源
视频讲解
e 学码
Code（本书示例源码）
PPT 课件
【附赠资源】数据分析五大开发环境视频
【附赠资源】Python 数据分析专属魔卡
【附赠资源】数据分析速查表（详尽版）
【附赠资源】AI 智能无人机控制实例

如何获得答疑支持和配套资源包

微信扫码回复：47685

• 加入读者交流群，获得作者答疑支持；

• 获得本书配套海量资源包。

读者对象

本书主要适合以下人群。

• 热爱 Python 语言的初学者及初级、中级程序员

• 大中专院校及相关培训机构的老师和学生

• 参加毕业设计的学生

• 刚进入数据分析行业的人员

• 从事数据相关工作及对数据分析感兴趣的人员

• 想掌握数据分析技能的职场人员

在编写本书的过程中，编者本着科学、严谨的态度，力求精益求精，但疏漏之处在所难免，敬请广大读者批评指正。

感谢您阅读本书，希望本书能成为您编程路上的领航者。

编者

2024 年 3 月

目录

第 4 章 Pandas 进阶　　　　67

视频讲解：3 小时 15 分钟

快速示例：54 个

e 学码词条：8 个

第 5 章 可视化数据分析图表　　113

视频讲解：3 小时 1 分钟

快速示例：38 个

e 学码词条：6 个

第 9 章 Python 股票数据分析（Jupyter Notebook 版） 219

▶ 视频讲解：44 分钟

第 10 章 京东电商销售数据分析与预测 235

▶ 视频讲解：49 分钟

⑤ 精彩案例：4 个

第1章
数据分析基础

(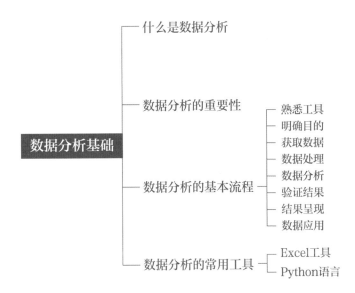 视频讲解：17分钟)

本章概览

学习数据分析首先应了解数据分析的基础知识。本章首先介绍什么是数据分析及数据分析的重要性，然后开始讲解数据分析的基本流程。

工欲善其事，必先利其器。学习数据分析，还要掌握数据分析工具，Python几乎是数据分析工具的首选。接下来，就让我们开启数据分析之旅，体验数据之美。

知识框架

```
                        ┌── 什么是数据分析
                        │
                        │                        ┌── 熟悉工具
                        ├── 数据分析的重要性      ├── 明确目的
                        │                        ├── 获取数据
   数据分析基础 ────────┤                        ├── 数据处理
                        │                        ├── 数据分析
                        ├── 数据分析的基本流程 ──┤── 验证结果
                        │                        ├── 结果呈现
                        │                        └── 数据应用
                        │
                        └── 数据分析的常用工具 ──┬── Excel工具
                                                 └── Python语言
```

视频讲解

1.1 什么是数据分析

数据分析是结合数学、统计学理论的科学统计分析方法，对 Excel 数据、数据库中的数据、收集的大量数据、网页抓取的数据进行分析，从中提取有价值的信息并形成结论进行展示的过程。

数据分析的本质，是通过总结数据的规律解决业务问题，以帮助管理者在实际工作中做出判断和决策。

数据分析包括如下主要内容。

☑ 现状分析：分析已经发生了什么。

☑ 原因分析：分析为什么会出现这种现状。

☑ 预测分析：预测未来可能发生什么。

1.2 数据分析的重要性

大数据、人工智能时代到来，数据分析无处不在。数据分析可以帮助人们做出判断，以便采取适当的措施，比如发现机遇、创造新的商业价值，以及发现企业自身的问题并预测企业的未来。

在实际工作中，无论从事哪种行业，如数据分析师、销售运营、市场策划、金融、客户服务、人力资源、财务管理、教育等行业（如图 1.1 所示），数据分析都是基本功，是职场必备技能，能够掌握一定的数据分析技能必然是职场中的加分项。

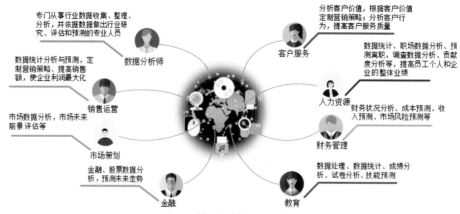

图 1.1 数据分析的行业需求

下面举两个例子为大家说明数据分析的重要性。

情景一：运营人员向管理者汇报工作，说明销量增长情况。

☑ 表达一：这个月比上个月销量好。

☑ 表达二：11 月销量环比增长 69.8%，全网销量排名第一。

☑ 表达三：近一年全国销量及环比增长情况如图 1.2 所示，月平均销量 2834.5 册，整体呈上升趋势，其中受 "618" 和 "双十一" 影响，6 月环比增长 43.7%，7 月环比增长 16.1%，9 月环比增长 56.8%、11 月环比增长 69.8%。虽然 "618" 大促销量比 5 月有所提高，但表现并不好，与 "双十一" 相比差很多，未来要加大 "618" 前后的宣传力度，做好预热和延续。

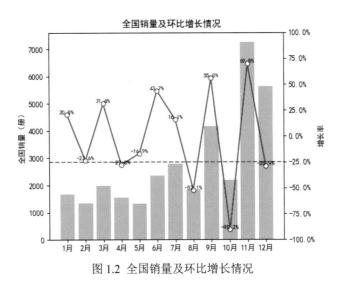

图 1.2 全国销量及环比增长情况

如果你是管理者，更青睐哪一种？

其实，管理者要的是真正简单、清晰的分析，以及接下来的决策方向。根据运营人员给出的解决方案，他可以预见公司未来的发展，解决真正的问题，提高平台的业务量。

情景二：啤酒和纸尿裤的故事。

为什么沃尔玛将看似毫不相干的啤酒和纸尿裤（如图 1.3 所示）摆在一起销售，两者的销量均增长了呢？

图 1.3 啤酒和纸尿裤

因为沃尔玛很好地运用了数据分析方法，发现了"啤酒"和"纸尿裤"的潜在联系。原来，美国的太太们常叮嘱她们的丈夫在下班后为孩子买纸尿裤，而丈夫们在购买纸尿裤的同时又随手带回了几瓶啤酒。这一消费行为导致这两件商品经常被同时购买。所以，沃尔玛索性就将它们摆放在一起，既方便顾客，又提高了商品销量。

还有很多通过数据分析而获得成功的例子。比如，在营销领域对客户分群数据进行统计、分类等，判断客户购买趋势；对产品数据进行统计，预测销量，找出销量薄弱点进行改善；在金融领域基于大量的过往数据预测股价波动。

综上所述，数据分析之所以如此重要，是因为数据具有真实性。我们对真实的数据进行统计分析，就是对问题进行思考和分析，在这个过程中，我们会发现问题，并寻找解决问题的方法。

未来如果不懂数据分析，可能会与很多热门职位失之交臂。

1.3 数据分析的基本流程

视频讲解

图 1.4 展示了数据分析的基本流程，其中数据分析的重要环节是明确目的，这也是做数据分析最有价值的部分。

图 1.4　数据分析的基本流程

1.3.1　熟悉工具

掌握一款数据分析工具至关重要，它能够帮助你快速解决问题，从而提高工作效率。常用的数据分析工具有 Excel、SPSS、R 语言、Python 语言等。本书采用的是 Python 语言。

1.3.2　明确目的

"如果给我 1 小时解答一道决定我生死的问题，我会花 55 分钟来弄清楚这道题到底在问什么。一旦清楚了它到底在问什么，剩下的 5 分钟足够回答这个问题。"——爱因斯坦

在数据分析方面，首先要花一些时间搞清楚为什么要做数据分析。例如，是为了评估产品改版后的效果比之前是否有所提升，或是要通过数据分析找到产品迭代的方向等。

只有明确了分析目的，才能找到适合的分析方法，并有效地进行数据处理、数据分析和数据预测等后续工作，最终得到结论，应用到实际中。

1.3.3　获取数据

数据的来源有很多，像我们熟悉的 Excel 数据、数据库中的数据、网站数据及公开的数据集等。

获取数据之前首先要知道需要什么时间段的数据、哪个表中的数据，以及如何获取，是下载、复制还是爬取等。

1.3.4　数据处理

数据处理是指从大量杂乱无章、难以理解、缺失的数据中，抽取并推导出对解决问题有价值、有意义的数据。数据处理主要包括数据规约、数据清洗、数据加工等方法，具体如图 1.5 所示。

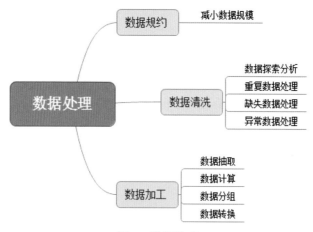

图 1.5　数据处理

☑ 数据规约：在接近或保持原始数据完整性的同时将数据规模减小，以提高数据处理的速度。例如，一个 Excel 表中包含近三年的几十万条数据，由于我们只分析近一年的数据，所以选取近一年的数据即可，这样做的目的就是减小数据规模，提高数据处理速度。

☑ 数据清洗：在获取到原始数据后，其中的很多数据可能都不符合数据分析的要求，这时就需要按照如下步骤进行处理。

➤ 数据探索分析：分析数据的规律，通过一定的方法统计数据，通过统计结果判断数据是否存在缺失、异常等情况。例如，通过最小值判断是否包含缺失数据，如果最小值为 0，那么这部分数据就是缺失数据，也可以通过查看数据是否存在空值来判断数据是否缺失。

➤ 重复数据处理：对于重复的数据，删除即可。

➤ 缺失数据处理：对于缺失的数据，如果缺失比例高于 30%，可以选择放弃这些数据，删除即可；如果缺失比例低于 30%，可以对这部分缺失数据进行填充，以 0 或均值填充。

➤ 异常数据处理：对于异常数据，需要根据具体业务进行具体分析和处理，对于不符合常理的数据可进行删除。例如，性别数据中除男和女以外的其他值，以及超出正常年龄范围的年龄数据，这些都属于异常数据。

☑ 数据加工包括数据抽取、数据计算、数据分组和数据转换。

➤ 数据抽取：选取数据中的部分内容。

➤ 数据计算：进行各种算术和逻辑运算，以便得到进一步的信息。

➤ 数据分组：按照有关信息进行有效的分组。

➤ 数据转换：数据标准化处理，以适应数据分析算法的需要，常用的有 z-score 标准化、"最小、最大标准化"和"按小数定标标准化"等。经过上述标准化处理后，数据中的各项指标将会处在同一数量级别上，可以更好地对数据进行综合测评和分析。

1.3.5 数据分析

在数据分析的过程中，选择适合的分析方法和工具很重要，所选择的分析方法应兼具准确性、可操作性、可理解性和可应用性。但对于业务人员（如产品经理或运营人员）来说，最重要的是具有数据分析思维。

1.3.6 验证结果

通过数据分析我们会得到一些结果，但是这些结果只是数据的主观结果的体现，有些时候不一定完全准确，所以必须要进行验证。

例如，数据分析结果显示某产品点击量非常高，但实际下载量平平。在这种情况下，不要轻易定论这个产品受欢迎，而要进一步验证，找到真正影响点击量的原因，这样才能做出更好的决策。

1.3.7 结果呈现

现如今，企业越来越重视数据分析给业务决策带来的有效作用，而可视化是数据分析结果呈现的重要步骤。可视化是以图表方式呈现数据分析结果的，这样的结果更清晰，更直观，更容易理解。

1.3.8 数据应用

数据分析的结果并不仅仅要把数据呈现出来，而更应该关注通过分析这些数据，后面可以做什么。如何将数据分析结果应用到实际业务中才是学习数据分析的重点。

数据分析结果的应用是数据产生实际价值的直接体现，而这个过程需要具有数据沟通能力、业务推动能力和项目工作能力。如果看了数据分析结果后并不知道要做什么，那么此次数据分析就是失败的。

1.4 数据分析的常用工具

视频讲解

工欲善其事，必先利其器，选择合适的数据分析工具尤为重要。下面介绍两款常用的数据分析工具，Excel 工具和 Python 语言。

1.4.1 Excel 工具

Excel 具备多种强大的功能，例如创建表格、数据透视表、VBA 等。Excel 如此强大，确保了大家可以根据自己的需求分析数据。

但是在今天，大数据、人工智能时代已来，对于数据量很大的情况，Excel 已经无法胜任，不仅处理起来很麻烦，而且处理速度也会变慢。从数据分析的层面上看，Excel 只是停留在描述性分析阶段，例如对比分析、趋势分析、结构分析等。

1.4.2 Python 语言

虽然 Excel 已尽最大努力考虑到数据分析的大多数应用场景，但它是定制软件，很多操作都固化了，不能自由修改。而 Python 则非常强大和灵活，可以编写代码来执行所需的任何操作，从专业和便利的角度来看，它比 Excel 更加强大。另外，Python 可以实现 Excel 难以实现的应用场景。

☑ 专业的统计分析

例如正态分布，使用算法对数据进行聚类和回归分析等。这种分析就像用数据做实验一样，它可以帮助我们回答以下问题：数据分布是正态分布、三角分布还是其他类型的分布？离散情况如何？结果是否在我们想要达到的统计可控范围内？不同参数对结果的影响如何？

☑ 预测分析

例如，我们打算预测消费者的行为。他会在我们的商店停留多长时间？他会花多少钱？对此，我们可以找出他的个人信用情况，并根据他的在线消费记录确定他的喜好。或者，我们可以根据他在网页上的浏览历史为其推送不同的商品。这也涉及当前流行的机器学习和人工智能相关概念。

综上所述，Python 作为数据分析工具的首选，具有以下优势。

☑ 简单易学，处理数据简单高效，对于初学者来说更加容易上手。

☑ 第三方扩展库不断更新，可用范围越来越广。

☑ 在科学计算、数据分析、数学建模和数据挖掘方面占据越来越重要的地位。

☑ 可以和其他语言进行对接，兼容性稳定。

当然，如果你既会 Excel 又会 Python，那么这绝对是职场中的加分项！

1.5 小结

通过本章的学习，读者能够对数据分析有基本的认识，了解什么是数据分析、数据分析的重要性，以及数据分析的基本流程和常用工具。

本章 e 学码：关键知识点拓展阅读

R 语言	SPSS	VBA	大数据
数据清洗	数据透视表	正态分布	

第2章
搭建 Python 数据分析环境

（ ▶ 视频讲解：24 分钟）

本章概览

Python 简单易学，是一种强大的编程语言。作为数据分析工具，Python 具有高效的高级数据结构，其提供的数据处理、绘图、数组计算、机器学习等相关模块，使得数据分析工作变得简单、高效。

认识 Python 少不了 IDE 或者集成开发环境 PyCharm，以及适合数据分析的标准环境、文学式开发工具 Jupyter Notebook 和科学计算工具 IPython。本章将详细介绍这几款工具，以便为后期的数据分析做准备。

知识框架

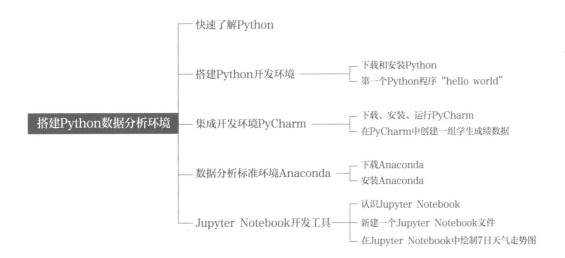

视频讲解

2.1 快速了解 Python

本节简单介绍什么是 Python，以及 Python 的版本。

2.1.1 Python 简介

Python 英文本义是"蟒蛇"。1989 年，荷兰人 Guido van Rossum 发明了一种面向对象的解释型高级编程语言，命名为 Python，标志如图 2.1 所示。Python 的设计哲学为优雅、明确、简单。实际上，Python 也始终贯彻这个理念，以至于现在网络上流传着"人生苦短，我用 Python"的说法，可见 Python 有着简单易学、开发速度快、执行高效等特点。

图 2.1 Python 的标志

Python 简单易学，而且提供了大量的第三方扩展库，如 Pandas、Matplotlib、NumPy、SciPy、Scikit-lenrn、Keras 和 Gensim 等。这些库不仅可以对数据进行处理、挖掘、可视化展示，其自带的分析方法模型也使得数据分析变得简单高效。利用 Python，我们只需编写少量代码就可以得到分析结果。

因此，Python 在数据分析、机器学习及人工智能等领域占据了越来越重要的地位，现如今已经成为科学领域的主流编程语言并稳居第一，如图 2.1 所示。

Nov 2023	Nov 2022	Change		Programming Language	Ratings	Change
1	1			Python	14.16%	-3.02%
2	2			C	11.77%	-3.31%
3	4	^		C++	10.36%	-0.39%
4	3	v		Java	8.35%	-3.63%
5	5			C#	7.65%	+3.40%
6	7	^		JavaScript	3.21%	+0.47%
7	10	^		PHP	2.30%	+0.61%
8	6	v		Visual Basic	2.10%	-2.01%
9	9			SQL	1.88%	+0.07%
10	8	v		Assembly language	1.35%	-0.83%

图 2.2 TIOBE 编程语言排行榜 TOP10（截至 2023 年 10 月）

2.1.2 Python 的版本

Python 自发布以来主要包括 3 个版本，即 1994 年发布的 Python 1.0 版本（已过时）、2000 年发布的 Python 2.0 版本（截至 2020 年 7 月更新到 2.7.18，已停止更新）和 2008 年发布的 Python 3.0 版本（截至 2023 年 10 月，已经更新到 3.12.0）。

2.1.3 Python 的应用领域

Python 的应用领域非常广泛，例如，我们常见的数据分析与数据可视化、网络爬虫、Web 开发、大数据处理、人工智能、自动化开发运维、云计算、游戏开发等。

比如，我们经常访问的豆瓣网、美国最大的在线云存储网站 Dropbox、由 NASA（美国国家航空航天局）和 Rackspace 合作开发的云计算管理平台 OpenStack、国际上知名的游戏 *Sid Meier's Civilization*《文明》等项目都是使用 Python 实现的。

在国外，Google 在其网络搜索系统中广泛应用了 Python，并且曾经聘用了 Python 之父。另外，Facebook 大量的基础库和 YouTube 视频分享服务大部分也是用 Python 编写的。

2.2 搭建 Python 开发环境

2.2.1 下载和安装 Python

1. 下载 Python 安装包

在 Python 的官方网站中，可以方便地下载 Python 的开发环境，具体下载步骤如下。

（1）打开浏览器，进入 Python 官方网站首页，将鼠标光标移动到 Downloads 菜单上，默认会出现如图 2.3 所示的页面，该页面中将显示 Python 最新的 Windows 64 位版本。

图 2.3 Python 官方网站首页

注意

将鼠标光标移动到 Downloads 菜单上，如果没有显示右侧的内容，应该是页面没有加载完成，加载完成后就会显示了，请耐心等待。

（2）如果你的计算机刚好是 Windows 64 位操作系统，那么直接单击"Python 3.12.0"按钮即可；如果不是 Windows 64 位操作系统，那么需要将鼠标光标移动到 Downloads 菜单，首先选择符合自己计算机的操作系统，如 Windows、macOS 等，然后根据需求选择适合的 Python 版本。例如单击 Windows 菜单项，进入详细的下载列表，此时将出现各种适合 Windows 系统的 Python 版本，如图 2.4 所示，在这里选择需要的 Python 版本进行下载即可。

图 2.4 适合 Windows 系统的 Python 下载列表

说明

在图 2.4 所示的下载列表中，带有"32-bit"字样的压缩包，表示该开发工具可以在 Windows 32 位系统上使用；而带有"64-bit"字样的压缩包，则表示该开发工具可以在 Windows 64 位系统上使用。另外，标记为"embeddable package"字样的压缩包，表示支持通过可执行文件 (*.exe) 离线安装。

（3）由于笔者的计算机的操作系统是 Windows 64 位，所以直接单击 Python 3.12.0 对应的 Windows installer（64-bit）下载超链接即可。

2. 在 Windows 64 位操作系统上安装 Python

在 Windows 64 位操作系统上安装 Python，具体操作步骤如下。

（1）双击下载的安装文件，如 python-3.12.0-amd64.exe，将显示"安装向导"对话框，选中 Add python.exe to PATH 复选框，让安装程序自动配置环境变量，如图 2.5 所示。

图 2.5 "安装向导"对话框

> **注意**
> 一定要选中"Add python.ext to PATH"复制框，否则在后面的学习中将会出现"XXX 不是内部或外部命令"的错误提示。

（2）单击"Customize installation"按钮，选择自定义安装（自定义安装可以修改安装路径），在弹出的"安装选项"对话框中采用默认设置，如图 2.6 所示。

图 2.6 "安装选项"对话框

（3）单击"Next"按钮，将打开"高级选项"对话框，在该对话框中可设置安装路径，例如"D:\Python\Python 3.12"（建议不要将 Python 的安装路径设置为操作系统的安装路径，否则一旦操作系统崩溃，在 Python 路径下编写的程序将非常危险），其他采用默认设置，如图 2.7 所示。

图 2.7 "高级选项" 对话框

（4）单击 "Install" 按钮，开始安装 Python，如图 2.8 所示。

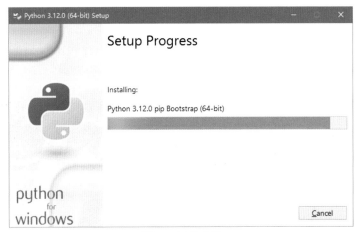

图 2.8 开始安装

如果在安装过程中出现如图 2.9 所示的错误提示，则需要通过鼠标右键单击安装包 python-3.12.0-amd64.exe，在弹出的菜单中选择 "以管理员身份运行"。

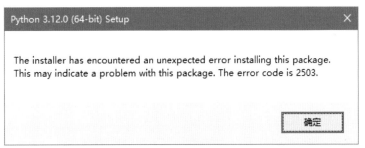

图 2.9 错误提示

（5）Python 安装完成后，将显示如图 2.10 所示的 "安装完成" 对话框。

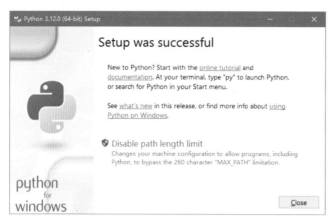

图 2.10 "安装完成"对话框

3. 测试 Python 是否安装成功

Python 安装完成后，需要测试 Python 是否成功安装。例如，在 Windows 10 系统中测试 Python 是否成功安装，可以单击 Windows 10 系统的"开始"菜单，在桌面左下角"搜索"文本框中输入 cmd 命令，然后按下 <Enter> 键，启动命令提示符窗口，在当前的命令提示符后面输入"python"，按下 <Enter> 键，如果出现如图 2.11 所示的信息，则说明 Python 安装成功，同时进入交互式 Python 解释器中。

图 2.11 在命令行窗口运行的 Python 解释器

说明

图 2.11 中的信息是笔者电脑中安装的 Python 的相关信息，其中包括 Python 的版本、该版本发行的时间、安装包的类型等。因为选择的版本不同，这些信息可能会有所差异，但只要命令提示符变为 ">>>"，就说明 Python 已经安装成功，正在等待用户输入 Python 命令。

2.2.2 第一个 Python 程序"hello world"

安装 Python 后，会自动安装一个 IDLE。那么，什么是 IDLE 呢？

IDLE 全称为 Integrated Development and Learning Environment，即集成开发和学习环境，它是 Python 的集成开发环境，是一个 IDLE Shell（可以在打开的 IDLE 窗口的标题栏上看到），程序开发人员可以利用 IDLE Shell 与 Python 进行交互。下面将详细介绍如何使用 IDLE 开发 Python 程序。

首先单击 Windows 10 系统的"开始"菜单，然后依次选择"Python 3.12"→"IDLE (Python 3.12 64-bit)"菜单项，即可打开 IDLE 主窗口，如图 2.12 所示。

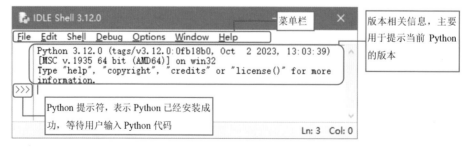

图 2.12 IDLE 主窗口

在 Python 提示符"＞＞＞"右侧输入代码时，每写完一条语句并且按下 <Enter> 键，该条语句就会执行。而在实际开发时，通常不会只写一行代码，如果需要编写多行代码，可以单独创建一个文件保存这些代码，代码全部编写完毕后，一起执行。具体方法如下。

（1）在 IDLE 主窗口的菜单栏上，选择"File"→"New File"命令，打开一个新的文件窗口，在该窗口中可以直接编写 Python 代码，输入一行代码后按下 <Enter> 键，将自动切换到下一行，等待继续输入，如图 2.13 所示。

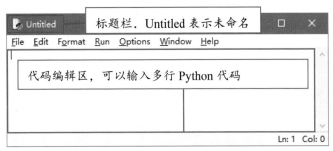

图 2.13 新创建的 Python 文件窗口

（2）在代码编辑区中，编写"hello world"程序，代码如下：

```
print("hello world")
```

（3）编写代码后的 Python 文件窗口如图 2.14 所示。按下快捷键 <Ctrl + S> 保存文件，这里将其保存为 demo.py，其中，.py 是 Python 文件的扩展名。

图 2.14 编写代码后的 Python 文件窗口

（4）运行程序。在菜单栏中选择"Run"→"Run Module"命令（或按下 <F5> 键），运行结果如图 2.15 所示。

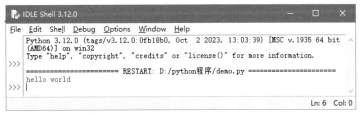

图 2.15 运行结果

说明　程序运行结果会在 IDLE 中呈现，每运行一次程序，就会在 IDLE 中呈现一次结果。

2.3 集成开发环境 PyCharm

视频讲解

PyCharm 是由 Jetbrains 公司开发的 Python 程序商业集成开发环境。由于其具有智能代码编辑器，因此实现了自动代码格式化、代码完成、智能提示、重构、单元测试、自动导入和一键代码导航等功能，目前已成为 Python 专业开发人员和初学者使用的优秀工具。下面介绍 PyCharm 工具的使用方法。

2.3.1 下载 PyCharm

PyCharm 的下载非常简单，可以直接到 Jetbrains 公司的官网下载，具体步骤如下。

（1）打开 PyCharm 官网，选择"Developer Tools"菜单下的"PyCharm"选项，如图 2.16 所示，进入 PyCharm 下载页面。

图 2.16 PyCharm 官网页面

（2）在 PyCharm 下载页面，单击"Download"按钮，如图 2.17 所示，进入 PyCharm 环境选择和版本选择页面。

图 2.17 PyCharm 下载页面

（3）选择安装 PyCharm 的操作系统平台为 Windows，如图 2.18 所示。用鼠标拖动滚动条下拉网页，找到社区版 PyCharm Community Edition，如图 2.19 所示，单击"Download"按钮下载。

图 2.18 选择安装 PyCharm 的操作系统平台

图 2.19 下载社区版

2.3.2 安装 PyCharm

安装 PyCharm，具体步骤如下。

（1）双击 PyCharm 安装包进行安装，在欢迎页面单击"Next"按钮进入软件安装路径设置页面。

（2）在软件安装路径设置页面，设置合理的安装路径。这里建议不要把软件安装到操作系统所在的路径下，否则当出现操作系统崩溃等特殊情况而必须重做操作系统时，PyCharm 安装路径下的程序将被破坏。当 PyCharm 默认的安装路径为操作系统所在的路径时，建议更改。另外，安装路径中建议不要使用中文字符。笔者选择的安装路径为"E:\Program Files\JetBrains\PyCharm"，如图 2.20 所示。单击"Next"按钮，进入创建桌面快捷方式页面。

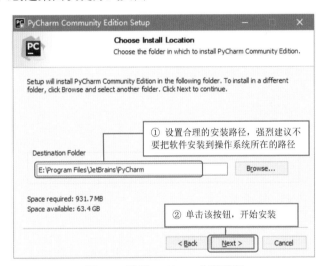

图 2.20 设置 PyCharm 安装路径

（3）在创建桌面快捷方式页面（Create Desktop Shortcut）中设置 PyCharm 程序的快捷方式，然后设置关联文件（Create Associations），勾选".py"左侧的复选框，这样以后再打开 .py 文件（Python 脚本文件，接下来我们编写的很多程序都是 .py 文件）时，就会默认调用 PyCharm 打开，如图 2.21 所示。

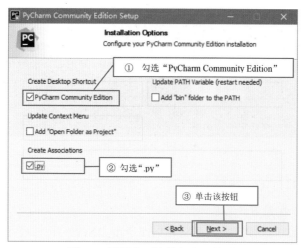

图 2.21 设置桌面快捷方式和关联

（4）单击"Next"按钮，进入选择"开始"菜单文件夹页面，如图 2.22 所示，该页面不用设置，采用默认设置即可，单击"Install"按钮（安装需要 10min 左右，请耐心等待）。

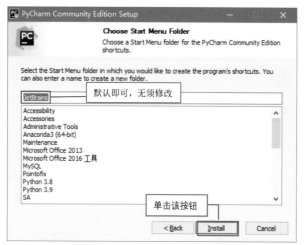

图 2.22 选择"开始"菜单文件夹界面

（5）安装完成后，单击"Finish"按钮，如图 2.23 所示。也可以选中"Run PyCharm Community Edition"前面的单选框，单击"Finish"按钮，这样可以直接运行 PyCharm 开发环境。

图 2.23 完成安装

（6）PyCharm 安装完成后，会在"开始"菜单中建立一个文件夹，如图 2.24 所示，单击"PyCharm Community Edition..."可以启动 PyCharm 程序；或者通过桌面快捷方式启动 PyCharm 程序，例如单击桌面快捷方式图标，如图 2.25 所示。

图 2.24 "开始"菜单中的文件夹

图 2.25 PyCharm 桌面快捷方式

2.3.3 运行 PyCharm

运行 PyCharm 开发环境的步骤如下。

（1）双击 PyCharm 桌面快捷方式，启动 PyCharm 程序。首先选择是否导入开发环境配置文件，这里选择不导入，如图 2.26 所示，单击"OK"按钮，进入阅读协议页面。

图 2.26 环境配置文件窗体

（2）创建一个新的工程，在左侧列表中选择"Projects"，然后单击"New Project"按钮，如图2.27所示。

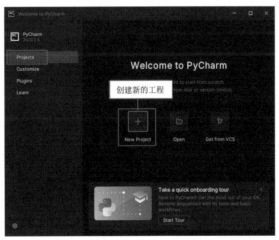

图 2.27 创建工程

（3）创建工程后，打开如图 2.28 所示的工程窗口。

图 2.28 工程窗口

（4）程序初次启动时会显示"Tip of the Day"（每日一贴）窗口，每次提供一个 PyCharm 功能小贴士。如果要关闭"每日一贴"功能，可以取消显示"每日一贴"的勾选，单击"Close"按钮即可关闭"每日一贴"，如图 2.29 所示。如果关闭"每日一贴"后，想要再次显示"每日一贴"，可以在 PyCharm 开发环境中单击主菜单（如图 2.30 所示），然后依次选择"Help"→"Tip of the Day"菜单项，启动"每日一贴"功能。

图 2.29 PyCharm 每日一贴

图 2.30 主菜单

2.3.4 在 PyCharm 中创建一组学生成绩数据

通过前面的学习，我们已经学会如何启动 PyCharm 开发环境，接下来我们将在 PyCharm 开发环境中编写第一个程序，即创建一组学生成绩数据，具体步骤如下。

（1）用鼠标右键单击新建好的 PycharmProjects 项目，在弹出的菜单中选择"New"→"Python File"菜单项（注意：一定要选择"Python File"项，这一点至关重要，否则后续将无法使用），如图 2.31 所示。

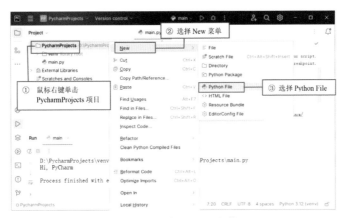

图 2.31 新建 Python 文件

（2）在"New Python file"（新建文件）对话框中输入要创建的 Python 文件名"first"，双击"Python file"选项，如图 2.32 所示，完成新建 Python 文件工作。

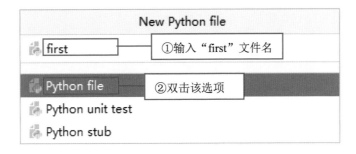

图 2.32 新建文件对话框

（3）在新建文件的代码编辑区输入代码，如图 2.33 所示。

图 2.33 输入代码

程序代码如下：

```
01 print("语文","数学","英语")
02 print(110,105,99)
03 print(105,88,115)
04 print(109,120,130)
```

（4）在代码编辑区中单击鼠标右键，在弹出的快捷菜单中选择"Run 'first'"菜单项，运行程序，如图 2.34 所示。

图 2.34 运行程序

（5）如果程序代码没有错误，将显示运行结果，如图 2.35 所示。

图 2.35 运行结果

 说明　在编写程序时，有时代码下面还会弹出黄色的小灯泡💡，它是用来干什么的？其实程序没有错误，只是 PyCharm 对代码提出的一些改进建议或提醒。如添加注释、创建使用源等。显示黄色小灯泡不会影响代码的运行结果。

⚡ 充电时刻

细心的读者可能会注意到，当我们在 PyCharm 开发环境中编写代码时，PyCharm 会自动进行代码补全，如图 2.36 所示。

图 2.36 代码补全

那么，在这个代码补全列表中最前面的字母都代表什么呢？它们代表的是变量的类别，下面简单介绍。

- ☑ c：类（Class）
- ☑ f：函数（Funciton）
- ☑ m：方法（Method）
- ☑ p：参数（Parameter）
- ☑ v：变量（Variable）

视频讲解

2.4 数据分析标准环境 Anaconda

Anaconda 是适合数据分析的 Python 开发环境，是一个开源的 Python 发行版本，其中包含了 conda（包管理和环境管理）、Python 等 180 多个科学包及其依赖项。

2.4.1 下载 Anaconda

Anaconda 的下载文件比较大（约 500MB），因为它附带了 Python 中最常用的数据科学包。即使计算机上已经安装了 Python，也不会影响 naconda 的安装。实际上，脚本和程序使用的默认 Python 是 Anaconda 附带的 Python，所以安装完 Anaconda 就默认安装好了 Python，无须另外安装。

下面介绍如何下载 Anaconda，具体步骤如下。

（1）首先查看计算机操作系统的位数，以决定下载哪个版本。

（2）进入 Anaconda 官网，单击右上角的"Free Download"按钮下载 Anaconda，如图 2.37 所示。

图 2.37 下载 Anaconda

（3）进入下载页面，单击"Download"按钮下载，如图 2.38 所示，这里默认下载的是 Windows 64 位版本，同时 Python 版本为 3.11。

图 2.38 下载页面

2.4.2 安装 Anaconda

下载完成后，开始安装 Anaconda，具体步骤如下。

（1）如果是 Windows 10 操作系统，注意在安装 Anaconda 软件的时候，通过鼠标右键单击安装文件，然后选择"以管理员身份运行"，如图 2.39 所示。

（2）单击"Next"按钮进入安装协议页面。

（3）单击"I Agree"按钮接受协议，选择安装类型，如图 2.40 所示，然后单击"Next"按钮。

图 2.39 以管理员身份运行

图 2.40 选择安装类型

（3）安装路径选择默认路径即可，暂时不需要添加环境变量，单击"Next"按钮，在弹出的对话框中勾选如图 2.41 所示的选项，单击"Install"按钮，开始安装 Anaconda。

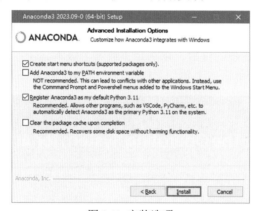

图 2.41 安装选项

（4）等待安装完成后，继续单击"Next"按钮，之后的操作都是如此。安装完成后，系统开始菜单中会新增一个名为 Anaconda3(64-bit) 的文件夹，在该文件夹下会显示增加的程序，这就表示 Anaconda 已经安装成功，如图 2.42 所示。

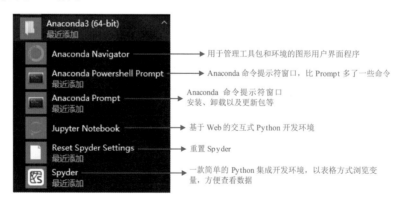

图 2.42 安装成功

（5）在"开始"菜单中单击 Anaconda3(64-bit) 文件夹中的 Jupyter Notebook，会弹出一个黑框，表示准备运行 Jupyter Notebook，如图 2.43 所示。之后会打开如图 2.44 所示的 Jupyter Notebook 页面，这说明环境已经配置好了。

2.43　准备运行 Jupyter Notebook

2.44　Jupyter Notebook 页面

视频讲解

2.5　Jupyter Notebook 开发工具

为什么说 Jupyter Notebook 是文学式开发工具呢？因为 Jupyter Notebook 将代码、说明文本、数学方程式、可视化数据分析图表等内容全部组合到一起显示在一个共享的文档中，可以实现一边写代码一边记录的功能，而这些功能是 Python 自带的 IDLE 和集成开发环境 PyCharm 无法比拟的。

2.5.1　认识 Jupyter Notebook

Jupyter Notebook 是一个在线编辑器及 Web 应用程序，它可以在线编写代码，创建和共享文档，支持实时编写代码、数学方程式、说明文本和可视化数据分析图表。

Jupyter Notebook 的用途包括数据清理、数据转换、数值模拟、统计建模等。目前，数据挖掘领域中最热门的比赛 Kaggle（举办机器学习竞赛、托管数据库、编写和分享代码的平台）里的资料都是 Jupyter 格式的。对于机器学习新手来说，学会使用 Jupyter Notebook 非常重要。

下面是笔者使用 Jupyter Notebook 实现的一个简单的 7 日天气数据分析程序，效果如图 2.45 所示。

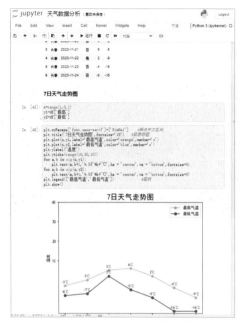

图 2.45 7 日天气数据分析程序

从图 2.45 可以看出，Jupyter Notebook 将编写的代码、说明文本和可视化数据分析图表统统组合在一起并同时显示出来，效果非常直观，而且支持导出各种格式，如 HTML、PDF、Python 等。

2.5.2 新建一个 Jupyter Notebook 文件

在系统"开始"菜单的搜索框输入 Jupyter Notebook（不区分大小写），运行 Jupyter Notebook，新建一个 Jupyter Notebook 文件，单击右上角的"New"按钮，由于我们创建的是 Python 文件，因此选择 Python 3，如图 2.46 所示。

图 2.46 新建 Jupyter Notebook 文件

2.5.3 在 Jupyter Notebook 中绘制 7 日天气走势图

文件创建完成后会打开如图 2.47 所示的代码编辑窗口，在代码输入框中编写代码，效果如图 2.48 所示。

图 2.47 代码编辑窗口

图 2.48 编写代码

1. 运行程序

单击"运行"按钮或者使用快捷键 <Ctrl+Enter>，绘制 7 日天气走势图，程序运行结果如图 2.49 所示，这就表示程序运行成功了。

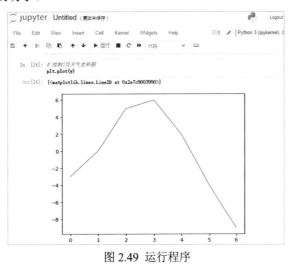

图 2.49 运行程序

2. 重命名 Jupyter Notebook 文件（如"demo"）

依次选择"File"→"Rename"选项，如图 2.50 所示，在打开的"重命名"窗口中输入文件名，如图 2.51 所示，单击"重命名"按钮即可。

图 2.50 重命名   图 2.51 "重命名"窗口

3. 保存 Jupyter Notebook 文件

最后一步保存 Jupyter Notebook 文件，也就是保存程序。常用格式有两种，一种是 Jupyter Notebook 的专属格式，一种是 Python 格式。

Jupyter Notebook 的专属格式：单击"File"→"Save and Checkpoint"选项，将 Jupyter Notebook 文件保存在默认路径下，文件格式默认为 ipynb。

Python 格式：它是我们常用的文件格式。单击"File"→"Download as"选项，在弹出的子菜单中选择 Python(.py)，如图 2.52 所示。打开"新建下载任务"窗口，在此处选择文件保存路径，如图 2.53 所示，单击"下载"按钮，即可将 Jupyter Notebook 文件保存为 Python 格式，并保存在指定路径下。

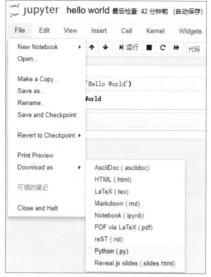

图 2.52 选择 Python 菜单项

图 2.53 选择文件保存路径

2.6 小结

本章介绍了 4 款数据分析常用的开发工具，包括 Python 自带的 IDLE、集成开发环境 PyCharm、适合数据分析的标准环境 Anaconda 和 Jupyter Notebook 开发工具。这里建议大家有选择性地学习，对于初学者来说，学会使用 Python 自带的 IDLE 和集成开发环境 PyCharm 即可。由于本书中的大多数程序采用的开发环境是 PyCharm，所以建议首先学习 PyCharm，对于其他开发工具，先初步了解，在学习完后面的知识并掌握了一定的 Python 知识后，回过头来选择适合实际需求的开发工具。相信到那个时候，无论选择哪一款开发工具，对你来说都是游刃有余的。

本章 e 学码：关键知识点拓展阅读

Kaggle	第三方扩展库	环境变量	数据科学包
数据挖掘	统计建模	网络爬虫	重构

第 **3** 章
Pandas 入门

（ ▶️ 视频讲解：4 小时 10 分钟）

本章概览

Excel 两分钟完成的，Pandas 只需两行代码就能搞定！

Pandas 是 Python 的核心数据分析支持库，它提供了大量能使我们快速便捷地处理数据的函数和方法。

Pandas 的相关知识非常多，本书将 Pandas 分为入门和进阶两章进行讲解。本章将介绍 Pandas 入门内容，从安装开始，逐步介绍 Pandas 相关的入门知识，包括两个主要的数据结构 Series 对象和 DataFrame 对象，以及如何进行外部数据读取，数据清洗，数据抽取，数据增加、修改和删除，索引设置等相关基础知识，这些都是在为后期的数据处理和数据分析打基础。

知识框架

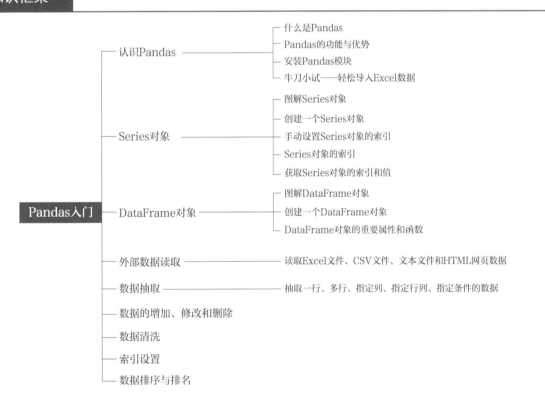

3.1 认识 Pandas

本节主要介绍 Pandas 是什么及如何安装 Pandas，并通过"牛刀小试"使读者能够快速体验 Pandas。

3.1.1 什么是 Pandas

2008 年，美国纽约一家量化投资公司的分析师韦斯·麦金尼（Wes McKinney）由于在日常数据分析工作中备受 Excel 与 SQL 等工具的折磨，于是开始构建一个新项目——Pandas，用来解决数据处理过程中遇到的全部任务。就这样，Pandas 诞生了。

那么，什么是 Pandas？

Pandas 并非大熊猫 Panda 的某种形式，它其实是面板数据（Panel data）和 Python 数据分析（Python data analysis）的简称（如图 3.1 所示），是 Python 的核心数据分析库，它提供了快速、灵活、明确的数据结构，能够简单、直观、快速地处理各种类型的数据。

Pandas的名字
- **Panel data**：**面板数据，表示多维数据结构**
- **Python data analysis**：**Python数据分析**

图 3.1 Pandas 名字的由来

3.1.2 Pandas 的功能与优势

众所周知，Pandas 是 Python 数据分析"三剑客"之一，是 Python 的核心数据分析库，其具体功能和优势如下：

☑ 拥有成熟的导入导出工具，支持导入文本文件（CSV 等支持分隔符的文件）、Excel 文件、数据库的数据，支持导出 Excel 文件、文本文件等，利用 HDF5 格式快速保存或加载数据。

☑ 能够处理浮点与非浮点数据里的缺失数据，表示为 NaN。

☑ 自动、显式地进行数据对齐，显式地将对象与一组标签对齐，也可以忽略标签，在 Series、DataFrame 计算时自动与数据对齐。

☑ 支持类似于 SQL 的表查询功能，使数据查询事半功倍。

☑ 基于 NumPy 数值计算，高效进行数据汇总与运算。

☑ 能够处理重复、缺失、异常数据，快速完成数据探查。

☑ 支持数字、文本等多种类型数据，能够轻松实现数据清洗。

☑ 拥有智能标签，能对大型数据集进行切片、花式索引、子集分解等操作。

☑ 支持直观的数据合并（merge）、数据连接（join）。

☑ 支持灵活的数据重塑（reshape）、数据透视表（pivot）。

☑ 拥有强大、灵活的分组统计（groupby）功能，即数据聚合、数据转换。

☑ 时间序列支持日期范围生成、频率转换、移动窗口统计、移动窗口线性回归、日期位移等时间序列功能。

综上所述，Pandas 是处理数据最理想的工具。

3.1.3 安装 Pandas 模块

下面介绍两种安装 Pandas 模块的方法。

1. 使用 pip 命令安装

在系统"搜索"文本框中输入 cmd，打开"命令提示符"窗口，输入如下安装命令：

```
pip install pandas
```

2. 在 Pycharm 开发环境中安装

运行 Pycharm，选择"File"→"Settings"命令，打开"Settings"窗口，选择当前工程下的"Python Interpreter"选项，然后单击添加模块的按钮"+"，如图 3.2 所示。这里要注意，在"Python Interprter"列表中应选择当前工程项目使用的 Python 版本。

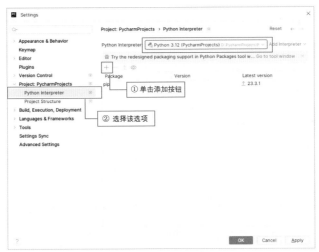

图 3.2 "Settings"窗口

单击添加按钮"+"，打开"Available Packages"窗口，在搜索文本框中输入需要安装的模块关键字，例如"pandas"，然后在列表中选择需要安装的模块，如图 3.3 所示，单击"Install Package"按钮即可实现 Pandas 模块的安装。

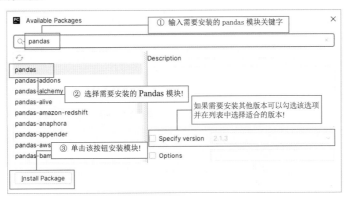

图 3.3 在 PyCharm 开发环境中安装 Pandas 模块

还需要注意一点：Pandas 有一些依赖库。

例如，当通过 Pandas 读取 Excel 文件时，如果只安装 Pandas 模块，就会出现如图 3.4 所示的错误，意思是缺少依赖库 openpyxl。

```
Traceback (most recent call last):
  File "D:\PycharmProjects\PycharmProjects\Lib\site-packages\pandas\compat\_optional.py", line 132,
    module = importlib.import_module(name)

  File "D:\Python\Python3.12\Lib\importlib\__init__.py", line 90, in import_module
    return _bootstrap._gcd_import(name[level:], package, level)

  File "<frozen importlib._bootstrap>", line 1381, in _gcd_import
  File "<frozen importlib._bootstrap>", line 1354, in _find_and_load
  File "<frozen importlib._bootstrap>", line 1318, in _find_and_load_unlocked
ModuleNotFoundError: No module named 'openpyxl'
```

图 3.4 缺少依赖库 openpyxl

解决办法是：安装 openpyxl 模块，方法如下。

在"命令提示符"窗口输入 pip install openpyxl 命令或通过 PyCharm 开发环境安装 openpyxl 模块，其方法与安装 Pandas 模块一样。

由于本书后面的示例经常会对 Excel 进行操作，因此需要同时安装 openpyxl 模块。

3.1.4 牛刀小试——轻松导入 Excel 数据

了解了 Pandas 模块后，接下来介绍使用 Pandas 导入 Excel 数据。

快速示例 01 导入英超射手榜数据　　　　　　　　　　　　　示例位置：资源包 \Code\03\01

下面以英超射手榜数据为例介绍如何导入数据。首先新建一个 Python 文件，然后编写如下代码：

```
01    # 导入pandas模块
02    import pandas as pd
03    # 读取Excel文件
04    df=pd.read_excel('../../datas/data1.xlsx')
05    # 输出前5条数据
06    print(df.head())
```

运行程序，结果如图 3.5 所示。

	排名	球员	球队	进球（点球）	出场次数	出场时间	射门	射正
0	1	瓦尔迪	莱斯特	17(3)	20	1800	49	29
1	2	英斯	南安普敦	14	22	1537	57	26
2	3	奥巴梅扬	阿森纳	14(1)	22	1945	55	22
3	4	拉什福德	曼联	14(5)	22	1881	74	34
4	5	亚伯拉罕	切尔西	13	21	1673	66	29

图 3.5 英超射手榜 TOP5 数据

根据运行结果得知，输出的数据出现了列不对齐的现象，这样看上去有些乱，而且影响阅读者对数据的判断，下面来解决这个问题。这里主要使用 set_option() 函数，将 display.unicode.east_asian_width 设置为 True，使列名对齐，代码如下：

```
pd.set_option('display.unicode.east_asian_width', True)
```

再次运行程序，结果如图 3.6 所示。

	排名	球员	球队	进球（点球）	出场次数	出场时间	射门	射正
0	1	瓦尔迪	莱斯特	17(3)	20	1800	49	29
1	2	英斯	南安普敦	14	22	1537	57	26
2	3	奥巴梅扬	阿森纳	14(1)	22	1945	55	22
3	4	拉什福德	曼联	14(5)	22	1881	74	34
4	5	亚伯拉罕	切尔西	13	21	1673	66	29

图 3.6 对齐后的英超射手榜 TOP5 数据

注意

经过上述设置后如果还出现列不对齐的现象，那么可以考虑设置 PyCharm 控制台字体，具体设置步骤如图 3.7 所示。

图 3.7 设置 PyCharm 控制台字体

另外，如果数据很多，还可能会出现行列数据显示不全的问题，此时可以通过 display.max_rows 和 display.max_columns 修改默认输出数据的最大行数和列数，代码如下：

```
pd.set_option('display.max_rows',1000)
pd.set_option('display.max_columns',1000)
```

⚡ **充电时刻**

在上述示例中，导入 Excel 数据时涉及文件路径，也就是在程序中若要找到指定的文件，就必须指定一个路径。那么问题来了，细心的读者可能会发现，示例程序中并没有指定具体的文件路径，而是使用了 "../../" 这样的符号，这是为什么呢？下面进行详细说明。

文件路径分为相对路径和绝对路径。

相对路径：以当前文件为基准进行一级级路径指向时被引用的资源路径。以下是常用的表示当前路径和当前路径的父级路径的标识符。

☑ ../：表示当前程序文件所在路径的上一级路径。多层路径可以使用多个 "../" 符号，如上两级路径可以使用 "../../" 符号。

☑ ./：表示当前程序文件所在的路径（可以省略）

☑ /：表示当前程序文件的根路径（域名映射或硬盘路径）。

绝对路径：文件真正存在的路径，是指硬盘中文件的完整路径。如 r "D:\Python 日常练习 \ 程序 \01\1.1\1 月 .xlsx"。

注意

如果本地计算机默认文件路径使用斜杠符号 "\" 表示，那么，在 Python 中则需要在路径最前面加一个 r，以避免路径里面的斜杠符号 "\" 被转义，或者使用反斜杠符号 "/"。

3.2 Series 对象

视频讲解

Pandas 是 Python 数据分析中重要的库，而 Series 和 DataFrame 是 Pandas 库中两个重要的对象，也是 Pandas 中两个重要的数据结构，如图 3.8 所示。

维数	名称	描述
1	Series	带标签的一维同构数组
2	DataFrame	带标签的，大小可变的，二维异构表格

图 3.8 Pandas 中两个重要的数据结构

本节将主要介绍 Series 对象。

3.2.1 图解 Series 对象

Series 是 Pandas 库中的一种数据结构，它与一维数组类似，由一组数据及与这组数据相关的标签（即索引）组成，仅有一组数据没有索引也可以创建一个简单的 Series。Series 可以存储整数、浮点数、字符串、Python 对象等多种类型的数据。

例如，成绩表（如图 3.9 所示）中包含了 Series 对象和 DataFrame 对象，其中 "语文" "数学" "英语" 每列都是一个 Series 对象，而 "语文"、"数学" 和 "英语" 三列组成了一个 DataFrame 对象，如图 3.10 所示。

	语文	数学	英语
0	110	105	99
1	105	88	115
2	109	120	130

图 3.9 原始数据（成绩表）

图 3.10 图解 Series

3.2.2 创建一个 Series 对象

创建 Series 对象主要使用 Pandas 的 Series 类，语法如下：

```
s=pd.Series(data,index=index)
```

参数说明：

☑ data：表示数据，支持 Python 列表、字典、NumPy 数组、标量值（只有大小，没有方向的量，只是一个数值，如 s=pd.Series(5)）。

☑ index：表示行标签（索引）。

☑ 返回值：Series 对象。

说明

当 data 参数是多维数组时，index 长度必须与 data 长度一致。如果没有指定 index 参数，则会自动创建数值型索引（0~data 的数据长度 -1）。

快速示例 02 创建一列数据　　　　　　　　　　　　　示例位置：资源包 \Code\03\02

下面分别使用列表和字典创建 Series 对象，也就是一列数据。程序代码如下：

```
01    # 导入pandas模块
02    import pandas as pd
03    # 使用列表创建Series对象
04    s1=pd.Series([1,2,3])
05    print(s1)
06    # 使用字典创建Series对象
07    s2 = pd.Series({"A":1,"B":2,"C":3})
08    print(s2)
```

运行程序，结果如下：

```
0    1
1    2
2    3
dtype: int64
A    1
B    2
C    3
dtype: int64
```

说明

上述运行结果中的"dtype：int64"是 DataFrame 对象的数据类型，int 为整型，后面的数字 64 表示位数。

快速示例 03 创建一列"物理"成绩　　　　　　　　示例位置：资源包 \Code\03\03

下面创建一列"物理"成绩。程序代码如下：

```
01    # 导入pandas模块
02    import pandas as pd
03    # 创建Series对象，即一列"物理"成绩
04    s1=pd.Series([88,60,75])
05    print(s1)
```

运行程序，结果如下：

```
0    88
1    60
2    75
```

在上述示例中，如果通过 pandas 模块引入 Series 对象，那么就可以直接在程序中使用 Series 对象了。主要代码如下：

```
01    from pandas import Series
02    s1=Series([88,60,75])
```

3.2.3 手动设置 Series 对象的索引

创建 Series 对象时会自动生成整数索引，默认值从 0 开始，至数据长度减 1。例如，快速示例 03 中使用的就是默认索引 0、1、2。除了使用默认索引，还可以通过 index 参数手动设置索引。

快速示例 04 手动设置索引   示例位置：资源包 \Code\03\04

下面手动设置索引，将创建的"物理"成绩的索引设置为 1、2、3，也可以是"明日同学""高同学""七月流火"。程序代码如下：

```
01    # 导入pandas模块
02    import pandas as pd
03    # 创建Series对象
04    s1=pd.Series(data=[88,60,75],index=[1,2,3])
05    s2=pd.Series(data=[88,60,75],index=['明日同学','高同学','七月流火'])
06    # 输出数据
07    print(s1)
08    print(s2)
```

运行程序，结果如下：

```
1    88
2    60
3    75
dtype: int64
明日同学    88
高同学     60
七月流火    75
dtype: int64
```

3.2.4 Series 对象的索引

1. Series 位置索引

位置索引默认是从 0 开始的，[0] 是 Series 的第一个数，[1] 是 series 的第二个数，以此类推。

33

快速示例 05　通过位置索引获取学生的物理成绩　　　　　示例位置：资源包 \Code\03\05

首先创建 Series 对象，即一列物理成绩，然后获取第一个学生的物理成绩。程序代码如下：

```
01    # 导入pandas模块
02    import pandas as pd
03    # 创建一列数据
04    s1=pd.Series([88,60,75])
05    # 通过索引获取索引值
06    print(s1[0])
```

运行程序，结果为 88。

注意

　Series 不能使用 [– 1] 来定位索引。

2. Series 标签索引

标签索引与位置索引方法类似，用 [ ] 表示，[ ] 中是索引名称，注意 index 的数据类型是字符串，如果要获取多个标签索引值，需用 [[ ]] 表示（相当于 [ ] 中包含一个列表）。

快速示例 06　通过标签索引获取学生的物理成绩　　　　　示例位置：资源包 \Code\03\06

通过标签索引"明日同学"和"七月流火"获取学生的物理成绩。程序代码如下：

```
01    # 导入pandas模块
02    import pandas as pd
03    # 创建一列数据并设置索引
04    s1=pd.Series(data=[88,60,75],index=['明日同学','高同学','七月流火'])
05    print(s1['明日同学'])              # 通过一个标签索引获取索引值
06    print(s1[['明日同学','七月流火']])  # 通过多个标签索引获取索引值
```

运行程序，结果如下：

```
88
明日同学      88
七月流火      75
```

3. Series 切片索引

通常用标签索引做切片，并包头包尾（既包含索引开始位置的数据，也包含索引结束位置的数据）。

快速示例 07　通过标签索引切片获取数据　　　　　示例位置：资源包 \Code\03\07

下面通过标签索引切片"明日同学"至"七月流火"获取数据，主要代码如下：

```
print(s1['明日同学':'七月流火'])   # 通过标签索引切片获取索引值
```

运行程序，结果如下：

```
明日同学      88
高同学        60
七月流火      75
```

用位置索引做切片，其用法和 list 列表一样，包头不包尾（即包含索引开始位置的数据，不包含索引结束位置的数据）。

快速示例 08 通过位置索引切片获取数据　　　　　　示例位置：资源包 \Code\03\08

下面通过位置索引切片获取数据，主要代码如下：

```
s2=pd.Series([88,60,75,34,68])
print(s2[1:3])
```

运行程序，结果如下：

```
1    60
2    75
3    34
```

3.2.5 获取 Series 对象的索引和值

获取 Series 对象的索引和值主要使用 Series 的 index 属性和 values 属性。

快速示例 09 获取物理成绩的索引和值　　　　　　示例位置：资源包 \Code\03\09

下面使用 Series 对象的 index 属性和 values 属性获取物理成绩的索引和值，程序代码如下：

```
01    # 导入pandas模块
02    import pandas as pd
03    # 创建一列数据
04    s1=pd.Series([88,60,75])
05    # 通过index属性和values属性获取物理成绩的索引和值
06    print(s1.index)
07    print(s1.values)
```

运行程序，结果如下：

```
RangeIndex(start=0, stop=3, step=1)
[88 60 75]
```

3.3 DataFrame 对象

DataFrame 对象是 Pandas 库中的一种数据结构，它是由多种类型的列组成的二维表数据结构，类似于 Excel、SQL 或 Series 对象构成的字典。DataFrame 是最常用的 Pandas 对象，与 Series 对象一样支持多种类型的数据。

3.3.1 图解 DataFrame 对象

DataFrame 对象是一个二维表数据结构，是由行和列数据组成的表格。DataFrame 对象既有行索引，又有列索引，可以看作是由 Series 对象组成的，只不过这些 Series 对象共用一个索引，如图 3.11 所示。

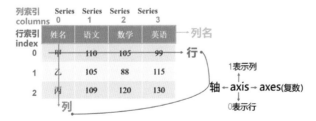

图 3.11 图解 DataFrame 对象（学生成绩表）

处理 DataFrame 对象数据时，用 index 表示行，用 columns 表示列更直观。用这种方式迭代 DataFrame

对象的列，代码更易读懂。

快速示例 10 遍历 DataFrame 对象数据　　　　　　　　示例位置：资源包 \Code\03\10

首先创建 DataFrame 对象，然后使用 for 循环遍历 DataFrame 对象数据，输出成绩表的每一列数据，程序代码如下：

```
01    # 导入pandas模块
02    import pandas as pd
03    # 解决数据输出时列名不对齐的问题
04    pd.set_option('display.unicode.east_asian_width', True)
05    # 创建列表
06    data = [[110,105,99],[105,88,115],[109,120,130]]
07    index = [0,1,2]
08    columns = ['语文','数学','英语']
09    # 创建DataFrame对象，即表格数据
10    df = pd.DataFrame(data=data, index=index,columns=columns)
11    print(df)
12    # 遍历DataFrame对象的每一列
13    for col in df.columns:
14        series = df[col]
15        print(series)
```

运行程序，结果如图 3.12 所示。

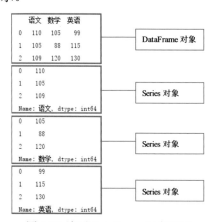

图 3.12 遍历 DataFrame 对象数据

从运行结果得知：第一组数据为原始数据，即 DataFrame 对象，其余数据其实是 Series 对象，这也更进一步说明了 DataFrame 对象是由 Series 对象组成的。那么，Pandas 为什么要提供这两种数据结构呢？其主要目的就是使代码易读，使操作更加方便。

3.3.2 创建一个 DataFrame 对象

创建 DataFrame 主要使用 Pandas 的 DataFrame 类，语法如下：

```
pandas.DataFrame(data,index,columns,dtype,copy)
```

参数说明：

☑ data：表示数据，可以是数组、Series 对象、列表、字典等。

☑ index：表示行标签（索引）。

☑ columns：表示列标签（索引）。

☑ dtype：表示每一列数据的数据类型，其与 Python 数据类型有所不同，如 object 数据类型对应的是 Python 的字符型。表 3.2 所示是 Pandas 数据类型与 Python 数据类型的对应。

表 3.1 数据类型对应表

Pandas dtype	Python type
object	str
int64	int
float64	float
bool	bool
datetime64	datetime64[ns]
timedelta[ns]	NA
category	NA

☑ copy：用于复制数据。

☑ 返回值：DataFrame 对象。

下面通过两种方法来创建 DataFrame 对象，即通过列表和字典。

1. 通过列表创建 DataFrame 对象

快速示例 11 通过列表创建成绩表　　　　　　　　　　　　示例位置：资源包 \Code\03\11

通过列表创建成绩表，包括语文、数学和英语，程序代码如下：

```
01    # 导入pandas模块
02    import pandas as pd
03    # 解决数据输出时列名不对齐的问题
04    pd.set_option('display.unicode.east_asian_width', True)
05    # 创建列表
06    data = [[110,105,99],[105,88,115],[109,120,130]]
07    columns = ['语文','数学','英语']
08    # 创建DataFrame对象
09    df = pd.DataFrame(data=data, columns=columns)
10    print(df)
```

运行程序，结果如图 3.13 所示。

```
      语文  数学  英语
0    110   105    99
1    105    88   115
2    109   120   130
```

图 3.13 通过列表创建成绩表

2. 通过字典创建 DataFrame 对象

通过字典创建 DataFrame 对象，需要注意，字典中的 value 值只能是一维数组或简单的单个数据，如果是数组，则要求所有数组的长度一致；如果是单个数据，则每行都要添加相同的数据。

快速示例 12 通过字典创建成绩表　　　　　　　　　　　　示例位置：资源包 \Code\03\12

通过字典创建成绩表，项目包括语文、数学、英语和班级，程序代码如下：

```
01    # 导入pandas模块
02    import pandas as pd
03    # 解决数据输出时列名不对齐的问题
04    pd.set_option('display.unicode.east_asian_width', True)
05    # 通过字典创建DataFrame对象
06    df = pd.DataFrame({
07        '语文':[110,105,99],
08        '数学':[105,88,115],
09        '英语':[109,120,130],
10        '班级':'高一7班'})
11    print(df)
```

运行程序，结果如图 3.14 所示。

	语文	数学	英语	班级
0	110	105	109	高一7班
1	105	88	120	高一7班
2	99	115	130	高一7班

图 3.14 通过字典创建成绩表

在上述代码中，"班级"的 value 值是单个数据，所以为每行都添加了相同的数据"高一 7 班"。

3.3.3 DataFrame 对象的重要属性和函数

DataFrame 对象是 Pandas 模块的一个重要对象，它的属性和函数非常之多，下面先简单介绍几个重要且常用的属性和函数，如表 3.2 和表 3.3 所示。

表 3.2 重要属性

属性	描述	举例
values	查看所有元素的值	df.values
dtypes	查看所有元素的类型	df.dtypes
index	查看所有行名、重命名行名	df.index df.index=[1,2,3]
columns	查看所有列名、重命名列名	df.columns df.columns=[' 语 ',' 数 ',' 外 ']
T	行列数据转换	df.T
head	查看前 n 条数据，默认 5 条	df.head() df.head(10)
tail	查看后 n 条数据，默认 5 条	df.tail() df.tail(10)
shape	查看行数和列数，[0] 表示行 [1] 表示列	df.shape[0] w df.shape[1]
info	查看索引、数据类型和内存信息	df.info

表 3.3 重要函数

函数	描述	举例
describe	查看每一列的统计汇总信息	df.describe()
count	返回每一列中的非空值个数	df.count()
sum	返回每一列的和，无法计算返回空值	df.sum()
max	返回每一列的最大值	df.max()
min	返回每一列的最小值	df.min()

续表

函数	描述	举例
argmax	返回某一列（Series 对象）的最大值所在的自动索引位置	df [' 销量 '].argmax()
argmin	返回某一列（Series 对象）的最小值所在的自动索引位置	df [' 销量 '].argmin()
idxmax	返回最大值所在的自定义索引位置	df.idxmax()
idxmin	返回最小值所在的自定义索引位置	df.idxmin()
mean	返回每一列的平均值	df.mean()
median	返回每一列的中位数（中位数又称中值，是统计学专有名词，是指按顺序排列的一组数据中居于中间位置的数）	df.median()
var	返回每一列的方差（方差用于度量单个随机变量的离散程度（不连续程度））	df.var()
std	返回每一列的标准差（标准差是方差的算术平方根，反映数据集的离散程度）	df.std()
isnull	检查 df 中的空值，空值为 True，否则为 False，返回布尔型数组	df.isnull()
notnull	检查 df 中的空值，非空值为 True，否则 False，返回布尔型数组	df.notnull()

3.4 外部数据读取

视频讲解

数据分析首先就要有数据。数据类型有多种，本节将介绍如何读取不同类型文件中的数据。

3.4.1 读取 Excel 文件

读取 Excel 文件主要使用 pandas 模块的 read_excel() 方法，语法如下：

```
pandas.read_excel(io,sheet_name=0,header=0,names=None,index_col=None,usecols=None,squeeze
=False,dtype=None,engine=None,converters=None,true_values=None,false_values=None,skiprows
=None,nrow=None,na_values=None,keep_default_na=True,verbose=False,parse_dates=False,date_
parser=None,thousands=None,comment=None,skipfooter=0,conver_float=True,mangle_dupe_
cols=True,**kwds)
```

主要参数说明：

☑ io：字符串，xls 或 xlsx 路径文件或类文件对象。

☑ sheet_name：None、字符串、整数、字符串列表或整数列表，默认值为 0。字符串为 Excel 工作表的名称；整数为索引，表示工作表的位置；字符串列表或整数列表用于请求多个工作表；为 None 时表示获取所有的工作表。参数值如表 3.4 所示。

表 3.4 sheet_name 参数值

值	说明
sheet_name=0	将第一个 Sheet 页中的数据作为 DataFrame
sheet_name=1	将第二个 Sheet 页中的数据作为 DataFrame
sheet_name="Sheet1"	将名为"Sheet1"的 Sheet 页中的数据作为 DataFrame
sheet_name=[0,1,'Sheet3']	将第一个、第二个和名为"Sheet3"的 Sheet 页中的数据作为 DataFrame

☑ header：指定作为列名的行，默认值为 0，即读取第一行的值为列名。数据为除列名以外的数据；

若数据不包含列名，则设置 header=None。

　　☑ names：默认值为 None，表示要使用的列名列表。

　　☑ index_col：指定列为索引列，默认值为 None，索引 0 是 DataFrame 的行标签。

　　☑ usecols：int、list 或字符串，默认值为 None。

　　　　➢ 如果为 None，则解析所有列。

　　　　➢ 如果为 int，则解析最后一列。

　　　　➢ 如果为 list，则解析列表中的列。

　　　　➢ 如果为字符串，则解析 Excel 中特定字母的列和范围列表（例如"A:E"或"A，C，E:F"）。其范围包括头和尾。

　　☑ squeeze：布尔值，默认值为 False，如果解析的数据只包含一列，则返回一个 Series 对象。

　　☑ dtype：列的数据类型名称或字典，默认值为 None。例如 {'a':np.float64，'b':np.int32}。

　　☑ skiprows：省略指定行数的数据，从第一行开始。

　　☑ skipfooter：省略指定行数的数据，从最后一行开始。

下面通过快速示例，详细介绍如何读取 Excel 文件。

1. 常规读取

快速示例 13　读取 Excel 文件	示例位置：资源包 \Code\03\13

下面使用 read_excel() 函数读取文件名为"data2.xlsx"的 Excel 文件，程序代码如下：

```
01    # 导入pandas模块
02    import pandas as pd
03    # 解决数据输出时列名不对齐的问题
04    pd.set_option('display.unicode.east_asian_width', True)
05    # 读取Excel文件
06    df=pd.read_excel('../../datas/data2.xlsx')
07    # 输出前5条数据
08    print(df.head())
```

运行程序，输出前 5 条数据，结果如图 3.15 所示。

	买家会员名	买家实际支付金额	收货人姓名	宝贝标题
0	mrhy1	41.86	周某某	零基础学Python
1	mrhy2	41.86	杨某某	零基础学Python
2	mrhy3	48.86	刘某某	零基础学Python
3	mrhy4	48.86	张某某	零基础学Python
4	mrhy5	48.86	赵某某	C#项目开发实战入门

图 3.15　读取 Excel 文件

　　如果读取的 Excel 文件是 .xls 类型的，则需要安装 xlrd 模块，否则程序会报错。

2. 读取指定的 Sheet 页

一个 Excel 文件包含多个 Sheet 页，通过设置 sheet_name 参数就可以读取指定 Sheet 页的数据。

快速示例 14　读取指定 Sheet 页的数据	示例位置：资源包 \Code\03\14

一个 Excel 文件包含多家店铺的销售数据，现在需要读取其中一家店铺（莫寒）的销售数据，原始数据如图 3.16 所示。

图 3.16 原始数据

主要代码如下：

```
01    # 读取Excel文件
02    df=pd.read_excel(io='../../datas/data2.xlsx',sheet_name='莫寒')
03    # 输出前5条数据
04    print(df.head())
```

运行程序，输出前 5 条数据，结果如图 3.17 所示。

	买家会员名	买家支付宝账号	买家实际支付金额	订单状态	...	订单备注	宝贝总数量	类别	图书编号
0	mmbooks101	********	41.86	交易成功	...	'null	1	全彩系列	B16
1	mmbooks102	********	41.86	交易成功	...	'null	1	全彩系列	B16
2	mmbooks103	********	48.86	交易成功	...	'null	1	全彩系列	B17
3	mmbooks104	********	48.86	交易成功	...	'null	1	全彩系列	B17
4	mmbooks105	********	48.86	交易成功	...	'null	1	全彩系列	B18

图 3.17 读取指定 Sheet 页的数据

除了指定 Sheet 页的名字，还可以指定 Sheet 页的顺序，从 0 开始。例如，sheet_name=0 表示第一个 Sheet 页的数据，sheet_name=1 表示第二个 Sheet 页的数据，以此类推。

如果不指定 sheet_name 参数，则默认读取第一个 Sheet 页的数据。

3. 通过行列索引读取指定行列数据

DataFrame 是二维数据结构，因此它既有行索引，又有列索引。当导入 Excel 数据时，行索引会自动生成，如 0、1、2，而列索引则默认为第 0 行数据，如图 3.18 所示。

图 13.18 DataFrame 行列索引示意图

快速示例 15 指定行索引读取 Excel 文件　　　　　　　　示例位置：资源包 \Code\03\15

如果通过指定行索引读取 Excel 文件，则需要设置 index_col 参数。下面将"买家会员名"作为行索引（位于第 0 列）读取 Excel 文件，程序代码如下：

```
01    # 导入pandas模块
02    import pandas as pd
03    # 解决数据输出时列名不对齐的问题
04    pd.set_option('display.unicode.east_asian_width', True)
05    df1=pd.read_excel(io='../../datas/data2.xlsx',index_col=0)    # 设置"买家会员名"为行索引
06    print(df1.head())                                            # 输出前5条数据
```

运行程序，结果如图 3.19 所示。

买家会员名	买家实际支付金额	收货人姓名	宝贝标题
mrhy1	41.86	周某某	零基础学Python
mrhy2	41.86	杨某某	零基础学Python
mrhy3	48.86	刘某某	零基础学Python
mrhy4	48.86	张某某	零基础学Python
mrhy5	48.86	赵某某	C#项目开发实战入门

图 3.19 通过指定行索引读取 Excel 文件

如果通过指定列索引读取 Excel 文件，则需要设置 header 参数，主要代码如下：

```python
df2=pd.read_excel(io='../../datas/data2.xlsx',header=1)     # 设置第1行为列索引
```

运行程序，结果如图 3.20 所示。

	mrhy1	41.86	周某某	零基础学Python
0	mrhy2	41.86	杨某某	零基础学Python
1	mrhy3	48.86	刘某某	零基础学Python
2	mrhy4	48.86	张某某	零基础学Python
3	mrhy5	48.86	赵某某	C#项目开发实战入门
4	mrhy6	48.86	李某某	C#项目开发实战入门

图 3.20 通过指定列索引读取 Excel 文件

如果将数字指定为列索引，可以设置 header 参数为 None，主要代码如下：

```python
df3=pd.read_excel(io='../../datas/data2.xlsx',header=None) # 列索引为数字
```

运行程序，结果如图 3.21 所示。

	0	1	2	3
0	买家会员名	买家实际支付金额	收货人姓名	宝贝标题
1	mrhy1	41.86	周某某	零基础学Python
2	mrhy2	41.86	杨某某	零基础学Python
3	mrhy3	48.86	刘某某	零基础学Python
4	mrhy4	48.86	张某某	零基础学Python

图 3.21 指定列索引

那么，为什么要指定索引呢？因为通过索引可以快速检索数据，例如，通过 df3[0] 就可以快速检索到"买家会员名"这一列数据。

4. 读取指定列数据

一个 Excel 文件中往往包含多列数据，如果只需要其中的几列，则可以通过 usecols 参数指定需要的列，从 0 开始（0 表示第 1 列，以此类推）。

快速示例 16 读取第 1 列数据   示例位置：资源包 \Code\03\16

下面读取第 1 列数据（索引为 0），程序代码如下：

```python
01    # 导入pandas模块
02    import pandas as pd
03    # 解决数据输出时列名不对齐的问题
04    pd.set_option('display.unicode.east_asian_width', True)
05    # 通过指定列索引读取第1列数据（索引为0）
06    df1=pd.read_excel(io='../../datas/data2.xlsx',usecols=[0])
07    print(df1.head())
```

运行程序，结果如图 3.22 所示。如果要读取多列数据，则可以在列表中指定多个值。例如，读取第 1 列和第 4 列数据，主要代码如下：

```
df1 = pd.read_excel(io='../../datas/data2.xlsx', usecols=[0,3])
```

也可以指定列名称，主要代码如下：

```
df1=pd.read_excel(io='../../datas/data2.xlsx',usecols=['买家会员名','宝贝标题'])
```

运行程序，结果如图 3.23 所示。

买家会员名			买家会员名	宝贝标题
0	mrhy1		0	mrhy1	零基础学Python
1	mrhy2		1	mrhy2	零基础学Python
2	mrhy3		2	mrhy3	零基础学Python
3	mrhy4		3	mrhy4	零基础学Python
4	mrhy5		4	mrhy5	C#项目开发实战入门

图 3.22 读取第 1 列数据　　　　图 3.23 读取第 1 列和第 4 列数据

3.4.2 读取 CSV 文件

读取 CSV 文件主要使用 pandas 模块的 read_csv() 方法，语法如下：

```
pandas.read_csv(filepath_or_buffer,sep=',',delimiter=None,header='infer',names=None,ind
ex_col=None,usecols=None,squeeze=False,prefix=None,mangle_dupe_cols=True,dtype=None,engi
ne=None,converters=None,true_values=None,false_values=None,skipinitialspace=False,skiprow
s=None,nrows=None,na_values=None,keep_default_na=True,na_filter=True,verbose=False,skip_
blank_lines=True,parse_dates=False,infer_datetime_format=False,keep_date_col=False,date_
parser=None,dayfirst=False,iterator=False,chunksize=None,compression='infer',thousands=No
ne,decimal=b'.',lineterminator=None,quotechar='"',quoting=0,escapechar=None,comment=None,
encoding=None）
```

主要参数说明：

☑ filepath_or_buffer：字符串，文件路径，也可以是 URL 链接。

☑ sep、delimiter：字符串，分隔符。

☑ header：指定作为列名的行，默认值为 0，即取第一行的值为列名。数据为除列名以外的数据，若数据不包含列名，则设置 header=None。

☑ names：默认值为 None，表示要使用的列名列表。

☑ index_col：指定列为索引列，默认值为 None，索引 0 表示 DataFrame 的行标签。

☑ usecols：int、list 或字符串，默认值为 None。

➢ 如果为 None，则解析所有列。

➢ 如果为 int，则解析最后一列。

➢ 如果为 list，则解析列表中的列。

➢ 如果为字符串，则解析 Excel 中特定字母的列和范围列表（例如 "A:E" 或 "A，C，E:F"）。其范围包括头和尾。

☑ dtype：列的数据类型或字典，默认值为 None。例如 {'a':np.float64，'b':np.int32}。

☑ parse_dates：布尔类型值、int 类型值的列表、列表组成的列表或字典，默认值为 False。可以通过 parse_dates 参数直接将某列转换成 datetime64 日期类型。例如，df1=pd.read_csv('1 月 .csv', parse_dates=[' 订单付款时间 '])

➢ 当 parse_dates 为 True 时，尝试解析索引。

➢ 当 parse_dates 为 int 类型值的列表时，如 [1,2,3]，则解析 1、2、3 列的值为独立的日期列。

➢ 当 parse_date 为列表组成的列表时，如 [[1,3]]，则将 1、3 列合并，作为一个日期列使用。

➢ 当 parse_date 为字典时，如 {' 总计 ':[1, 3]}，则将 1、3 列合并，合并后的列名为 "总计"。

☑ encoding：字符串，默认值为 None，表示文件的编码格式。Python 常用的编码格式是 UTF-8。
☑ 返回值：DataFrame 对象。

快速示例 17 读取 CSV 文件　　　　　　　　　　　　　　　示例位置：资源包 \Code\03\17

下面使用 read_csv() 函数读取 CSV 文件，程序代码如下：

```
01    # 导入pandas模块
02    import pandas as pd
03    # 设置数据显示的最大列数和宽度
04    pd.set_option('display.max_columns',500)
05    pd.set_option('display.width',1000)
06    # 解决数据输出时列名不对齐的问题
07    pd.set_option('display.unicode.east_asian_width', True)
08    # 读取CSV文件，并指定编码格式
09    df1=pd.read_csv(filepath_or_buffer='../../datas/1月.csv',encoding='gbk')
10    # 输出前5条数据
11    print(df1.head())
```

运行程序，结果如图 3.24 所示。

	买家会员名	买家实际支付金额	收货人姓名	宝贝标题	订单付款时间
0	mrhy1	41.86	周某某	零基础学Python	2023-5-16 9:41
1	mrhy2	41.86	杨某某	零基础学Python	2023-5-9 15:31
2	mrhy3	48.86	刘某某	零基础学Python	2023-5-25 15:21
3	mrhy4	48.86	张某某	零基础学Python	2023-5-25 15:21
4	mrhy5	48.86	赵某某	C#项目开发实战入门	2023-5-25 15:21

图 3.24 读取 CSV 文件

注意　上述代码中指定了编码格式，即 encoding='gbk'。Python 常用的编码格式是 UTF-8 和 gbk，默认编码格式为 UTF-8。导入 .csv 文件时，需要通过 encoding 参数指定编码格式。当我们将 Excel 文件另存为 .csv 文件时，默认编码格式为 gbk，此时编写代码导入 .csv 文件时，就需要设置编码格式为 gbk，与原文件的编码格式保持一致，否则会提示错误。

3.4.3 读取文本文件

读取文本文件同样使用 Pandas 模块的 read_csv() 函数，不同的是需要指定 sep 参数（如制表符 /t）。read_csv() 函数读取文本文件后返回一个 DataFrame 对象，是像表格一样的二维数据结构，如图 3.25 所示。

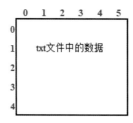

图 3.25 读取文本文件后返回 DataFrame 对象

快速示例 18 读取文本文件　　　　　　　　　　　　　　　示例位置：资源包 \Code\03\18

下面使用 read_csv() 函数读取"1 月 .txt"文本文件，主要代码如下：

```
01    # 导入pandas模块
02    import pandas as pd
```

```
03     # 读取文本文件
04     df1=pd.read_csv(filepath_or_buffer='../../datas/1月.txt',sep='\t',encoding='gbk')
05     print(df1.head())
```

运行程序，结果如图 3.26 所示。

	买家会员名	买家实际支付金额	收货人姓名	宝贝标题	订单付款时间
0	mrhy1	41.86	周某某	零基础学Python	2023/5/16 9:41
1	mrhy2	41.86	杨某某	零基础学Python	2023/5/9 15:31
2	mrhy3	48.86	刘某某	零基础学Python	2023/5/25 15:21
3	mrhy4	48.86	张某某	零基础学Python	2023/5/25 15:21
4	mrhy5	48.86	赵某某	C#项目开发实战入门	2023/5/25 15:21

图 3.26 读取文本文件

3.4.4 读取 HTML 网页数据

读取 HTML 网页数据主要使用 Pandas 的 read_html() 函数，该函数用于读取带有 table 标签的网页表格数据，语法如下：

```
pandas.read_html(io,match='.+',flavor=None,header=None,index_col=None,skiprows=None,at
trs=None,parse_dates=False,thousands=',',encoding=None,decimal='.',converters=None,na_
values=None,keep_default_na=True,displayed_only=True)
```

主要参数说明：

☑ io：字符串，文件路径，也可以是 URL 链接。链接中不接受 https，可以尝试去掉 https 中的 s 后再读取。

☑ match：正则表达式，返回与正则表达式匹配的表格。

☑ flavor：解析器默认为 "lxml"。

☑ header：指定列标题所在的行，列表为多重索引。

☑ index_col：指定行标题对应的列，列表为多重索引。

☑ encoding：字符串，默认为 None，表示文件的编码格式。

☑ 返回值：DataFrame 对象。

这里需要说明一点：在使用 read_html() 函数前，首先要确定网页表格是否为 table 类型的，因为只有这种类型的网页表格才能通过 read_html() 函数获取到其中的数据。下面介绍如何判断网页表格是否为 table 类型的，以 "NBA 球员薪资网页为例，用鼠标右键单击该网页中的表格，在弹出的菜单中选择 "检查"，查看代码中是否含有表格标签 <table>……</table> 的字样，如图 3.27 所示，确定后再使用 read_html() 函数。

图 3.27 <table>…</table> 表格标签

快速示例 19 获取 NBA 球员薪资数据　　　　　　　　　　　示例位置：资源包 \Code\03\19

下面使用 read_html() 函数获取 NBA 球员薪资数据，程序代码如下：

```
01     # 导入pandas模块
```

```
02      import pandas as pd
03      # 设置数据显示的编码格式为东亚宽度，以使列对齐
04      pd.set_option('display.unicode.east_asian_width', True)
05      # 设置数据显示的最大行数
06      pd.set_option('display.max_rows',500)
07      # 创建空的DataFrame对象
08      df=pd.DataFrame()
09      # 创建空列表，以保持网页地址
10      url_list=[]
11      # 获取网页地址，将地址保存在列表中
12      for i in range(1,2):
13          # 网页地址字符串，使用str()函数将代表页码的整型变量i转换为字符串
14          url='http://www.e***.com/nba/salaries/_/page/'+str(i)
15          # 添加到列表
16          url_list.append(url)
17      # 遍历列表读取网页数据并添加到DataFrame对象中
18      for url in url_list:
19          df = df._append(pd.read_html(url), ignore_index=True)
20      # 输出数据
21      print(df)
```

运行程序，结果如图 3.28 所示。

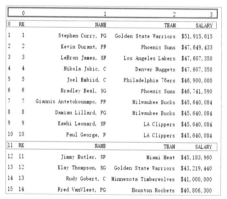

图 3.28 获取到的 NBA 球员薪资数据（部分数据）

从运行结果得知：首先，数据中存在着一些无用的数据，如表头为数字 0、1、2、3 不能表明每列数据的作用，其次，数据存在重复的表头，如"RK"、"NAME"、"TEAM"和"SALARY"。

接下来进行数据清洗，首先去掉重复的表头数据，主要使用字符串函数 startswith()，遍历 DataFrame 对象的第 4 列（也就是索引为 3 的列），将以"$"字符开头的数据筛选出来，这样便去除了重复的表头，程序代码如下：

```
df=df[[x.startswith('$') for x in df[3]]]
```

再次运行程序，会发现数据条目发生了变化，重复的表头被去除了。最后，重新赋予表头以说明每列的作用，方法是在数据导出为 Excel 文件时，通过 DataFrame 对象的 to_excel() 方法的 header 参数指定表头，程序代码如下：

```
df.to_excel('NBA.xlsx',header=['RK','NAME','TEAM','SALARY'],index=False)
```

运行程序，在程序所在文件夹中将自动生成一个名为"NBA.xlsx"的 Excel 文件，打开该文件，结果如图 3.29 所示。

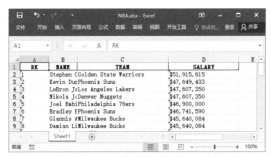

图 3.29 导出后的"NBA.xlsx" Excel 文件

 运行程序，如果出现 ImportError: lxml not found, please install it 错误提示信息，则需要安装 lxml 模块。另外需要注意的是，Pandas 从 1.4.0 版本开始，DataFrame.append() 方法和 Series.append() 方法都被弃用，取而代之的是 _append() 方法。

3.5 数据抽取

在分析数据的过程中，并不是所有的数据都是我们想要的，此时可以抽取部分数据，主要使用 DataFrame 对象的 loc 属性和 iloc 属性，示意图如图 3.30 所示。

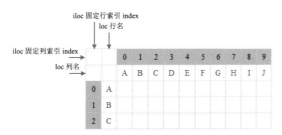

图 3.30 loc 属性和 iloc 属性示意图

DataFrame 对象的 loc 属性和 iloc 属性都可以用于抽取数据，区别如下：

☑ loc 属性：以列名（columns）和行名（index）作为参数，当只有一个参数时，默认是行名，即抽取整行数据，包括所有列，如 df.loc['A']。

☑ iloc 属性：以行和列位置索引（即 0、1、2……）作为参数，0 表示第一行，1 表示第二行，以此类推。当只有一个参数时，默认是行索引，即抽取整行数据，包括所有列。如抽取第一行数据 df.iloc[0]。

3.5.1 抽取一行数据

抽取一行数据主要使用 loc 属性。

快速示例 20 抽取一行考试成绩数据　　　　示例位置：资源包 \Code\03\20

下面使用 loc 属性抽取一行名为"明日"的考试成绩数据（包括所有列），程序代码如下：

```
01  # 导入pandas模块
02  import pandas as pd
03  # 解决数据输出时列名不对齐的问题
04  pd.set_option('display.unicode.east_asian_width', True)
05  # 创建列表
06  data = [[110,105,99],[105,88,115],[109,120,130],[112,115]]
07  name = ['明日','七月流火','高袁圆','二月二']
08  columns = ['语文','数学','英语']
```

47

```
09    # 创建数据
10    df = pd.DataFrame(data=data, index=name, columns=columns)
11    # 抽取一行数据
12    print(df.loc['明日'])
```

运行程序，输出结果如图 3.31 所示。

```
语文    110.0
数学    105.0
英语     99.0
Name: 明日, dtype: float64
```

图 3.31 抽取一行数据

说明

使用 iloc 属性抽取第一行数据时，指定行索引即可，如 df.iloc[0]，结果与图 3.31 一样。

3.5.2 抽取多行数据

1. 抽取任意多行数据

通过 DataFrame 对象的 loc 属性和 iloc 属性指定行名和行索引，即可实现抽取任意多行数据。

快速示例 21 抽取多行考试成绩数据　　　　　　　　　示例位置：资源包 \Code\03\21

抽取行名为"明日"和"高袁圆"（即第 1 行和第 3 行数据）的考试成绩数据，主要代码如下：

```
01    print(df.loc[['明日','高袁圆']])
02    print(df.iloc[[0,2]])
```

运行程序，结果如图 3.32 所示。

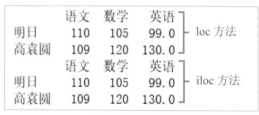

图 3.32 抽取任意多行数据

2. 抽取连续的任意多行数据

在 loc 属性和 iloc 属性中合理使用冒号（:），即可抽取连续的任意多行数据。

快速示例 22 抽取连续几个学生的考试成绩　　　　　　示例位置：资源包 \Code\03\22

抽取连续几个学生的考试成绩，主要代码如下：

```
01    print(df.loc['明日':'二月二'])    # 从"明日"到"二月二"
02    print(df.loc[:'七月流火':])        # 第1行到"七月流火"
03    print(df.iloc[0:4])               # 第1行到第4行
04    print(df.iloc[1::])               # 第2行到最后
```

运行程序，结果如图 3.33 所示。

```
         语文  数学   英语 ┐
明日      110   105   99.0 │
七月流火  105    88  115.0 ├ “明日”到“二月二”
高袁圆    109   120  130.0 │
二月二    112   115    NaN ┘
         语文  数学   英语
明日      110   105   99.0 ┐ 第 1 行到“七月流火”
七月流火  105    88  115.0 ┘
         语文  数学   英语 ┐
明日      110   105   99.0 │
七月流火  105    88  115.0 ├ 第 1 行到第 4 行
高袁圆    109   120  130.0 │
二月二    112   115    NaN ┘
         语文  数学   英语 ┐
七月流火  105    88  115.0 │
高袁圆    109   120  130.0 ├ 第 2 行到最后 1 行
二月二    112   115    NaN ┘
```

图 3.33 抽取连续的任意多行数据

3.5.3 抽取指定列数据

抽取指定列数据，可以直接使用列名，也可以使用 loc 属性和 iloc 属性。

1. 直接使用列名

快速示例 23 抽取“语文”和“数学”成绩 示例位置：资源包 \Code\03\23

抽取列名为“语文”和“数学”的考试成绩数据，程序代码如下：

```
# 导入pandas模块
import pandas as pd
# 解决数据输出时列名不对齐的问题
pd.set_option('display.unicode.east_asian_width', True)
# 创建列表
data = [[110,105,99],[105,88,115],[109,120,130],[112,115]]
name = ['明日','七月流火','高袁圆','二月二']
columns = ['语文','数学','英语']
# 创建数据
df = pd.DataFrame(data=data, index=name, columns=columns)
# 抽取"语文"和"数学"成绩
print(df[['语文','数学']])
```

运行程序，结果如图 3.34 所示。

```
          语文  数学
明日       110   105
七月流火   105    88
高袁圆     109   120
二月二     112   115
```

图 3.34 直接使用列名抽取指定列数据

2. 使用 loc 属性和 iloc 属性

前面我们介绍过 loc 属性和 iloc 属性都有两个参数，第一个参数代表行，第二个参数代表列，这里抽取指定列数据时，行参数不能省略。

快速示例 24 抽取指定学科的考试成绩　　　　　　　　　　　示例位置：资源包 \Code\03\24

下面使用 loc 属性和 iloc 属性抽取指定列数据，主要代码如下：

```
01    print(df.loc[:,['语文','数学']])       # 抽取"语文"和"数学"
02    print(df.iloc[:,[0,1]])              # 抽取第1列和第2列
03    print(df.loc[:,'语文':])             # 抽取从"语文"开始到最后一列
04    print(df.iloc[:,:2])                 # 连续抽取，从1列到第3列，但不包括第3列
```

运行程序，结果如图 3.35 所示。

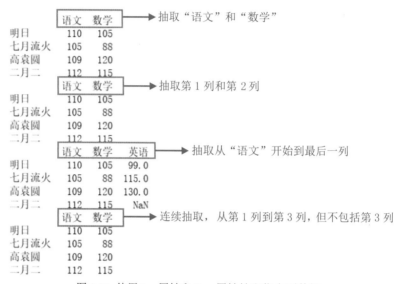

图 3.35 使用 loc 属性和 iloc 属性抽取指定列数据

3.5.4 抽取指定行列数据

抽取指定行列数据主要使用 loc 属性和 iloc 属性，这两个属性的两个参数都指定，就可以实现指定行列数据的抽取。

快速示例 25 抽取指定学科和指定学生的考试成绩　　　　示例位置：资源包 \Code\03\25

使用 loc 属性和 iloc 属性抽取指定行列数据，程序代码如下：

```
01    # 导入pandas模块
02    import pandas as pd
03    # 解决数据输出时列名不对齐的问题
04    pd.set_option('display.unicode.east_asian_width', True)
05    # 创建列表
06    data = [[110,105,99],[105,88,115],[109,120,130],[112,115]]
07    name = ['明日','七月流火','高袁圆','二月二']
08    columns = ['语文','数学','英语']
09    # 创建数据
10    df = pd.DataFrame(data=data, index=name, columns=columns)
11    print(df.loc['七月流火','英语'])              # "英语"成绩
12    print(df.loc[['七月流火'],['英语']])          # "七月流火"的"英语"成绩
13    print(df.loc[['七月流火'],['数学','英语']])   # "七月流火"的"数学"和"英语"成绩
14    print(df.iloc[[1],[2]])                       # 第2行第3列
15    print(df.iloc[1:,[2]])                        # 第2行到最后一行的第3列
```

```
16    print(df.iloc[1:,[0,2]])          # 第2行到最后一行的第1列和第3列
17    print(df.iloc[:,2])               # 所有行的第3列
```

运行程序，结果如图 3.36 所示。

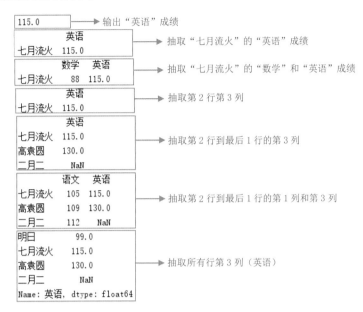

图 3.36 抽取指定行列的数据

在上述结果中，第一个输出结果是一个数，不是数据，这是由于"df.loc[' 七月流火 ', ' 英语 ']"没有使用方括号 []，导致输出的数据不是 DataFrame 对象。

3.5.5 按指定条件抽取数据

DataFrame 对象实现数据抽取有 3 种方式：

（1）取其中的一个元素 .iat[x,x]。

（2）基于位置查询，如 .iloc[]、iloc[2,1]。

（3）基于行列名称查询，如 .loc[x]。

快速示例 26 抽取指定学科和指定分数的数据　　　　　　示例位置：资源包 \Code\03\26

抽取语文成绩大于 105 分、数学成绩大于 88 分的数据，程序代码如下：

```
01    # 导入pandas模块
02    import pandas as pd
03    # 解决数据输出时列名不对齐的问题
04    pd.set_option('display.unicode.east_asian_width', True)
05    # 创建列表
06    data = [[110,105,99],[105,88,115],[109,120,130],[112,115]]
07    name = ['明日','七月流火','高袁圆','二月二']
08    columns = ['语文','数学','英语']
09    # 创建数据
10    df = pd.DataFrame(data=data, index=name, columns=columns)
11    # 抽取语文成绩大于105分、数学成绩大于88分的数据
12    print(df.loc[(df['语文'] > 105) & (df['数学'] >88)])
```

运行程序，结果如图 3.37 所示。

	语文	数学	英语
明日	110	105	99.0
高袁圆	109	120	130.0
二月二	112	115	NaN

图 3.37 按指定条件抽取数据

3.6 数据的增加、修改和删除

本节主要介绍如何操作 DataFrame 对象中的各种数据，例如，数据的增加、修改和删除。

3.6.1 增加数据

增加数据主要包括增加列数据和增加行数据。首先看一下原始数据，如图 3.38 所示。

	语文	数学	英语
明日	110	105	99
七月流火	105	88	115
高袁圆	109	120	130
二月二	112	115	140

图 3.38 原始数据

1. 按列增加数据

按列增加数据，可以通过以下 3 种方式实现。

（1）直接为 DataFrame 对象赋值

快速示例 27 增加一列"物理"成绩　　　　　　　　示例位置：资源包 \Code\03\27

下面增加一列"物理"成绩，程序代码如下：

```
01    # 导入pandas模块
02    import pandas as pd
03    # 解决数据输出时列名不对齐的问题
04    pd.set_option('display.unicode.east_asian_width', True)
05    # 创建列表
06    data = [[110,105,99],[105,88,115],[109,120,130],[112,115,140]]
07    name = ['明日','七月流火','高袁圆','二月二']
08    columns = ['语文','数学','英语']
09    # 创建数据
10    df = pd.DataFrame(data=data, index=name, columns=columns)
11    # 增加一列数据
12    df['物理']=[88,79,60,50]
13    print(df)
```

运行程序，结果如图 3.39 所示。

	语文	数学	英语	物理
明日	110	105	99	88
七月流火	105	88	115	79
高袁圆	109	120	130	60
二月二	112	115	140	50

图 3.39 增加一列数据

（2）使用 loc 属性在 DataFrame 对象的最后增加一列

快速示例 28 使用 loc 属性增加一列"物理"成绩　　　　示例位置：资源包 \Code\03\28

使用 loc 属性在 DataFrame 对象的最后增加一列，例如，增加一列"物理"成绩，主要代码如下：

```
df.loc[:,'物理'] = [88,79,60,50]
```

增加列的值为等号"="右边的数据。

（3）在指定位置增加一列

在指定位置增加一列，主要使用 insert() 方法。

快速示例 29 在第一列后面增加一列"物理"成绩　　　　示例位置：资源包 \Code\03\29

例如，在第一列后面增加一列"物理"成绩，其值为 wl 的数值，主要代码如下：

```
01    wl =[88,79,60,50]
02    df.insert(loc=1,column='物理',value=wl)
03    print(df)
```

运行程序，结果如图 3.40 所示。

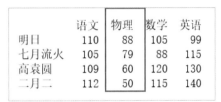

图 3.40　使用 insert 方法增加一列数据

2. 按行增加数据

按行增加数据，可以通过以下两种方式实现。

（1）增加一行数据

增加一行数据主要使用 loc 属性实现。

快速示例 30 在成绩表中增加一行数据　　　　示例位置：资源包 \Code\03\30

在成绩表中增加一行数据，即"钱多多"同学的成绩，主要代码如下：

```
df.loc['钱多多'] = [100,120,99]
```

运行程序，结果如图 3.41 所示。

（2）增加多行数据

增加多行数据主要使用字典和 DataFrame 对象的 _append() 方法实现。

快速示例 31 在原始数据中增加几名同学的考试成绩　　　　示例位置：资源包 \Code\03\31

在原始数据中增加"钱多多""童年"和"无名"同学的考试成绩，主要代码如下：

```
01    df_insert=pd.DataFrame({'语文':[100,123,138],'数学':[99,142,60],'英语':[98,139,99]},index =
['钱多多','童年','无名'])
02    df1 = df._append(df_insert)
```

运行程序，结果如图 3.42 所示。

	语文	数学	英语
明日	110	105	99
七月流火	105	88	115
高袁圆	109	120	130
二月二	112	115	140
钱多多	100	120	99

图 3.41 增加一行数据

	语文	数学	英语
明日	110	105	99
七月流火	105	88	115
高袁圆	109	120	130
二月二	112	115	140
钱多多	100	120	99
童年	123	142	139
无名	138	60	99

图 3.42 增加多行数据

3.6.2 修改数据

修改数据包括修改行列标题和修改具体数据，首先看一下原始数据，如图 3.43 所示。

	语文	数学	英语
明日	110	105	99
七月流火	105	88	115
高袁圆	109	120	130
二月二	112	115	140

图 3.43 原始数据

1. 修改列标题

修改列标题主要使用 DataFrame 对象的 cloumns 属性，直接赋值即可。

快速示例 32 修改“数学”列的列标题 示例位置：资源包 \Code\03\32

将列标题“数学”修改为“数学（上）”，主要代码如下：

```
df.columns=['语文','数学（上）','英语']
```

运行程序，结果如图 3.44 所示。

在上述代码中，即使我们只需修改“数学”为“数学（上）”，也要将所有列的标题全部写上，否则将报错。下面再介绍一种方法，使用 DataFrame 对象的 rename() 方法修改列标题。

快速示例 33 修改多个学科列的列标题 示例位置：资源包 \Code\03\33

分别将“语文”修改为“语文（上）”，将“数学”修改为“数学（上）”，将“英语”修改为“英语（上）”，主要代码如下：

```
df.rename(columns = {'语文':'语文（上）','数学':'数学（上）','英语':'英语（上）'},inplace = True)
```

上述代码中，参数 inplace 为 True，表示直接修改 df，否则不修改 df，只返回修改后的数据。

运行程序，结果如图 3.45 所示。

	语文	数学（上）	英语
明日	110	105	99
七月流火	105	88	115
高袁圆	109	120	130
二月二	112	115	140

图 3.44 修改单个列标题

	语文（上）	数学（上）	英语（上）
明日	110	105	99
七月流火	105	88	115
高袁圆	109	120	130
二月二	112	115	140

图 3.45 修改多个列标题

2. 修改行标题

修改行标题主要使用 DataFrame 对象的 index 属性，直接赋值即可。

快速示例 34 将行标题统一修改为数字编号 示例位置：资源包 \Code\03\34

将行标题统一修改为数字编号，主要代码如下：

```
df.index=list('1234')
```

使用 DataFrame 对象的 rename 方法也可以修改行标题。例如，将行标题统一修改为数字编号，主要代码如下：

```
df.rename(mapper={'明日':1,'七月流火':2,'高袁圆':3,'二月二':4},axis=0,inplace = True)
```

3. 修改数据

修改数据主要使用 DataFrame 对象的 loc 属性和 iloc 属性。

快速示例 35　修改学生成绩　　　　　　　　　　示例位置：资源包 \Code\03\35

（1）修改整行数据

例如，修改"明日"同学的各科成绩，主要代码如下：

```
df.loc['明日']=[120,115,109]
```

如果各科成绩均加 10 分，则可以直接在原有值的基础上加 10，主要代码如下：

```
df.loc['明日']=df.loc['明日']+10
```

（2）修改整列数据

例如，修改所有同学的"语文"成绩，主要代码如下：

```
df.loc[:,'语文']=[115,108,112,118]
```

（3）修改某个数据

例如，修改"明日"同学的"语文"成绩，主要代码如下：

```
df.loc['明日','语文']=115
```

（4）使用 iloc 属性修改数据

通过 iloc 属性指定行列位置可实现数据修改，主要代码如下：

```
01    df.iloc[0,0]=115                    # 修改某个数据
02    df.iloc[:,0]=[115,108,112,118]      # 修改整列数据
03    df.iloc[0,:]=[120,115,109]          # 修改整行数据
```

3.6.3　删除数据

删除数据主要使用 DataFrame 对象的 drop 方法。语法如下：

```
DataFrame.drop(labels=None, axis=0, index=None, columns=None, level=None, inplace=False,
errors='raise')
```

主要参数说明：

☑ labels：表示行标签或列标签。

☑ axis：axis = 0，表示按行删除；axis = 1，表示按列删除。默认值为 0。

☑ index：删除行，默认值为 None。

☑ columns：删除列，默认值为 None。

☑ level：针对有两级索引的数据，level = 0，表示按第 1 级索引删除整行，level = 1，表示按第 2 级索引删除整行，默认值为 None。

☑ inplace：可选参数，对原数组做出修改并返回一个新数组。默认值为 False，如果值为 True，那么原数组将直接被替换。

1. 删除行列数据

快速示例 36 删除学生成绩数据　　　　　　　　　　　　　　　　示例位置：资源包 \Code\03\36

删除指定的学生成绩数据，主要代码如下：

```
01    df.drop(labels= ['数学'],axis=1,inplace=True)           # 删除某列
02    df.drop(columns='数学',inplace=True)                    # 删除columns为"数学"的列
03    df.drop(labels='数学', axis=1,inplace=True)             # 删除列标签为"数学"的列
04    df.drop(labels= ['明日','二月二'],inplace=True)          # 删除某行
05    df.drop(index='明日',inplace=True)                      # 删除index为"明日"的行
06    df.drop(labels='明日', axis=0,inplace=True)             # 删除行标签为"明日"的行
```

以上代码中的方法都可以用于删除指定的行列数据，读者选择一种就可以。

2. 删除特定的行

删除特定的行，首先找到满足特定条件的行索引，然后使用 drop 方法将其删除。

快速示例 37 删除符合条件的学生成绩数据　　　　　　　　　　　示例位置：资源包 \Code\03\37

删除"数学"列中包含 88 的行、"语文"列中小于 110 的行，主要代码如下：

```
01    df.drop(index=df[df['数学'].isin([88])].index[0],inplace=True)    # 删除"数学"包含88的行
02    df.drop(index=df[df['语文']<110].index[0],inplace=True)           # 删除"语文"小于110的行
```

3.7 数据清洗

视频讲解

3.7.1 缺失值查看与处理

缺失值指的是由于某种原因导致为空的数据，这种情况一般有几种处理方式：一是不处理；二是删除；三是填充 / 替换；四是插值（以均值 / 中位数 / 众数等填补）。

1. 缺失值查看

首先需要找到缺失值，主要使用 DataFrame 对象的 info() 方法。

快速示例 38 查看数据概况　　　　　　　　　　　　　　　　　　示例位置：资源包 \Code\03\38

以淘宝销售数据为例，首先输出数据，然后使用 info() 方法查看数据，程序代码如下：

```
01    # 导入pandas模块
02    import pandas as pd
03    # 设置数据显示的列数和宽度
04    pd.set_option('display.max_columns',500)
05    pd.set_option('display.width',1000)
06    # 解决数据输出时列名不对齐的问题
07    pd.set_option('display.unicode.east_asian_width', True)
08    # 读取Excel文件
09    df=pd.read_excel('../../datas/data3.xlsx')
10    print(df)
11    # 缺失值查看
12    print(df.info())
```

运行程序，结果如图 3.46 所示。

图 3.46 缺失值查看

在 Python 中,缺失值一般用 NaN 表示,通过 info() 方法,我们可以看到"买家会员名"、"买家实际支付金额"、"宝贝标题"和"订单付款时间"的非空值数量是 10,而"宝贝总数量"和"类别"的非空值数量是 8,说明这两列存在缺失值。

快速示例 39 判断数据是否存在缺失值   示例位置:资源包 \Code\03\39

判断数据是否存在缺失值可以使用 isnull() 方法和 notnull() 方法,主要代码如下:

```
01    print(df.isnull())
02    print(df.notnull())
```

运行程序,结果如图 3.47 所示。

图 3.47 判断数据是否存在缺失值

使用 isnull() 方法时,缺失值将返回 True,非缺失值则返回 False;notnull() 方法与 isnull() 方法正好相反,缺失值返回 False,非缺失值则返回 True。

如果使用 df[df.isnull() == False],则会将所有非缺失值的数据找出来,该方法只针对 Series 对象。

2. 缺失值删除处理

通过前面的判断可得知数据缺失情况,下面将缺失值删除,主要使用 dropna() 方法,该方法用于删除含有缺失值的行,主要代码如下:

```
df.dropna()
```

运行程序，结果如图 3.48 所示。

	买家会员名	买家实际支付金额	宝贝总数量	宝贝标题	类别	订单付款时间
0	mr001	143.50	2.0	Python黄金组合	图书	2023-10-09 22:54:26
2	mr003	48.86	1.0	零基础学C语言	图书	2023-01-19 12:53:01
5	mr006	41.86	1.0	零基础学Python	图书	2023-03-24 19:25:45
6	mr007	55.86	1.0	C语言精彩编程200例	图书	2023-03-25 11:00:45
8	mr009	41.86	1.0	Java项目开发实战入门	图书	2023-03-27 07:25:30
9	mr010	34.86	1.0	SQL即查即用	图书	2023-03-28 18:09:12

3.48 缺失值删除处理 1

 说明 有时候数据可能存在整行为空的情况，此时可以在 dropna() 方法中指定参数 how='all'，删除所有的空行。

从运行结果得知：dropna() 方法将所有包含缺失值的数据全部删除了。此时如果我们认为有些数据虽然存在缺失值，但是不影响数据分析，则可以使用以下方法处理。例如，在上述数据中只保留"宝贝总数量"不存在缺失值的数据，而"类别"是否含有缺失值无所谓，则可以使用 notnull() 方法处理，主要代码如下：

```
df1=df[df['宝贝总数量'].notnull()]
```

运行程序，结果如图 3.49 所示。

	买家会员名	买家实际支付金额	宝贝总数量	宝贝标题	类别	订单付款时间
0	mr001	143.50	2.0	Python黄金组合	图书	2023-10-09 22:54:26
1	mr002	78.80	1.0	Python编程锦囊	NaN	2023-10-09 22:52:42
2	mr003	48.86	1.0	零基础学C语言	图书	2023-01-19 12:53:01
4	mr005	299.00	1.0	Python程序开发资源库	NaN	2023-03-23 18:25:45
5	mr006	41.86	1.0	零基础学Python	图书	2023-03-24 19:25:45
6	mr007	55.86	1.0	C语言精彩编程200例	图书	2023-03-25 11:00:45
8	mr009	41.86	1.0	Java项目开发实战入门	图书	2023-03-27 07:25:30
9	mr010	34.86	1.0	SQL即查即用	图书	2023-03-28 18:09:12

图 3.49 缺失值删除处理 2

3. 缺失值填充处理

对于缺失值，如果比例高于 30%，可以选择放弃这个指标，做删除处理；低于 30%，则尽量不要删除，而是选择将这部分数据填充，一般以 0、均值、众数（大多数）填充。DataFrame 对象中的 fillna() 函数可以用于填充缺失值，pad/ffill 表示用前一个非缺失值填充该缺失值；backfill/bfill 表示用后一个非缺失值填充该缺失值；None 用于指定一个值替换缺失值。

快速示例 40 将 NaN 填充为 0　　　　　　　　　　　　　　示例位置：资源包 \Code\03\40

对于用于计算的数值型数据，如果为空，则可以选择用"0"填充。例如，将"宝贝总数量"为空的数据填充为"0"，主要代码如下：

```
df['宝贝总数量'] = df['宝贝总数量'].fillna(0)
```

运行程序，结果如图 3.50 所示。

	买家会员名	买家实际支付金额	宝贝总数量	宝贝标题	类别	订单付款时间
0	mr001	143.50	2.0	Python黄金组合	图书	2023-10-09 22:54:26
1	mr002	78.80	1.0	Python编程锦囊	NaN	2023-10-09 22:52:42
2	mr003	48.86	1.0	零基础学C语言	图书	2023-01-19 12:53:01
3	mr004	81.75	0.0	SQL Server应用与开发范例宝典	图书	2023-06-30 11:46:14
4	mr005	299.00	1.0	Python程序开发资源库	NaN	2023-03-23 18:25:45
5	mr006	41.86	1.0	零基础学Python	图书	2023-03-24 19:25:45
6	mr007	55.86	1.0	C语言精彩编程200例	图书	2023-03-25 11:00:45
7	mr008	41.86	0.0	C语言项目开发实战入门	图书	2023-03-26 23:11:11
8	mr009	41.86	1.0	Java项目开发实战入门	图书	2023-03-27 07:25:30
9	mr010	34.86	1.0	SQL即查即用	图书	2023-03-28 18:09:12

图 3.50 缺失值填充处理

3.7.2 重复值处理

对于数据中存在的重复值（包括重复的行或者几行中某几列的值重复），一般做删除处理，主要使用 DataFrame 对象的 drop_duplicates() 方法。

快速示例 41 处理淘宝销售数据中的重复值　　　　示例位置：资源包 \Code\03\41

下面以"data4.xlsx"淘宝销售数据为例，对其中的重复值进行处理。

☑ 判断每一行数据是否重复（完全相同）。

```
df1.duplicated()
```

如果返回值为 False，表示不重复，返回值为 True 则表示重复。

☑ 去除全部重复值。

```
df1.drop_duplicates()
```

☑ 去除指定列的重复值。

```
df1.drop_duplicates(['买家会员名'])
```

☑ 保留重复行中的最后一行。

```
df1.drop_duplicates(['买家会员名'],keep='last')
```

说明

在以上代码中，参数 keep 的值有 3 个。keep='first' 表示保留第一次出现的重复行，是默认值。当 keep 为另外两个取值 last 和 False 时，分别表示保留最后一次出现的重复行和去除所有的重复行。

☑ 直接删除，保留一个副本。

```
df1.drop_duplicates(['买家会员名','买家支付宝账号'],inplace=Fasle)
```

inplace=True，表示直接在原来的 DataFrame 上删除重复行，而默认值 False 则表示删除重复行后生成一个副本。

3.7.3 异常值的检测与处理

首先介绍一下什么是异常值。在数据分析中，异常值是指超出或低于正常范围的值，如年龄大于 200 岁、身高大于 3 米、宝贝总数量为负数等类似数据。那么这些数据如何检测呢？主要有以下几种方法。

☑ 根据给定的数据范围进行判断，不在范围内的数据可视为异常值。

☑ 均方差。在统计学中，如果数据分布近似正态分布（数据分布的一种形式，分布曲线呈钟形，两头低，中间高，左右对称），那么大约 68% 的数据值会在均值的一个标准差范围内，大约 95% 的数据会在两个标准差范围内，大约 99.7% 的数据会在 3 个标准差范围内。

☑ 箱形图。箱形图是显示一组数据分散情况的统计图。它可以将数据通过四分位数的形式进行图形化描述。箱形图以上限和下限作为数据分布的边界，任何高于上限或低于下限的数据都可以认为是异常值，如图 3.51 所示。

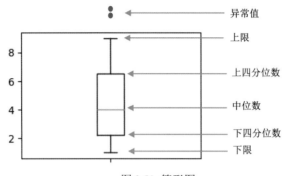

图 3.51 箱形图

说明

有关箱形图的介绍及如何通过箱形图识别异常值可参见第 5 章。

了解了异常值的检测后，接下来介绍如何处理异常值，主要包括以下几种方式。
（1）最常用的方式是删除。
（2）将异常值当缺失值处理，以某个值填充。
（3）将异常值当特殊情况进行分析，研究异常值出现的原因。

3.8 索引设置

视频讲解

设置索引能够快速查询数据，本节主要介绍索引的作用及索引的应用。

3.8.1 索引的作用

索引相当于图书的目录，读书时可以根据目录中的页码快速找到所需的内容。Pandas 索引的作用如下。

☑ 查询数据更方便。

☑ 提升查询性能。

➢ 如果索引是唯一的，那么 Pandas 会使用哈希表优化，查询数据的时间复杂度为 $O(1)$。

➢ 如果索引不是唯一的，但是有序，那么 Pandas 会使用二分查询算法，查询数据的时间复杂度为 $O(\log N)$。

➢ 如果索引是完全随机的，那么每次查询都要扫描数据表，查询数据的时间复杂度为 $O(N)$。

☑ 数据自动对齐，示意图如图 3.52 所示。

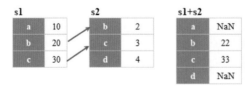

图 3.52 数据自动对齐示意图

要想实现上述效果，程序代码如下：

```
01    # 导入pandas模块
```

```
02    import pandas as pd
03    # 创建Series对象并设置索引
04    s1 = pd.Series([10,20,30],index= list("abc"))
05    s2 = pd.Series([2,3,4],index=list("bcd"))
06    print(s1 + s2)
```

☑ 具有强大的数据结构。
 ➢ 基于分类数的索引，提升性能。
 ➢ 多维索引，用于 group by 多维聚合结果等。
 ➢ 时间类型索引，对日期和时间方法支持友好。

3.8.2 重新设置索引

Pandas 有一个很重要的方法是 reindex()，它的作用是创建一个适应新索引的新对象。语法如下：

```
DataFrame.reindex(labels = None,index = None,column = None,axis = None,method = None,copy =
True,level = None,fill_value = nan,limit = None,tolerance = None)
```

主要参数说明：
 ☑ labels：标签，可以是数组，默认值为 None。
 ☑ index：行索引，默认值为 None。
 ☑ columns：列索引，默认值为 None。
 ☑ axis：轴，0 表示行，1 表示列，默认值为 None。
 ☑ method：默认值为 None，重新设置索引时，选择插值（一种填充缺失值的方法）方法，其值可以是 None、bfill/backfill（向后填充）、ffill/pad（向前填充）等。
 ☑ fill_value：填充缺失值的数据。如缺失值不用 NaN 填充，而用 0 填充，则设置 fill_value=0 即可。

1. 对 Series 对象重新设置索引

快速示例 42 重新设置物理成绩的索引　　　　　示例位置：资源包 \Code\03\42

3.2.2 节已经建立了一列学生的物理成绩，下面重新设置索引，程序代码如下：

```
01    import pandas as pd
02    s1=pd.Series(data= [88,60,75],index=[1,2,3])
03    print(s1)
04    print(s1.reindex([1,2,3,4,5]))
```

运行程序，结果如图 3.53 和图 3.54 所示。

图 3.53 原始数据　　　　　图 3.54 重新设置索引的数据

从运行结果可知：reindex() 方法根据新索引进行了重新排序，并且为缺失值自动填充 NaN。如果不想用 NaN 填充，可以为 fill_value 参数指定值，如 0，主要代码如下：

```
s1.reindex(index=[1,2,3,4,5],fill_value=0)
```

对于一些有一定顺序的数据，我们可能需要使用插值（插值是一种填充缺失值的方法）来填充缺失值，可以使用 method 参数。

快速示例 43 向前和向后填充数据　　　　　　　　　　示例位置：资源包 \Code\03\43

向前填充（和前面数据一样）和向后填充（和后面数据一样）的主要代码如下：

```
01    print(s1.reindex(index=[1,2,3,4,5],method='ffill'))    #向前填充
02    print(s1.reindex(index=[1,2,3,4,5],method='bfill'))    #向后填充
```

2. 对 DataFrame 对象重新设置索引

对于 DataFrame 对象，可使用 reindex() 方法修改行索引和列索引。

快速示例 44 创建成绩表并重新设置索引　　　　　　　示例位置：资源包 \Code\03\44

通过二维数组创建成绩表，程序代码如下：

```
01    # 导入pandas模块
02    import pandas as pd
03    # 解决数据输出时列名不对齐的问题
04    pd.set_option('display.unicode.east_asian_width', True)
05    # 创建列表
06    data = [[110,105,99],[105,88,115],[109,120,130]]
07    index=['mr001','mr003','mr005']
08    columns = ['语文','数学','英语']
09    # 创建数据
10    df = pd.DataFrame(data=data, index=index,columns=columns)
11    print(df)
```

通过 reindex() 方法重新设置行索引，主要代码如下：

```
df.reindex(['mr001','mr002','mr003','mr004','mr005'])
```

通过 reindex() 方法重新设置列索引，主要代码如下：

```
df.reindex(columns=['语文','物理','数学','英语'])
```

通过 reindex() 方法重新设置行索引和列索引，主要代码如下：

```
df.reindex(index=['mr001','mr002','mr003','mr004','mr005'],columns=['语文','物理','数学','英语'])
```

运行程序，结果分别如图 3.55、图 3.56、图 3.57、图 3.58 所示。

	语文	数学	英语
mr001	110	105	99
mr003	105	88	115
mr005	109	120	130

图 3.55 原始数据

	语文	数学	英语
mr001	110.0	105.0	99.0
mr002	NaN	NaN	NaN
mr003	105.0	88.0	115.0
mr004	NaN	NaN	NaN
mr005	109.0	120.0	130.0

图 3.56 重新设置行索引

	语文	物理	数学	英语
mr001	110	NaN	105	99
mr003	105	NaN	88	115
mr005	109	NaN	120	130

图 3.57 重新设置列索引

	语文	物理	数学	英语
mr001	110.0	NaN	105.0	99.0
mr002	NaN	NaN	NaN	NaN
mr003	105.0	NaN	88.0	115.0
mr004	NaN	NaN	NaN	NaN
mr005	109.0	NaN	120.0	130.0

图 3.58 重新设置行列索引

3.8.3 设置某列为行索引

设置某列为行索引主要使用 set_index 方法。

快速示例 45 设置"买家会员名"为行索引　　　　　　　示例位置：资源包 \Code\03\45

读取名为 "data2.xlsx" 的 Excel 文件，程序代码如下：

```
01    import pandas as pd
```

```
01    # 解决数据输出时列名不对齐的问题
02    pd.set_option('display.unicode.east_asian_width', True)
03    df=pd.read_excel('../../datas/data2.xlsx')
04    print(df.head())
```

运行程序，结果如图 3.59 所示。

此时默认行索引为 0、1、2、3、4，下面将"买家会员名"设置为行索引，主要代码如下：

```
df=df.set_index(['买家会员名'])
```

运行程序，结果如图 3.60 所示。

	买家会员名	买家实际支付金额	收货人姓名	宝贝标题
0	mrhy1	41.86	周某某	零基础学Python
1	mrhy2	41.86	杨某某	零基础学Python
2	mrhy3	48.86	刘某某	零基础学Python
3	mrhy4	48.86	张某某	零基础学Python
4	mrhy5	48.86	赵某某	C#项目开发实战入门

图 3.59 淘宝销售数据（前 5 条数据）

买家会员名	买家实际支付金额	收货人姓名	宝贝标题
mrhy1	41.86	周某某	零基础学Python
mrhy2	41.86	杨某某	零基础学Python
mrhy3	48.86	刘某某	零基础学Python
mrhy4	48.86	张某某	零基础学Python
mrhy5	48.86	赵某某	C#项目开发实战入门

图 3.60 设置"买家会员名"为行索引

如果在 set_index() 方法中传入参数 drop=True，则会删除"买家会员名"，如果传入 drop=False，则会保留"买家会员名"，默认值为 False。

3.8.4 数据清洗后重新设置连续的行索引

当我们对 Dataframe 对象进行数据清洗之后，例如去掉含 NaN 的行，会发现行索引还是原来的行索引，对比效果如图 3.61 和图 3.62 所示。

	买家会员名	买家实际支付金额	宝贝总数量	宝贝标题	类别	订单付款时间
0	mr001	143.50	2.0	Python黄金组合	图书	2018-10-09 22:54:26
1	mr002	78.80	1.0	Python编程锦囊	NaN	2018-10-09 22:52:42
2	mr003	48.86	1.0	零基础学C语言	图书	2018-01-19 12:53:01
3	mr004	81.75	0.0	SQL Server应用与开发范例宝典	图书	2018-06-30 11:46:14
4	mr005	299.00	1.0	Python程序开发资源库	NaN	2018-03-23 18:25:45
5	mr006	41.86	1.0	零基础学Python	图书	2018-03-24 19:25:45
6	mr007	55.86	1.0	C语言精彩编程200例	图书	2018-03-25 11:00:45
7	mr008	41.86	0.0	C语言项目开发实战入门	图书	2018-03-26 23:11:11
8	mr009	41.86	1.0	Java项目开发实战入门	图书	2018-03-27 07:25:30
9	mr010	34.86	1.0	SQL即查即用	图书	2018-03-28 18:09:12

图 3.61 原始数据

	买家会员名	买家实际支付金额	宝贝总数量	宝贝标题	类别	订单付款时间
0	mr001	143.50	2.0	Python黄金组合	图书	2018-10-09 22:54:26
2	mr003	48.86	1.0	零基础学C语言	图书	2018-01-19 12:53:01
5	mr006	41.86	1.0	零基础学Python	图书	2018-03-24 19:25:45
6	mr007	55.86	1.0	C语言精彩编程200例	图书	2018-03-25 11:00:45
8	mr009	41.86	1.0	Java项目开发实战入门	图书	2018-03-27 07:25:30
9	mr010	34.86	1.0	SQL即查即用	图书	2018-03-28 18:09:12

图 3.62 清洗后的数据

快速示例 46　删除数据后重新设置索引　　　　　　　示例位置：资源包 \Code\03\46

如果要重新设置索引可以使用 reset_index() 方法，在删除缺失值后重新设置索引，主要代码如下：

```
df=df.dropna().reset_index(drop=True)
```

运行程序，结果如图 3.63 所示。

	买家会员名	买家实际支付金额	宝贝总数量	宝贝标题	类别	订单付款时间
0	mr001	143.50	2.0	Python黄金组合	图书	2023-10-09 22:54:26
1	mr003	48.86	1.0	零基础学C语言	图书	2023-01-19 12:53:01
2	mr006	41.86	1.0	零基础学Python	图书	2023-03-24 19:25:45
3	mr007	55.86	1.0	C语言精彩编程200例	图书	2023-03-25 11:00:45
4	mr009	41.86	1.0	Java项目开发实战入门	图书	2023-03-27 07:25:30
5	mr010	34.86	1.0	SQL即查即用	图书	2023-03-28 18:09:12

图 3.63 删除数据后重新设置索引

另外，对于分组统计后的数据，有时也需要重新设置连续的行索引，方法同上。

3.9 数据排序与排名

视频讲解

本节主要介绍数据的各种排序和排名方法。

3.9.1 数据排序

DataFrame 数据排序主要使用 sort_values() 方法，该方法类似于 SQL 中的 ORDER BY。sort_values() 方法可以根据指定行 / 列进行排序，语法如下：

```
DataFrame.sort_values(by,axis=0,ascending=True,inplace=False,kind='quicksort',na_position='last',ignore_index=False)
```

参数说明：

☑ by：要排序的名称列表。

☑ axis：轴，0 表示行，1 表示列，默认按行排序。

☑ ascending：升序或降序排列，布尔值，指定多个排序可以使用布尔值列表。默认值为 True。

☑ inplace：布尔值，默认值为 False，如果值为 True，则就地排序。

☑ kind：指定排序算法，值为 quicksort（快速排序）、mergesort（混合排序）或 heapsort（堆排），默认值为 quicksort。

☑ na_position：指定空值（NaN）的位置，值为 first 表示空值在数据开头，值为 last 表示空值在数据最后，默认值为 last。

☑ ignore_index：布尔值，指定是否忽略索引，值为 True 则标记索引（从 0 开始按顺序排列的整数值），值为 False 则忽略索引。

快速示例 47 按"销量"降序排列　　　　　　　　　　示例位置：资源包 \Code\03\47

按"销量"降序排列，排序对比结果如图 3.64 和图 3.65 所示。

图 3.64 原始数据　　　　　　　　　　图 3.65 按"销量"降序排列

程序代码如下：

```
01   # 导入pandas模块
02   import pandas as pd
03   # 读取Excel文件
04   df = pd.read_excel('../../datas/data5.xlsx')
05   # 设置数据显示的列数和宽度
06   pd.set_option('display.max_columns',500)
07   pd.set_option('display.width',1000)
08   # 解决数据输出时列名不对齐的问题
09   pd.set_option('display.unicode.ambiguous_as_wide', True)
10   pd.set_option('display.unicode.east_asian_width', True)
11   print('-----------------------按照一列数据排序-----------------------')
12   # 按"销量"列降序排列
13   df=df.sort_values(by='销量',ascending=False)
14   print(df)
```

还可以实现按多列数据排序。例如，按照"图书名称"和"销量"降序排列，主要代码如下：

```
print(df.sort_values(by=['图书名称','销量'],ascending=[False,False]))
```

3.9.2 数据排名

排名是根据 Series 对象或 DataFrame 对象的某几列的值进行排名，主要使用 rank() 方法，语法如下：

```
DataFrame.rank(axis=0,method='average',numeric_only=None,na_option='keep',ascending=True,pct=False)
```

参数说明：

☑ axis：轴，0 表示行，1 表示列，默认按行排序。

☑ method：表示在具有相同值的情况下所使用的排名方法。average 为默认值，表示平均排名；min 表示按最小值排名；max 表示按最大值排名；first 表示按值在原始数据中出现的顺序分配排名；dense 表示密集排名，类似最小值排名，但是排名每次只增加 1，即排名相同的数据只占一个名次。

☑ numeric_only：对于 DataFrame 对象，如果设置值为 True，则只对数字列进行排名。

☑ na_option：空值的排名方式，值为 keep，保留，将空值等级赋值给 NaN 值；值为 top 表示如果按升序排名，则将最小排名赋值给 NaN 值，bottom 表示如果按升序排名，则将最大排名赋值给 NaN 值。

☑ ascending：升序或降序排序，布尔值，指定多个排序可以使用布尔值列表。默认值为 True。

☑ pct：布尔值，表示是否以百分比形式返回排名。默认值为 False。

快速示例 48 对产品销量按顺序进行排名　　　　　　　　示例位置：资源包 \Code\03\48

对产品销量按顺序进行排名，排名相同的，按照出现的顺序排列，程序代码如下：

```
01   # 导入pandas模块
02   import pandas as pd
03   # 读取Excel文件
04   df = pd.read_excel('../../datas/data5.xlsx')
05   # 设置数据显示的列数和宽度
06   pd.set_option('display.max_columns',500)
07   pd.set_option('display.width',1000)
08   # 解决数据输出时列名不对齐的问题
```

```
09    pd.set_option('display.unicode.ambiguous_as_wide', True)
10    pd.set_option('display.unicode.east_asian_width', True)
11    # 按"销量"列降序排名
12    df=df.sort_values(by='销量',ascending=False)
13    # 顺序排名
14    df['顺序排名'] = df['销量'].rank(method="first", ascending=False)
15    print(df[['图书名称', '销量', '顺序排名']])
```

当排名相同时，可以将顺序排名的平均值作为平均排名，主要代码如下：

```
df['平均排名']=df['销量'].rank(ascending=False)
```

3.10 小结

本章介绍了 Pandas 数据处理的基本知识，从最初的数据来源（创建 DataFrame 对象或导入外部数据）到数据抽取、数据增删改操作、数据清洗、索引设置，再到数据排序与排名，常用的数据处理操作基本都涉及了。通过本章的学习，读者基本能够独立完成一些简单的数据处理工作。

本章 e 学码：关键知识点拓展阅读

CSV	HDF5	插值	切片
数据抽取	数据重塑	索引	

第 **4** 章

Pandas 进阶

(▶ 视频讲解：3 小时 15 分钟)

本章概览

相信经过上一章的学习，你已经了解 Pandas 了，那么本章将开始学习进阶内容，主要包括数据计算、数据格式化，以及应用非常广泛的数据分组统计、数据位移、数据转换、数据合并、数据导出、日期数据处理和时间序列等。

本章的内容可能会存在一定的难度，建议读者弹性学习，对内容有一定的选择，对于短时间内无法理解的内容可以先放一放，重要的是多练习、多实践。重复学习是快速提升编程技能的阶梯。

知识框架

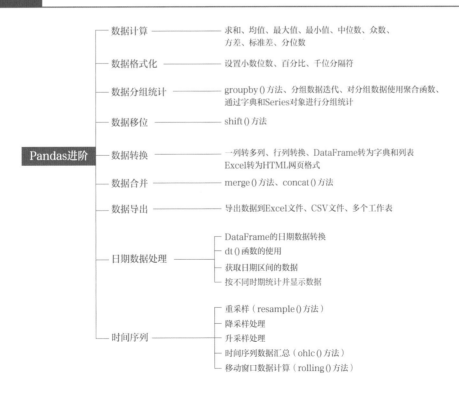

视频讲解

4.1 数据计算

Pandas 提供了大量的数据计算方法，可以实现求和、求均值、求最大值、求最小值、求中位数、求众数、求方差、求标准差等，从而使数据统计变得简单高效。

4.1.1 求和（sum() 方法）

在 Python 中通过调用 DataFrame 对象的 sum() 方法可实现行 / 列数据的求和运算，语法格式如下：

```
DataFrame.sum([axis,skipna,level,…])
```

参数说明：

☑ axis：axis=0 表示逐行计算，axis=1 表示逐列计算，默认为逐行计算。

☑ skipna：skipna=1 表示将 NaN 值自动转换为 0，skipna=0 表示不自动转换 NaN 值，默认为将 NaN 值自动转换为 0。

说明　NaN 值表示该数据非数值。在进行数据处理、数据计算时，Pandas 会为缺失值自动分配 NaN 值。

☑ level：表示索引层级。

☑ 返回值：返回 Series 对象，一组含有行 / 列小计的数据。

快速示例 01 计算语文、数学和英语三科的总成绩　　　　示例位置：资源包 \MR\Code\04\01

首先，创建一组 DataFrame 类型的数据，包括语文、数学和英语三科的成绩，如图 4.1 所示。

	语文	数学	英语
1	110	105	99
2	105	88	115
3	109	120	130

图 4.1 DataFrame 数据

程序代码如下：

```
01    # 导入pandas模块
02    import pandas as pd
03    # 解决数据输出时列名不对齐的问题
04    pd.set_option('display.unicode.east_asian_width', True)
05    # 创建列表
06    data = [[110,105,99],[105,88,115],[109,120,130]]
07    index = [1,2,3]
08    columns = ['语文','数学','英语']
09    # 创建数据
10    df = pd.DataFrame(data=data, index=index, columns=columns)
```

下面使用 sum() 方法计算三科的总成绩，代码如下。

```
df['总成绩']=df.sum(axis=1)
```

运行程序，结果如图 4.2 所示。

	语文	数学	英语	总成绩
1	110	105	99	314
2	105	88	115	308
3	109	120	130	359

图 4.2 使用 sum() 方法计算三科的总成绩

4.1.2 求均值（mean() 方法）

在 Python 中通过调用 DataFrame 对象的 mean() 方法可实现行 / 列数据均值计算，语法格式如下：

```
DataFrame.mean([axis,skipna,level,…])
```

参数说明可参考 sum() 方法。

快速示例 02 计算语文、数学和英语各科的平均分　　　　示例位置: 资源包 \MR\Code\04\02

计算语文、数学和英语各科成绩的平均分，主要代码如下：

```
01    # 计算均值
02    new=df.mean()
03    # 增加一行数据（语文、数学和英语的平均分，忽略索引）
04    df=df._append(new,ignore_index=True)
05    print(df)
```

运行程序，结果如图 4.3 所示。

	语文	数学	英语
0	110.0	105.0	99.000000
1	105.0	88.0	115.000000
2	109.0	120.0	130.000000
3	112.0	115.0	NaN
4	109.0	107.0	114.666667

图 4.3 使用 mean() 方法计算各科的平均分

从运行结果得知：语文平均分 109 分，数学平均分 107 分，英语平均分 114.666667 分。

4.1.3 求最大值（max() 方法）

在 Python 中通过调用 DataFrame 对象的 max() 方法可实现行 / 列数据最大值计算，语法格式如下：

```
DataFrame.max([axis,skipna,level,…])
```

参数说明可参考 sum() 方法。

快速示例 03 计算语文、数学和英语各科的最高分　　　　示例位置: 资源包 \MR\Code\04\03

计算语文、数学和英语各科成绩的最高分，主要代码如下：

```
01    # 计算最高分
02    new=df.max()
03    # 增加一行数据（语文、数学和英语的最高分，忽略索引）
04    df=df._append(new,ignore_index=True)
05    print(df)
```

运行程序，结果如图 4.4 所示。

	语文	数学	英语
0	110.0	105.0	99.0
1	105.0	88.0	115.0
2	109.0	120.0	130.0
3	112.0	115.0	NaN
4	112.0	120.0	130.0

图 4.4 使用 max() 方法计算各科的最高分

从运行结果得知：语文最高分 112 分，数学最高分 120 分，英语最高分 130 分。

4.1.4 求最小值（min() 方法）

在 Python 中通过调用 DataFrame 对象的 min() 方法可实现行 / 列数据最小值计算，语法格式如下：

```
DataFrame.min([axis,skipna,level,…])
```

参数说明可参考 sum() 方法。

快速示例 04 计算语文、数学和英语各科的最低分　　　　　　示例位置：资源包 \MR\Code\04\04

计算语文、数学和英语各科成绩的最低分，也就是最小值，主要代码如下：

```
06    # 计算最低分
07    new=df.min()
08    # 增加一行数据（语文、数学和英语的最低分，忽略索引）
09    df=df._append(new,ignore_index=True)
10    print(df)
```

运行程序，结果如图 4.5 所示。

	语文	数学	英语
0	110.0	105.0	99.0
1	105.0	88.0	115.0
2	109.0	120.0	130.0
3	112.0	115.0	NaN
4	105.0	88.0	99.0

图 4.5 使用 min() 方法计算各科的最低分

从运行结果得知：语文最低分 105 分，数学最低分 88 分，英语最低分 99 分。

4.1.5 求中位数（median() 方法）

中位数又称中值，是统计学专有名词，是指按顺序排列的一组数据中位于中间位置的数，其不受异常值的影响。例如，对于 23、45、35、25、22、34、28 这 7 个数，中位数就是排序后位于中间的数字，即 28，而对于 23、45、35、25、22、34、28、27 这 8 个数，中位数则是排序后中间两个数的均值，即 27.5。在 Python 中直接调用 DataFrame 对象的 median() 方法就可以轻松实现求中位数的运算，语法格式如下：

```
DataFrame.median(axis=0,skipna=True,numeric_only=False,**kwargs)
```

参数说明：

- ☑ axis：axis=0 表示逐行计算，axis=1 表示逐列计算，默认值为 0。
- ☑ skipna：布尔型，指明计算结果是否排除 NaN/Null 值，默认值为 True。
- ☑ numeric_only：布尔型，指明是否仅为数字，默认值为 False。
- ☑ **kwargs：要传递给函数的附加关键字参数。
- ☑ 返回值：返回 Series 或 DataFrame 对象。

快速示例 05 计算学生各科成绩的中位数 1　　　　　　示例位置：资源包 \MR\Code\04\05

下面给出一组数据（3 条记录），然后使用 median() 方法计算语文、数学和英语各科成绩的中位数，程序代码如下：

```
01   # 导入pandas模块
02   import pandas as pd
03   # 解决数据输出时列名不对齐的问题
04   pd.set_option('display.unicode.east_asian_width', True)
05   # 创建列表
06   data = [[110,120,110],[130,130,130],[130,120,130]]
07   columns = ['语文','数学','英语']
08   # 创建数据（3条记录）
09   df = pd.DataFrame(data=data,columns=columns)
10   print(df)
11   # 计算中位数
12   print(df.median())
```

运行程序，结果如下：

```
语文     130.0
数学     120.0
英语     130.0
```

快速示例 06 计算学生各科成绩的中位数 2　　　　　　示例位置：资源包 \MR\Code\04\06

下面再给出一组数据（4 条记录），同样使用 median() 方法计算语文、数学和英语各科成绩的中位数，主要代码如下：

```
01   # 创建数据（4条记录）
02   data = [[110,120,110],[130,130,130],[130,120,130],[113,123,101]]
03   df = pd.DataFrame(data=data,columns=columns)
04   print(df)
05   # 计算中位数
06   print(df.median())
```

运行程序，结果如下：

```
语文     121.5
数学     121.5
英语     120.0
```

4.1.6 求众数（mode() 方法）

什么是众数？众字有多的意思，顾名思义，众数就是一组数据中出现次数最多的数，它代表了数据的一般水平。

在 Python 中通过调用 DataFrame 对象的 mode() 方法可以实现众数计算，语法格式如下：

```
DataFrame.mode(axis=0,numeric_only=False,dropna=True)
```

参数说明：

☑ axis：axis=0 或 'index' 表示逐行计算；axis=1 或 'column' 表示逐列计算，默认值为 0。

☑ numeric_only：布尔型，指明是否仅处理数字，默认值为 False。如果为 True，则仅适用于数字列。

☑ dropna：布尔型，指明是否删除缺失值，默认值为 True。

☑ 返回值：返回 DataFrame 对象。

首先看一组原始数据，如图 4.6 所示。

	语文	数学	英语
0	110	120	110
1	130	130	130
2	130	120	130

图 4.6 原始数据

快速示例 07 计算学生各科成绩的众数　　　　　　　　　　示例位置：资源包 \MR\Code\04\07

下面计算语文、数学和英语三科成绩的众数，逐列计算众数，以及计算数学成绩的众数，主要代码如下：

```
01    print(df.mode())                # 三科成绩的众数
02    print(df.mode(axis=1))          # 逐列计算众数
03    print(df['数学'].mode())        # 数学成绩的众数
```

三科成绩的众数：

```
    语文   数学   英语
0   130   120   130
```

逐列计算众数：

```
0   110
1   130
2   130
```

数学成绩的众数：

```
0     120
```

4.1.7 求方差（var() 方法）

方差用于衡量一组数据的离散程度，即各数据与它们的平均值之差的平方的平均值，我们用这个结果来衡量这组数据的波动，方差越小表示数据越稳定。下面简单介绍方差的意义，相信通过一个简单的例子你就会了解。

例如，某校两名同学的物理成绩都很优秀，但参加物理竞赛的名额只有一个，那么选谁去获得名次的概率更大呢？于是学校根据历史数据计算出了两名同学的平均成绩，但结果是实力相当，平均成绩都是 107.6 分，怎么办呢？这时可以让方差来决定，看看谁的成绩更稳定。首先汇总物理成绩，如图 4.7 所示。

	物理1	物理2	物理3	物理4	物理5
小黑	110	113	102	105	108
小白	118	98	119	85	118

图 4.7 物理成绩

通过方差对比两名同学物理成绩的波动，如图 4.8 所示。

	物理1	物理2	物理3	物理4	物理5
小黑	5.76	29.16	31.36	6.76	0.16
小白	108.16	92.16	129.96	510.76	108.16

图 4.8 方差

接着来看一下总体波动（方差和）：小黑的数据是 73.2，小白的数据是 949.2。很明显小黑的物理成绩波动较小，发挥更稳定，所以应该选小黑参加物理竞赛。

以上举例讲解了方差的意义。大数据时代，它能够帮助我们解决很多身边的问题，协助我们做出合理的决策。

在 Python 中通过调用 DataFrame 对象的 var() 方法可以实现求方差运算，语法格式如下：

```
DataFrame.var(axis=0,skipna=None,level=None,ddof=1,numeric_only=None,**kwargs)
```

参数说明：

☑ axis：axis=0 表示逐行计算，axis=1 表示逐列计算，默认值为 0。

☑ skipna：布尔型，表示计算结果是否排除 NaN/Null 值，默认值为 True。

☑ ddof：整型，默认值为 1，表示方差为无偏样本方差（即方差和 /(样本数 -1)）。

☑ numeric_only：布尔型，指明是否仅处理数字，默认值为 False。如果为 True，则仅适用于数字列。

☑ **kwargs：要传递给函数的附加关键字参数。

☑ 返回值：返回 Series 对象或 DataFrame 对象。

快速示例 08 通过方差判断谁的物理成绩更稳定　　　　　　　示例位置：资源包 \MR\Code\04\08

计算小黑和小白物理成绩的方差，程序代码如下：

```
01    # 导入pandas模块
02    import pandas as pd
03    # 解决数据输出时列名不对齐的问题
04    pd.set_option('display.unicode.east_asian_width', True)
05    # 创建列表
06    data = [[110,113,102,105,108],[118,98,119,85,118]]
07    index=['小黑','小白']
08    columns = ['物理1','物理2','物理3','物理4','物理5']
09    # 创建数据
10    df = pd.DataFrame(data=data,index=index,columns=columns)
11    # 计算方差
12    print(df.var(axis=1))
```

运行程序，结果如下：

```
小黑      18.3
小白      237.3
```

从运行结果得知：小黑的物理成绩波动较小，发挥更稳定。这里需要注意的是，在 Pandas 中计算的方差为无偏样本方差（即方差和 /(样本数 -1)），在 NumPy 中计算的方差就是样本方差（即方差和 / 样本数）。

4.1.8 求标准差（std() 方法）

标准差又称均方差，是方差的平方根，用来表示数据的离散程度。

在 Python 中通过调用 DataFrame 对象的 std() 方法可求标准差，语法格式如下：

```
DataFrame.std(axis=None,skipna=None,level=None,ddof=1,numeric_only=None,**kwargs)
```

std() 方法的参数与 var() 方法一样，这里不再赘述。

快速示例 09 计算各科成绩的标准差　　　　　　　　　　示例位置：资源包 \MR\Code\04\09

下面使用 std() 方法计算标准差，主要代码如下：

```
print(df.std())
```

运行程序，结果如下：

```
语文    11.547005
数学     5.773503
英语    11.547005
```

4.1.9 求分位数（quantile() 方法）

分位数也称分位点，它以概率为依据将数据分割为几个等份，常用的有中位数（即二分位数）、四分位数、百分位数等。分位数是数据分析中常用的一个统计量。例如，我们经常会听老师说："这次考试竟然有 20% 的同学不及格！"那么这句话就体现了分位数的应用。在 Python 中通过调用 DataFrame 对象的 quantile() 方法可求分位数，语法格式如下：

```
DataFrame.quantile(q=0.5, axis=0, numeric_only=False, interpolation='linear', method=
'single')
```

参数说明：

☑ q：浮点型或数组，默认为 0.5（二分位数），其值在 0~1 之间。

☑ axis：axis=0 表示逐行计算，axis=1 表示逐列计算，默认值为 0。

☑ numeric_only：布尔型，指明是否仅处理数字，默认值为 False。如果为 True，则仅适用于数字列。

☑ interpolation：可选参数，当所需的分位数位于两个数据 i 和 j 之间时，这个可选参数指定要使用的插值方法。参数值为 linear、lower、higher、midpoint 或 nearest，具体介绍如下。

➢ linear：i+(j-i)× 分数，其中"分数"是指数被 i 和 j 包围的小数部分。

➢ lower：i。

➢ higher：j。

➢ nearest：i 或 j，取最近者。

➢ midpoint：(i + j) / 2。

☑ method：可选参数，当参数值为 single 时，表示按列计算分位数；当参数值为 table 时，表示按所有列计算分位数，允许使用的插值方法是 nearest、lower 和 higher。

☑ 返回值：返回 Series 对象或 DataFrame 对象。

快速示例 10　通过分位数确定被淘汰的 35% 的学生　　　示例位置：资源包 \MR\Code\04\10

以学生成绩为例，数学成绩分别为 120、89、98、78、65、102、112、56、79、45 的 10 名同学，现根据分数淘汰 35% 的学生，该如何处理？首先使用 quantile 函数计算 35% 分位数，然后将学生成绩与分位数比较，筛选成绩小于或等于分位数的学生，程序代码如下：

```
01    # 导入pandas模块
02    import pandas as pd
03    # 创建DataFrame数据（数学成绩）
04    data = [120,89,98,78,65,102,112,56,79,45]
05    columns = ['数学']
06    df = pd.DataFrame(data=data,columns=columns)
07    # 计算35%分位数
08    x=df['数学'].quantile(0.35)
09    # 输出淘汰学生
10    print(df[df['数学']<=x])
```

运行程序，结果如下：

```
    数学
3    78
4    65
7    56
9    45
```

从运行结果得知：即将被淘汰的学生有 4 名，成绩分别为 78 分、65 分、56 分和 45 分。

快速示例 11　计算日期、时间和时间增量的分位数　　　示例位置：资源包 \MR\Code\04\11

quantile() 方法还可以用于计算日期、时间和时间增量数据的分位数，前提是 numeric_only 参数值必须为 False。程序代码如下：

```
01    # 导入pandas模块
02    import pandas as pd
03    # 创建包含时间的数据
04    df = pd.DataFrame({'数量': [1, 2],
05                       '年份': [pd.Timestamp('2022'),pd.Timestamp('2023')],
06                       '天数': [pd.Timedelta('1 days'),pd.Timedelta('2 days')]})
07    # 计算分位数
08    print(df.quantile(q=0.5, numeric_only=False))
```

运行程序，结果如下：

```
数量                      1.5
年份    2022-07-02 12:00:00
天数        1 days 12:00:00
```

⚡ **充电时刻**

pandas.Timestamp 类用于处理时间戳。时间戳指特定时刻，可以理解为时间点。pandas.Timestamp 类相当于 Python 的 datetime.datetime，可以作为时间索引和时间序列数据结构的输入类型。

pandas.Timestamp 类中的 is_input 参数有 4 个值，分别代表年、月、日、小时，与 datetime.datetime 类似。

视频讲解

4.2 数据格式化

当我们在进行数据处理时，尤其是在数据计算中应用求均值的方法以后，会发现结果中的小数位数增加了许多。此时就需要对数据进行格式化，以增强数据的可读性。例如，设置保留的小数位数、使用百分号、增加千位分隔符等。首先来看一组数据，如图 4.9 所示。

	A1	A2	A3	A4	A5
0	0.301670	0.131510	0.854162	0.835094	0.565772
1	0.392670	0.847643	0.140884	0.861016	0.957591
2	0.170422	0.801597	0.777643	0.849932	0.591222
3	0.293381	0.676887	0.874084	0.125313	0.166284
4	0.520457	0.321166	0.381207	0.540083	0.544173

图 4.9 原始数据

4.2.1 设置小数位数

设置小数位数主要使用 DataFrame 对象的 round() 方法，该方法可以实现四舍五入，它的 decimals 参数用于设置保留的小数位数，设置后数据类型不会发生变化，依然是浮点型。语法格式如下：

```
DataFrame.round(decimals=0, *args, **kwargs)
```

参数 decimals 表示每一列四舍五入的小数位数，可为整型、字典或 Series 对象。如果是整数，则将每一列四舍五入到相同的位置。否则，将字典和 Series 对象舍入到可变数目的位置。如果小数是字典，那么列名在键中；如果小数是级数，则列名在索引中。没有包含在小数中的任何列都将保持原样。非输入列的小数元素将被忽略。

快速示例 12　四舍五入保留指定的小数位数　　　　　　示例位置：资源包 \MR\Code\04\12

首先使用 numpy 模块的 random.random() 变量生成 5 行 5 列 0.0~1.0 的随机数，然后使用 round() 方法四舍五入保留小数位数，程序代码如下：

```
01    # 导入pandas和numpy模块
02    import pandas as pd
03    import numpy as np
04    # 生成5行5列0.0~1.0的随机数
05    df = pd.DataFrame(np.random.random([5, 5]),
06        columns=['A1', 'A2', 'A3','A4','A5'])
07    print(df.round(2))                          # 保留小数点后两位
08    print(df.round({'A1': 1, 'A2': 2}))         # A1列保留小数点后一位、A2列保留小数点后两位
09    s1 = pd.Series(data=[1, 0, 2], index=['A1', 'A2', 'A3'])
10    print(df.round(s1))                         # 设置Series对象的小数位数
```

运行程序，结果如图 4.10 所示。

```
      A1    A2    A3    A4    A5
0   0.95  0.55  0.72  0.77  0.56
1   0.02  0.89  0.37  0.83  0.96
2   0.21  0.15  0.64  0.30  0.60
3   0.43  0.65  0.20  0.31  0.71
4   0.28  0.29  0.64  0.43  0.22
     A1    A2        A3        A4        A5
0   0.9  0.55  0.718390  0.773368  0.557852
1   0.0  0.89  0.365322  0.832133  0.964335
2   0.2  0.15  0.639172  0.298672  0.600670
3   0.4  0.65  0.202531  0.308588  0.710265
4   0.3  0.29  0.637457  0.427216  0.217457
     A1   A2    A3        A4        A5
0   0.9  1.0  0.72  0.773368  0.557852
1   0.0  1.0  0.37  0.832133  0.964335
2   0.2  1.0  0.64  0.298672  0.600670
3   0.4  1.0  0.20  0.308588  0.710265
4   0.3  0.0  0.64  0.427216  0.217457
```

图 4.10 四舍五入保留指定的小数位数

当然，保留小数位数也可以用自定义函数，例如，为 DataFrame 对象中的各个浮点数保留两位小数，主要代码如下：

```
df.applymap(lambda x: '%.2f'%x)
```

注意

经过自定义函数处理过的数据将不再是浮点型的，而是对象型的，如果后续计算有需要，则应先进行数据类型转换。

4.2.2 设置百分比

在数据分析的过程中，有时需要使用百分比数据。利用自定义函数对数据进行格式化处理，处理后的数据就可以从浮点型转换成带指定位数的小数的百分比数据，主要使用 apply 函数与 format 函数。

快速示例 13 将指定数据格式化为百分比数据　　　　　　　　示例位置：资源包 \MR\Code\04\13

例如，将 A1 列的数据格式化为百分比数据，主要代码如下：

```
01  df['百分比']=df['A1'].apply(lambda x: format(x,'.0%'))      # 整列不保留小数
02  df['百分比']=df['A1'].apply(lambda x: format(x,'.2%'))      # 整列保留两位小数
03  df['百分比']=df['A1'].map(lambda x:'{:.0%}'.format(x))      # 使用map函数，整列不保留小数
```

运行程序，结果如图 4.11 所示。

```
         A1        A2        A3        A4        A5  百分比
0  0.793469  0.593043  0.214804  0.112762  0.004515  79%
1  0.302225  0.888309  0.488037  0.970587  0.836872  30%
2  0.421368  0.479971  0.840746  0.309160  0.612316  42%
3  0.695286  0.505271  0.226396  0.043214  0.615526  70%
4  0.610475  0.052363  0.538169  0.456234  0.906908  61%
         A1        A2        A3        A4        A5     百分比
0  0.793469  0.593043  0.214804  0.112762  0.004515  79.35%
1  0.302225  0.888309  0.488037  0.970587  0.836872  30.22%
2  0.421368  0.479971  0.840746  0.309160  0.612316  42.14%
3  0.695286  0.505271  0.226396  0.043214  0.615526  69.53%
4  0.610475  0.052363  0.538169  0.456234  0.906908  61.05%
         A1        A2        A3        A4        A5  百分比
0  0.793469  0.593043  0.214804  0.112762  0.004515  79%
1  0.302225  0.888309  0.488037  0.970587  0.836872  30%
2  0.421368  0.479971  0.840746  0.309160  0.612316  42%
3  0.695286  0.505271  0.226396  0.043214  0.615526  70%
4  0.610475  0.052363  0.538169  0.456234  0.906908  61%
```

图 4.11 将指定数据格式化为百分比数据

4.2.3 设置千位分隔符

由于业务需要，有时需要将数据格式化为带千位分隔符的数据。处理后的数据将不再是浮点型的，而是对象型的。

快速示例 14 将金额格式化为带千位分隔符的数据　　　　　示例位置：资源包 \MR\Code\04\14

首先创建一组图书销售数据，然后将"码洋"格式化为带千位分隔符的数据，程序代码如下：

```
01    # 导入pandas模块
02    import pandas as pd
03    # 解决数据输出时列名不对齐的问题
04    pd.set_option('display.unicode.east_asian_width', True)
05    # 创建列表
06    data = [['零基础学Python','1月',49768889],['零基础学Python','2月',11777775],['零基础学
Python','3月',13799990]]
07    columns = ['图书','月份','码洋']
08    # 创建数据
09    df = pd.DataFrame(data=data, columns=columns)
10    # 格式化为带千位分隔符的数据
11    df['码洋']=df['码洋'].apply(lambda x:format(int(x),','))
12    print(df)
```

运行程序，结果如图 4.12 所示。

```
          图书 月份        码洋

0  零基础学Python  1月  49,768,889

1  零基础学Python  2月  11,777,775

2  零基础学Python  3月  13,799,990
```

图 4.12 将金额格式化为带千位分隔符的数据

设置千位分隔符后，对于程序来说，这些数据将不再是数值型的，而是由数字和逗号组成的字符串，如果以后需要再变成数值型的就会很麻烦，因此设置千位分隔符要慎重。

4.3 数据分组统计

本节主要介绍分组统计方法——groupby() 的各种应用。

4.3.1 groupby() 方法

对数据进行分组统计，主要使用 DataFrame 对象的 groupby() 方法，其功能如下。

（1）根据给定的条件将数据拆分成组。

（2）每个组都可以独立应用函数（如求和函数、求均值函数等）。

（3）将结果合并到一个数据结构中。

groupby() 方法用于将数据按照一列或多列进行分组，一般与计算函数结合使用，实现数据的分组统计，语法格式如下：

```
DataFrame.groupby(by=None,level=None,as_index=True,sort=True,group_keys=True, dropna=True)
```

参数说明：

☑ by：函数、字典或 Series 对象、数组、标签或标签列表。如果 by 是一个函数，则对象索引的每个值都调用它。如果传递了一个字典或 Series 对象，则使用该字典或 Series 对象值来确定组。如果传递了数组 ndarray，则按原样使用这些值来确定组。

☑ level：表示索引层级，默认为 None。

☑ as_index：布尔型，默认为 True，返回以组标签为索引的对象。

☑ sort：对组进行排序，布尔型，默认为 True。

☑ group_keys：布尔型，默认为 True，调用 apply() 函数时，将分组的键添加到索引以标识片段。

☑ dropna：布尔型，若值为 True，并且组键包含 NA 值，则将删除 NA 值及行 / 列。如果值为 False，则 NA 值也将被视为组中的键。

1. 按照一列进行分组统计

快速示例 15 根据"一级分类"统计订单数据　　　示例位置：资源包 \MR\Code\04\15

按照图书"一级分类"对订单数据进行分组统计并求和，程序代码如下：

```
01  import pandas as pd  # 导入pandas模块
02  # 解决数据输出时列名不对齐的问题
03  pd.set_option('display.unicode.east_asian_width', True)
04  # 读取CSV文件
05  df=pd.read_csv(filepath_or_buffer='../../datas/JD.csv',encoding='gbk')
06  df1=df[['一级分类','7天点击量','订单预定']] # 抽取数据
07  print(df1.groupby('一级分类').sum())# 分组统计求和
```

运行程序，结果如图 4.13 所示。

	7天点击量	订单预定
一级分类		
数据库	186	15
移动开发	261	7
编程语言与程序设计	4280	192
网页制作/Web技术	345	15

图 4.13 按照一列进行分组统计

2. 按照多列进行分组统计

按多列进行分组统计时，以列表形式指定列。

快速示例 16 根据两级分类统计订单数据　　　示例位置：资源包 \MR\Code\04\16

按照图书"一级分类"和"二级分类"对订单数据进行分组统计并求和，主要代码如下：

```
01  # 抽取数据
02  df1=df[['一级分类','二级分类','7天点击量','订单预定']]
03  print(df1.groupby(['一级分类','二级分类']).sum()) # 分组统计求和
```

运行程序，结果如图 4.14 所示

		7天点击量	订单预定
一级分类	二级分类		
数据库	Oracle	58	2
	SQL	128	13
移动开发	Android	261	7
编程语言与程序设计	ASP.NET	87	2
	C#	314	12
	C++/C语言	724	28
	JSP/JavaWeb	157	1
	Java	408	16
	PHP	113	1
	Python	2449	132
	Visual Basic	28	0
网页制作/Web技术	HTML	188	8
	JavaScript	100	7

图 4.14 按照多列进行分组统计

3. 分组并按指定列进行数据计算

前面介绍的分组统计是按照所有列进行的，那么如何分组并按照指定列进行汇总计算呢？

快速示例 17 统计各编程语言类图书的 7 天点击量   示例位置：资源包 \MR\Code\04\17

统计各编程语言类图书的 7 天点击量，首先按"二级分类"分组，然后抽取"7 天点击量"列并对该列进行求和，主要代码如下：

```
print(df1.groupby('二级分类')['7天点击量'].sum())
```

运行程序，结果如图 4.15 所示。

二级分类	
ASP.NET	87
Android	261
C#	314
C++/C语言	724
HTML	188
JSP/JavaWeb	157
Java	408
JavaScript	100
Oracle	58
PHP	113
Python	2449
SQL	128
Visual Basic	28

图 4.15 分组并按指定列进行数据计算

4.3.2 对分组数据进行迭代

本节介绍如何通过 for 循环对分组数据进行迭代（遍历分组数据）。

快速示例 18 迭代一级分类的订单数据   示例位置：资源包 \MR\Code\04\18

按照"一级分类"分组，并输出每个分类中的订单数据，主要代码如下：

```
01   # 抽取数据
02   df1=df[['一级分类','7天点击量','订单预定']]
03   for name, group in df1.groupby('一级分类'):
04       print(name)
05       print(group)
```

运行程序，结果如图 4.16 所示。

图 4.16 对分组数据进行迭代

上述代码中的 name 是 groupby 中"一级分类"的值，group 是分组后的数据。如果使用 groupby 对多列进行分组，那么需要在 for 循环中指定多列。

快速示例 19 迭代两级分类的订单数据　　　　　示例位置：资源包 \MR\Code\04\19

迭代"一级分类"和"二级分类"的订单数据，主要代码如下：

```
01    # 抽取数据
02    df2=df[['一级分类','二级分类','7天点击量','订单预定']]
03    for (key1,key2),group in df2.groupby(['一级分类','二级分类']):
04        print(key1,key2)
05        print(group)
```

4.3.3 对分组的某列或多列使用聚合函数

在 Python 中也可以实现与 SQL 中的分组聚合类似的操作，主要通过 groupby() 方法与 agg() 函数实现。

快速示例 20 对分组统计结果使用聚合函数　　　　　示例位置：资源包 \MR\Code\04\20

按"一级分类"分组，统计"7 天点击量""订单预定"的均值和总和，主要代码如下：

```
print(df1.groupby('一级分类').agg(['mean','sum']))
```

运行程序，输出结果如图 4.17 所示。

图 4.17 分组统计"7 天点击量""订单预定"的均值和总和

快速示例 21 针对不同的列使用不同的聚合函数　　　　　示例位置：资源包 \MR\Code\04\21

在上述示例中，还可以针对不同的列使用不同的聚合函数。例如，按"一级分类"分组统计"7 天点击量"的均值和总和，以及"订单预定"的总和，主要代码如下：

```
print(df1.groupby('一级分类').agg({'7天点击量':['mean','sum'], '订单预定':['sum']}))
```

运行程序，输出结果如图 4.15 所示。

	7天点击量		订单预定
	mean	sum	sum
一级分类			
数据库	93.000000	186	15
移动开发	65.250000	261	7
编程语言与程序设计	178.333333	4280	192
网页制作/Web技术	115.000000	345	15

图 4.18 分组统计"7 天点击量"的均值和总和，以及"订单预定"的总和

快速示例 22 通过自定义函数实现分组统计　　　　　　示例位置：资源包 \MR\Code\04\22

通过自定义函数也可以实现数据分组统计。例如，统计 1 月销售数据中购买次数最多的产品，主要代码如下：

```
01  df=pd.read_excel('../../datas/data2.xlsx')  # 读取Excel文件
02  # x是"宝贝标题"对应的列
03  # value_counts()函数用于对Series对象中的每个值进行计数并且排序
04  max1 = lambda x: x.value_counts(dropna=False).index[0]
05  df1=df.agg({'宝贝标题': [max1],
06          '数量': ['sum', 'mean'],
07          '买家实际支付金额': ['sum', 'mean']})
08  print(df1)
```

运行程序，结果如图 4.19 所示。

	宝贝标题	数量	买家实际支付金额
<lambda>	C语言项目开发实战入门	NaN	NaN
sum		NaN　53.00	4085.8600
mean		NaN　1.06	81.7172

图 4.19 统计购买次数最多的产品

从运行结果得知："C 语言项目开发实战入门"是用户购买次数最多的产品。

说明

在输出结果中，lambda 函数名称 <lambda> 被输出，看上去不是很美观，那么如何去掉它？方法是使用 __name__ 方法修改函数名称，主要代码如下：

```
max.__name__ = "购买次数最多"
```

运行程序，结果如图 4.20 所示。

	宝贝标题	数量	买家实际支付金额
购买次数最多	C语言项目开发实战入门	NaN	NaN
sum		NaN　53.00	4085.8600
mean		NaN　1.06	81.7172

图 4.20 使用 __name__ 方法修改函数名称

4.3.4 通过字典和 Series 对象进行分组统计

1. 通过字典进行分组统计

首先创建字典建立对应关系，然后将字典传递给 groupby() 函数从而实现数据分组统计。

快速示例 23 通过字典分组统计"北上广"销量　　　　示例位置：资源包 \MR\Code\04\23

统计各地区销量，业务人员要求将"北京""上海"和"广州"三个一线城市放在一起统计。我们首先创建一个字典将"上海出库销量""北京出库销量"和"广州出库销量"都与"北上广"对应，然后使用 groupby() 方法进行分组统计，主要代码如下：

```
01    df=pd.read_csv(filepath_or_buffer='../../datas/JD2.csv',encoding='gbk') # 读取CSV文件
02    df=df.set_index(['商品名称'])                                            # 设置索引
03    # 创建字典
04    dict1={'上海出库销量':'北上广','北京出库销量':'北上广',
05            '广州出库销量':'北上广','成都出库销量':'成都',
06            '武汉出库销量':'武汉','西安出库销量':'西安'}
07    # 行列转置，然后通过字典进行分组统计
08    df1=df.T.groupby(dict1).sum().T
09    print(df1)
```

运行程序，结果如图 4.21 所示。

商品名称	北上广	成都	武汉	西安
零基础学Python（全彩版）	1991	284	246	152
Python从入门到项目实践（全彩版）	798	113	92	63
Python项目开发案例集锦（全彩版）	640	115	88	57
Python编程锦囊（全彩版）	457	85	65	47
零基础学C语言（全彩版）	364	82	63	40
SQL即查即用（全彩版）	305	29	25	40
零基础学Java（全彩版）	238	48	43	29
零基础学C++（全彩版）	223	53	35	23
零基础学C#（全彩版）	146	27	16	7
C#项目开发实战入门（全彩版）	135	18	22	12

图 4.21 通过字典进行分组统计

 由于 Pandas 2.1.0 及后续版本的 groupby() 方法删除了 axis 参数，因此在上述代码中使用 T 属性实现行列转置。

注意

2. 通过 Series 对象进行分组统计

通过 Series 对象进行分组统计与字典方法类似。

快速示例 24 通过 Series 对象分组统计"北上广"销量　　　　示例位置：资源包 \MR\Code\04\24

首先，创建一个 Series 对象，主要代码如下：

```
01    data={'北京出库销量':'北上广','上海出库销量':'北上广',
02            '广州出库销量':'北上广','成都出库销量':'成都',
03            '武汉出库销量':'武汉','西安出库销量':'西安',}
04    s1=pd.Series(data)
05    print(s1)
```

运行程序，结果如图 4.22 所示。

北京出库销量	北上广
上海出库销量	北上广
广州出库销量	北上广
成都出库销量	成都
武汉出库销量	武汉
西安出库销量	西安

图 4.22 通过 Series 对象进行分组统计

然后，将 Series 对象传递给 groupby() 方法实现数据分组统计，主要代码如下：

```
01    df1=df.T.groupby(s1).sum().T
02    print(df1)
```

运行程序，结果如图 4.23 所示。

	北上广	成都	武汉	西安
商品名称				
零基础学Python（全彩版）	1991	284	246	152
Python从入门到项目实践（全彩版）	798	113	92	63
Python项目开发案例集锦（全彩版）	640	115	88	57
Python编程锦囊（全彩版）	457	85	65	47
零基础学C语言（全彩版）	364	82	63	40
SQL即查即用（全彩版）	305	29	25	40
零基础学Java（全彩版）	238	48	43	29
零基础学C++（全彩版）	223	53	35	23
零基础学C#（全彩版）	146	27	16	7
C#项目开发实战入门（全彩版）	135	18	22	12

图 4.23 分组统计结果

视频讲解

4.4 数据移位

什么是数据移位？例如，分析数据时需要用到上一条数据，这时可以将数据移动至上一条，从而得到该条数据，这就是数据移位。在 Pandas 中，使用 shift() 方法可以获得上一条数据。例如，获取某学生上一次的英语成绩，如图 4.24 所示。

	语文	数学	英语		英语1
0	110	105	99		NaN
1	105	88	115		99
2	109	120	130		115

图 4.24 获取学生上一次的英语成绩

shift() 是一个非常有用的方法，主要用于数据位移，与其他方法结合使用能实现很多意想不到的功能，语法格式如下：

```
DataFrame.shift(periods=1, freq=None, axis=0)
```

参数说明：

☑ periods：表示移动的幅度，可以是正数，也可以是负数，默认值是 1，1 表示移动一次。注意这里移动的都是数据，索引是不能移动的，移动之后也没有对应值，赋值为 NaN。

☑ freq：可选参数，默认值为 None，只适用于时间序列，如果存在这个参数，则会按照参数值移动时间索引，而数据不会发生变化。

☑ axis：axis=1 表示行，axis=0 表示列，默认值为 0。

快速示例 25 统计学生英语周测成绩的升降情况　　　　　　　示例位置：资源包 \MR\Code\04\25

使用 shift() 方法统计学生每周英语测试成绩的升降情况，程序代码如下：

```
01    # 导入pandas模块
02    import pandas as pd
03    # 解决数据输出时列名不对齐的问题
04    pd.set_option('display.unicode.east_asian_width', True)
05    # 创建数据
06    data = [110,105,99,120,115]
07    index=[1,2,3,4,5]
08    df = pd.DataFrame(data=data,index=index,columns=['英语'])
09    # 数据移位
10    df['升降']=df['英语']-df['英语'].shift()
11    print(df)
```

运行程序，结果如图 4.25 所示。

```
    英语   升降
1   110   NaN
2   105  -5.0
3    99  -6.0
4   120  21.0
5   115  -5.0
```

图 4.25　英语升降情况

从运行结果得知：第 2 次比第 1 次下降 5 分，第 3 次比第 2 次下降 6 分，第 4 次比第 3 次提升 21 分，第 5 次比第 4 次下降 5 分。

这里再扩展一下，通过 10 次周测试来看学生整体英语成绩的升降情况，如图 4.26、图 4.27 所示。

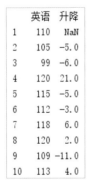

```
     英语    升降
1    110    NaN
2    105   -5.0
3     99   -6.0
4    120   21.0
5    115   -5.0
6    112   -3.0
7    118    6.0
8    120    2.0
9    109  -11.0
10   113    4.0
```

图 4.26　10 次周测试英语成绩升降情况

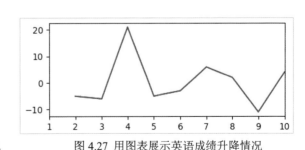

图 4.27　用图表展示英语成绩升降情况

说明　　有关图表的知识将在第 5 章介绍，这里我们先简单了解。

shift() 方法还有很多方面的应用，例如这样一个场景：分析股票数据，获取的股票数据中有股票的实时价格，也有每日的收盘价 "close"，此时需要将实时价格和上一个工作日的收盘价进行对比，通过 shift() 方法就可以轻松解决。shift() 方法还可以应用于时间序列，感兴趣的读者可以自行尝试和探索。

4.5 数据转换

数据转换一般包括将一列数据转换为多列数据，行列转换，将 DataFrame 转换为字典、列表和元组等。

4.5.1 一列数据转换为多列数据

一列数据转换为多列数据的情况在日常工作中经常会碰到，从各种系统中导出的订单号、名称、地址等大多是复合的（即由多项内容组成），那么，这些列在查找、统计、合并时就没办法使用，需要将它们拆分开。例如，地址信息由省、市、区、街道、门牌号等信息组成，如果按省、市、区统计数据，就需要将地址信息中的"省""市""区"拆分开，此时就需要将一列数据转换为多列数据，通常使用以下方法。

1. split() 方法

Pandas 的 Series 对象中的 str.split() 内置方法可以实现分割字符串，语法格式如下：

```
Series.str.split(pat=None, n=-1, expand=False)
```

参数说明：

☑ pat：字符串、符号或正则表达式，指明分割的依据，默认以空格为依据分割字符串。

☑ n：整型，表示分割次数，默认值是 -1，0 或 -1 都将返回所有拆分结果。

☑ expand：布尔型，表示分割后的结果是否转换为 DataFrame，默认值是 False。

☑ 返回值：Series 对象、索引、DataFrame 对象或多重索引。

首先，我们来看一组淘宝销售订单数据（部分数据），如图 4.28 所示。

图 4.28 淘宝销售订单数据（部分数据）

从图中数据得知：不仅"收货地址"是复合的，"宝贝标题"也是复合的，即由多种商品信息组成。

快速示例 26 分割"收货地址"数据中的"省、市、区"　　　　示例位置：资源包 \MR\Code\04\26

下面使用 split() 方法对"收货地址"进行分割，程序代码如下：

```
01    # 导入pandas模块
02    import pandas as pd
03    # 设置数据显示的列数和宽度
04    pd.set_option('display.max_columns',500)
05    pd.set_option('display.width',1000)
06    # 解决数据输出时列名不对齐的问题
07    pd.set_option('display.unicode.east_asian_width', True)
08    # 读取Excel文件指定列数据（"买家会员名"和"收货地址"）
09    df = pd.read_excel(io='../../datas/address.xlsx',usecols=['买家会员名','收货地址'])
10    # 使用split()方法分割"收货地址"
11    series=df['收货地址'].str.split(' ',expand=True)
12    df['省']=series[0]
13    df['市']=series[1]
14    df['区']=series[2]
```

```
15    print(df.head())  #显示前5条数据
```

运行程序，结果如图 4.29 所示。

	买家会员名	收货地址	省	市	区
0	mr00001	重庆 重庆市 南岸区	重庆	重庆市	南岸区
1	mr00003	江苏省 苏州市 吴江区 吴江经济技术开发区亨通路	江苏省	苏州市	吴江区
2	mr00004	江苏省 苏州市 园区 苏州市工业园区唯亭镇阳澄湖大道维纳阳光花园……	江苏省	苏州市	园区
3	mr00002	重庆 重庆市 南岸区 长生桥镇茶园新区长电路11112号	重庆	重庆市	南岸区
4	mr00005	安徽省 滁州市 明光市 三界镇中心街10001号	安徽省	滁州市	明光市

图 4.29 分割后的收货地址

2. join() 方法与 split() 方法结合

快速示例 27　以逗号分割多种商品数据　　　　　示例位置：资源包 \MR\Code\04\27

通过 join() 方法与 split() 方法结合，以逗号 "，" 分割 "宝贝标题" 中的数据，主要代码如下：

```
df = df.join(df['宝贝标题'].str.split('，', expand=True))
```

运行程序，输出结果如图 4.30 所示。

	买家会员名	宝贝标题	0	1	2	3
0	mr00001	PHP程序员开发资源库	PHP程序员开发资源库	None	None	None
1	mr00003	个人版编程词典加点	个人版编程词典加点	None	None	None
2	mr00004	邮费	邮费	None	None	None
3	mr00002	零基础学Java全彩版，Java精彩编程200例，Java项目开发实战入门全彩版，Java...	零基础学Java全彩版	Java精彩编程200例	Java项目开发实战入门全彩版	Java编程词典个人版
4	mr00005	零基础学PHP全彩版	零基础学PHP全彩版	None	None	None

图 4.30 分割后的 "宝贝标题"

从运行结果得知："宝贝标题" 中含有多种商品名称的数据已被拆分开，这样操作便于日后对每一款商品的销量进行统计。

3. 将 DataFrame 中的 tuple（元组）类型数据分割成多列

快速示例 28　对元组数据进行分割　　　　　示例位置：资源包 \MR\Code\04\28

首先，创建一组包含元组的数据，程序代码如下：

```
01    # 导入pandas模块
02    import pandas as pd
03    # 解决数据输出时列名不对齐的问题
04    pd.set_option('display.unicode.east_asian_width', True)
05    # 创建数据
06    df = pd.DataFrame({'a':[1,2,3,4,5], 'b':[(1,2), (3,4),(5,6),(7,8),(9,10)]})
07    print(df)
```

然后，使用 apply() 方法对元组进行分割，主要代码如下：

```
df[['b1', 'b2']] = df['b'].apply(pd.Series)
```

或者结合 join() 方法与 apply() 方法，主要代码如下：

```
df= df.join(df['b'].apply(pd.Series))
```

运行程序，原始数据如图 4.31 所示，分割后的数据如图 4.32 和图 4.33 所示。

```
     a       b                      a       b  b1  b2                 a       b  0   1
0   1   (1, 2)               0   1   (1, 2)  1   2          0   1   (1, 2)  1   2
1   2   (3, 4)               1   2   (3, 4)  3   4          1   2   (3, 4)  3   4
2   3   (5, 6)               2   3   (5, 6)  5   6          2   3   (5, 6)  5   6
3   4   (7, 8)               3   4   (7, 8)  7   8          3   4   (7, 8)  7   8
4   5   (9, 10)              4   5   (9, 10) 9  10          4   5   (9, 10) 9  10
```

图 4.31 原始数据　　　　图 4.32 使用 apply() 方法分割元组　　　图 4.33 join() 方法结合 apply() 方法进行分割

4.5.2 行列转换

在使用 Pandas 处理数据的过程中，有时需要对数据进行行列转换或重排，主要使用 stack() 方法、unstack() 方法和 pivot() 方法。下面介绍这三种方法的应用。

1. stack() 方法

stack() 方法用于将原来的列索引转换成最内层的行索引，转换效果如图 4.34 所示。

图 4.34　stack() 方法转换效果

stack() 方法的语法格式如下：

```
DataFrame.stack(level=-1, dropna=True)
```

参数说明：

☑ level：索引层级，定义为一个索引或标签，也可能是索引或标签列表，默认值是 -1。

☑ dropna：布尔型，默认值为 True。

☑ 返回值：DataFrame 对象或 Series 对象。

快速示例 29 对英语成绩表进行行列转换　　　　　　　　示例位置：资源包 \MR\Code\04\29

下面对学生英语成绩表进行行列转换，程序代码如下：

```
01    # 导入pandas模块
02    import pandas as pd
03    # 解决数据输出时列名不对齐的问题
04    pd.set_option('display.unicode.east_asian_width', True)
05    df=pd.read_excel('../../datas/grade.xlsx')        # 读取Excel文件
06    df = df.set_index(['班级','序号']) # 设置2级索引"班级"和"序号"
07    df = df.stack()  # 行列转换
08    print(df)
```

2. unstack() 方法

unstack() 方法与 stack() 方法相反，它是 stack() 方法的逆操作，即将最内层的行索引转换成列索引，转换效果如图 4.35 所示。

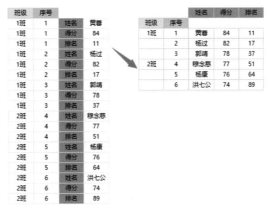

图 4.35 unstack() 方法转换效果

unstack() 方法的语法格式如下：

```
DataFrame.unstack(level=-1, fill_value=None)
```

参数说明：

☑ level：索引层级，定义为一个索引或标签，也可能是索引或标签列表，默认值是 -1。

☑ fill_value：整型、字符串或字典，如果 unstack() 方法产生缺失值，则用该值替换 NaN 值。

☑ 返回值：DataFrame 对象或 Series 对象。

快速示例 30 使用 unstack() 方法转换学生成绩表　　　　　示例位置：资源包 \MR\Code\04\30

同上例，转换学生成绩表，主要代码如下：

```
01    df=pd.read_excel(io='../../datas/grade.xlsx',sheet_name='英语2')  # 读取Excel文件
02    df = df.set_index(['班级','序号','Unnamed: 2'])          # 设置多级索引
03    print(df.unstack())                                    # 数据转换
```

unstack() 方法中有一个参数可以指定转换第几层索引，例如，unstack(0) 表示把第一层行索引转换为列索引，默认是将最内层行索引转换为列索引。

3. pivot() 方法

pivot() 方法用于针对列的值进行操作，即指定某列的值作为行索引，然后指定某些列作为索引对应的值。unstack() 方法用于针对索引进行操作，pivot() 方法用于针对值进行操作。但实际上，两者的功能可以互相转换。

pivot() 方法的语法格式如下：

```
DataFrame.pivot(index=None, columns=None, values=None)
```

参数说明：

☑ index：字符串或对象，可选参数。用于创建新 DataFrame 对象的索引，如果没有，则使用现有索引。

☑ columns：字符串或对象，用于创建新的 DataFrame 对象的列。

☑ values：用于填充新的 DataFrame 对象的值，如果未指定，则将使用所有剩余的列，结果中将具有分层索引列。

☑ 返回值：DataFrame 对象。

快速示例 31 使用 pivot() 方法转换学生成绩表   示例位置：资源包 \MR\Code\04\31

下面使用 pivot() 方法转换学生成绩表，主要代码如下：

```
01    df=pd.read_excel(io='../../datas/grade.xlsx',sheet_name='英语3')    # 读取Excel文件
02    print(df.pivot(index='序号',columns='班级',values='得分'))          # 转换数据
```

运行程序，结果如图 4.36 所示。

班级 序号	1班	2班	3班	4班	5班
1	84	77	72	72	70
2	82	76	72	72	68
3	78	74	72	70	68

图 4.36 使用 pivot() 方法转换学生成绩表

4.5.3 DataFrame 转换为字典

将 DataFrame 转换为字典主要使用 DataFrame 对象的 to_dict() 方法，以索引作为字典的键（key），以列值作为字典的值（value）。例如，有一个 DataFrame 对象（索引为"类别"、列名为"数量"），可通过 to_dict() 生成一个字典，如图 4.37 所示。如果 DataFrame 对象中包含两列，那么 to_dict() 方法就会生成一个两层的字典（dict），第一层的列名作为字典的键（key），第二层以索引作为字典的键（key），以列值作为字典的值（value）。

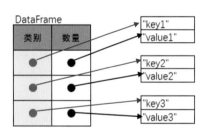

图 4.37 将 DataFrame 转换为字典示意图

快速示例 32 将 Excel 销售数据转换为字典   示例位置：资源包 \MR\Code\04\32

下面使用 to_dict() 方法将按照"宝贝标题"分组统计后的部分数据转换为字典，程序代码如下：

```
01    # 导入pandas模块
02    import pandas as pd
03    # 读取Excel文件
04    df = pd.read_excel('../../datas/address.xlsx')
05    # 按宝贝标题分组统计宝贝总数量，抽取前5条数据
06    df1=df.groupby(["宝贝标题"])["宝贝总数量"].sum().head()
07    # 将统计后的数据转换为字典
08    mydict=df1.to_dict()
09    # 遍历字典输出数据
10    for i,j in mydict.items():
11        print(i,':\t', j)
```

运行程序，结果如图 4.38 所示。

```
ASP.NET项目开发实战入门全彩版 :   32
ASP.NET项目开发实战入门全彩版，ASP.NET全能速查宝典 :      2
Android学习黄金组合套装 :      4
Android项目开发实战入门 :      1
C#+ASP.NET项目开发实战入门全彩版 :      1
```

图 4.38 将 DataFrame 转换为字典

4.5.4 DataFrame 转换为列表

将 DataFrame 转换为列表主要使用 DataFrame 的 tolist() 方法。

快速示例 33 将电商数据转换为列表　　　　　　示例位置：资源包 \MR\Code\04\33

下面将淘宝销售数据中的"买家会员名"转换为列表，主要代码如下：

```
01    # 将数据转换为列表
02    list1=df1['买家会员名'].values.tolist()
03    # 遍历列表输出数据
04    for s in list1:
05        print(s)
```

运行程序，结果如图 4.39 所示。

```
mr00001
mr00003
mr00004
mr00002
mr00005
```

图 4.39 将 DataFrame 转成列表

4.5.5 Excel 数据转换为 HTML 网页格式

在日常工作中，有时会涉及财务数据的处理。对此，Excel 应用最为广泛，但是对于数据展示来说，Excel 并不友好。如果你想用其他格式的文件来向用户展示，HTML 网页格式是不错的选择。首先使用 read_excel() 方法读取 Excel 文件，然后使用 to_html() 方法将 DataFrame 数据转换为 HTML 格式，这样便实现了将 Excel 转换为 HTML 网页格式。

快速示例 34 将 Excel 订单数据转换为 HTML 网页格式　　示例位置：资源包 \MR\Code\04\34

下面将部分订单数据转换为 HTML 网页格式，结果如图 4.40 所示。

买家会员名	宝贝标题
mr00001	PHP程序员开发资源库
mr00003	个人版编程词典加点
mr00004	邮费
mr00002	零基础学Java全彩版，Java精彩编程200例，Java项目开发实战入门全彩版，明日科技...
mr00005	零基础学PHP全彩版

图 4.40 将 Excel 数据转换为 HTML 网页格式

程序代码如下：

```
01    # 导入pandas模块
```

```
02    import pandas as pd
03    # 读取前5条数据
04    df=pd.read_excel(io='../../datas/address.xlsx',usecols=['买家会员名','宝贝标题']).
head()
05    # 转换为HTML网页格式
06    df.to_html(buf='mrbooks.html',header = True,index = False)
```

4.6 数据合并

合并 DataFrame 数据主要使用 merge() 方法、concat() 方法和 join() 方法。

4.6.1 merge() 方法

Pandas 模块的 merge() 方法可将两个列名相同的列合并，两个 DataFrame 对象必须含有同名的列。merge() 方法的语法格式如下：

```
pandas.merge(right,how='inner',on=None,left_on=None,right_on=None,left_index=False,right_in
dex=False,sort=False,suffixes=('_x','_y'),copy=True,indicator=False,validate=None)
```

参数说明：

☑ right：合并对象，DataFrame 对象或 Series 对象。

☑ how：合并类型，参数值可以是 left（左合并）、right（右合并）、outer（外部合并）或 inner（内部合并），默认值为 inner。各个值的说明如下。

➢ left：只使用来自左数据集的键，类似于 SQL 的左外部连接，保留键的顺序。

➢ right：只使用来自右数据集的键，类似于 SQL 的右外部连接，保留键的顺序。

➢ outer：使用来自两个数据集的键，类似于 SQL 的外部连接，按字典顺序对键进行排序。

➢ inner：使用来自两个数据集的键的交集，类似于 SQL 的内部连接，保留左键的顺序。

☑ on：标签、列表或数组，默认值为 None。DataFrame 对象中要合并的列或索引级别名称，也可以是 DataFrame 对象长度的数组或数组列表。

☑ left_on：标签、列表或数组，默认值为 None。要合并的左数据集的列或索引级名称，也可以是左数据集长度的数组或数组列表。

☑ right_on：标签、列表或数组，默认值为 None。要合并的右数据集的列或索引级名称，也可以是右数据集长度的数组或数组列表。

☑ left_index：布尔型，默认值为 False。使用左数据集的索引作为合并键。如果是多重索引，则其他数据中的键数（索引或列数）必须匹配索引的级数。

☑ right_index：布尔型，默认值为 False，使用右数据集的索引作为合并键。

☑ sort：布尔型，默认值为 False，在合并结果中按字典顺序对合并键进行排序。如果为 False，则合并键的顺序取决于连接类型 how 参数。

☑ suffixes：元组类型，默认值为 _x 或 _y。当左侧数据集和右侧数据集的列名相同时，数据合并后列名将带上 "_x" 和 "_y" 后缀。

☑ copy：是否复制数据，默认值为 True，如果为 False，则不复制数据。

☑ indicator：布尔型或字符串，默认值为 False。如果值为 True，则添加一列，用来输出名为 "_Merge" 的 DataFrame 对象，其中包含每一行的信息。如果是字符串，则向输出的 DataFrame 对象中添加包含每一行信息的列，并将列命名为字符型的值。

☑ validate：字符串，检查合并数据是否为指定类型。可选参数，其值说明如下。

- ➢ one_to_one 或“1:1”：检查合并键在左右数据集中是否都是唯一的。
- ➢ one_to_many 或“1:m”：检查合并键在左数据集中是否是唯一的。
- ➢ many_to_one 或“m:1”：检查合并键在右数据集中是否是唯一的。
- ➢ many_to_many 或“m:m”：允许，但不检查。

☑ 返回值：DataFrame 对象，两个合并对象的数据集。

1. 常规合并

快速示例 35 合并学生成绩表 示例位置：资源包 \MR\Code\04\35

假设一个 DataFrame 对象中包含学生的“语文”、“数学”和“英语”成绩，而另一个 DataFrame 对象中包含了学生的“体育”成绩，现在将它们合并，示意图如图 4.41 所示。

编号	语文	数学	英语
mr001	110	105	99
mr002	105	88	115
mr003	109	120	130

编号	体育
mr001	34.5
mr002	39.7
mr003	38

→

编号	语文	数学	英语	体育
mr001	110	105	99	34.5
mr002	105	88	115	39.7
mr003	109	120	130	38

图 4.41 数据合并效果示意图

程序代码如下：

```
# 导入pandas模块
import pandas as pd
# 解决数据输出时列名不对齐的问题
pd.set_option('display.unicode.east_asian_width', True)
# 创建数据
df1 = pd.DataFrame({'编号':['mr001','mr002','mr003'],
                    '语文':[110,105,109],
                    '数学':[105,88,120],
                    '英语':[99,115,130]})
df2 = pd.DataFrame({'编号':['mr001','mr002','mr003'],
                    '体育':[34.5,39.7,38]})
# 数据合并
df_merge=pd.merge(df1,df2,on='编号')
print(df_merge)
```

运行程序，结果如图 4.42 所示。

	编号	语文	数学	英语	体育
0	mr001	110	105	99	34.5
1	mr002	105	88	115	39.7
2	mr003	109	120	130	38.0

图 4.42 合并结果

快速示例 36 通过索引合并数据 示例位置：资源包 \MR\Code\04\36

如果通过索引合并数据，则需要将 right_index 参数和 left_index 参数的值设置为 True。例如，对于上述示例，若通过索引合并数据，主要代码如下：

```
df_merge=pd.merge(df1,df2,right_index=True,left_index=True)
print(df_merge)
```

运行程序，结果如图 4.43 所示。

快速示例 37 对合并数据去重　　　　　　　　　　　　　　示例位置：资源包 \MR\Code\04\37

从图 4.43 所示的运行结果得知：数据中存在重复列（如编号），如果不想要重复列可以通过 how 参数解决这一问题。例如，设置该参数值为 left，就是让 df1 保留所有的行列数据，df2 则根据 df1 的行列进行补全，主要代码如下：

```
df_merge=pd.merge(df1,df2,on='编号',how='left')
```

运行程序，结果如图 4.44 所示。

	编号_x	语文	数学	英语	编号_y	体育
0	mr001	110	105	99	mr001	34.5
1	mr002	105	88	115	mr002	39.7
2	mr003	109	120	130	mr003	38.0

图 4.43 通过索引合并数据

	编号	语文	数学	英语	体育
0	mr001	110	105	99	34.5
1	mr002	105	88	115	39.7
2	mr003	109	120	130	38.0

图 4.44 去重结果

2. 多对一的数据合并

多对一是指两个数据集（df1、df2）的共有列中的数据不是一对一的关系。例如，df1 中的"编号"是唯一的，而 df2 中的"编号"有重复的值，类似这种就是多对一的关系，示意图如图 4.45 所示。

编号	学生姓名
mr001	明日同学
mr002	高猿员
mr003	钱多多

编号	语文	数学	英语
mr001	110	105	99
mr001	105	88	115
mr003	109	120	130

图 4.45 多对一合并示意图

快速示例 38 根据共有列合并数据　　　　　　　　　　　示例位置：资源包 \MR\Code\04\38

根据共有列中的数据进行合并，df2 根据 df1 的行列进行补全，主要代码如下：

```
01    # 按编号列合并数据
02    df_merge=pd.merge(df1,df2,on='编号')
03    print(df_merge)
```

运行程序，结果如图 4.46 所示。

	编号	学生姓名	语文	数学	英语	时间
0	mr001	明日同学	110	105	99	1月
1	mr001	明日同学	105	88	115	2月
2	mr003	钱多多	109	120	130	1月

图 4.46 合并结果

3. 多对多的数据合并

多对多是指两个数据集（df1、df2）的共有列中的数据不全是一对一的关系，都有重复数据，示意图如图 4.47 所示。

编号	语文	数学	英语
mr001	110	105	99
mr002	105	88	115
mr003	109	120	130
mr003	110	123	109
mr003	108	119	128

编号	体育
mr001	34.5
mr002	39.7
mr003	38
mr001	33
mr001	35

图 4.47 多对多示意图

快速示例 39　合并数据并相互补全　　　　示例位置：资源包 \MR\Code\04\39

根据共有列中的数据进行合并，df2、df1 相互补全，主要代码如下：

```
01    # 数据合并
02    df_merge=pd.merge(df1,df2)
03    print(df_merge)
```

运行程序，结果如图 4.48 所示。

	编号	体育	语文	数学	英语
0	mr001	34.5	110	105	99
1	mr001	33.0	110	105	99
2	mr001	35.0	110	105	99
3	mr002	39.7	105	88	115
4	mr003	38.0	109	120	130
5	mr003	38.0	110	123	109
6	mr003	38.0	108	119	128

图 4.48　合并结果

4.6.2　concat() 方法

使用 concat() 方法可以通过不同的方式将数据合并，语法格式如下：

```
pandas.concat(objs,axis=0,join='outer',ignore_index: bool = False, keys=None, levels=None,
names=None, verify_integrity: bool = False, sort: bool = False, copy: bool = True)
```

参数说明：

☑ objs：Series、DataFrame 或 Panel 对象的序列或映射。如果传递一个字典，则排序的键将用作键参数。

☑ axis：axis=1 表示行，axis=0 表示列，默认值为 0。

☑ join：值为 inner（交集）或 outer（联合），处理其他轴上索引的方式，默认值为 outer。

☑ ignore_index：布尔值，默认值为 False。如果为 True，请不要使用并置轴上的索引值。

☑ join_axes：Index 对象列表。用于处理其他 n-1 轴的特定索引，而不是执行内部 / 外部设置逻辑。

☑ keys：序列，默认值无。使用传递的键作为层次索引的最外层。如果为多索引，应该使用元组。

☑ levels：序列列表，默认值无。用于构建 MultiIndex 的特定级别（唯一值）。

☑ names：list 列表，默认值为 None。表示结果层次索引中的级别名称。

☑ verify_integrity：布尔值，默认值为 False。检查新合并的轴是否包含重复项。

☑ sort：布尔值，默认值为 True（1.0.0 以后版本默认值为 False，即不排序）。如果合并方式为外连接（join=outer），则对未对齐的非合并轴进行排序；如果合并方式为内连接（join=inner），则该参数不起作用。

☑ copy：是否复制数据，默认值为 True，如果为 False，则不复制数据。

下面介绍 concat() 方法支持的不同合并方式，其中 dfs 代表合并后的 DataFrame 对象，df1、df2 等代表单个 DataFrame 对象，result 代表合并后的结果（DataFrame 对象）。

1. 相同字段的表首尾相接

结构相同的表可以直接合并，表首尾相接，主要代码如下：

```
01    dfs= [df1, df2, df3]
02    result = pd.concat(dfs)
```

例如，表 df1、df2 和 df3 结构相同（见图 4.49），合并后的效果如图 4.50 所示。如果想要在合并数据时标记源数据来自哪张表，则需要在代码中加入参数 keys，例如表名分别为"1 月""2 月""3 月"，效果如图 4.51 所示。

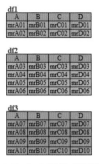
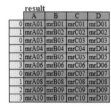
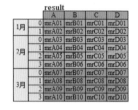

图 4.49 3 个结构相同的表　　图 4.50 合并后的效果　图 4.51 合并后带标记的效果

主要代码如下：

```
result = pd.concat(dfs, keys=['1月', '2月', '3月'])
```

2. 横向表合并（行对齐）

当合并的数据列名称不一致时，可以设置参数 axis=1，concat() 方法将按行对齐，然后将不同列名的两组数据合并，缺失的数据用"NaN"填充。df1 和 df4 合并前后的效果如图 4.52 和图 4.53 所示。

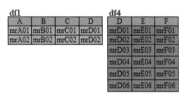
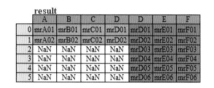

图 4.52 横向表合并前　　　　　　　　图 4.53 横向表合并后

主要代码如下：

```
result = pd.concat([df1, df4], axis=1)
```

3. 交叉合并

交叉合并需要在代码中加上 join 参数，如果值为 inner，结果将是两表的交集；如果值为 outer，结果将是两表的并集。例如取两表交集，表 df1 和 df4 合并前后的效果如图 4.54 和图 4.55 所示。

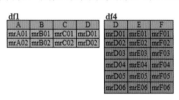
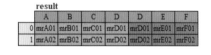

图 4.54 交叉合并前　　　　　　　　图 4.55 交叉合并后

主要代码如下：

```
result = pd.concat([df1, df4], axis=1, join='inner')
```

4. 指定表对齐数据（行对齐）

如果指定参数 join_axes，就可以指定根据哪个表来对齐数据。例如，根据 df4 对齐数据就会保留表 df4 的数据，然后将表 df1 的数据与之合并，行数不变，合并前后的效果如图 4.56 和图 4.57 所示。

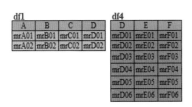

图 4.56 指定表对齐数据合并前　　　　图 4.57 指定表对齐数据合并后

主要代码如下：

```
result = pd.concat([df1, df4], axis=1, join_axes=[df4.index])
```

4.7 数据导出

4.7.1 导出数据到 Excel 文件

导出数据到 Excel 文件，主要使用 DataFrame 对象的 to_excel() 方法，语法格式如下：

```
DataFrame.to_excel(excel_writer,sheet_name='Sheet1',na_rep='',float_format=None,column
s=None,header=True,index=True,index_label=None,startrow=0,startcol=0,engine=None,merge_
cells=True, encoding=None, inf_rep='inf', verbose=True, freeze_panes=None)
```

参数说明：

☑ excel_writer：字符串或 ExcelWriter 对象。

☑ sheet_name：字符串，默认值为 Sheet1，包含 DataFrame 的表名称。

☑ na_rep：字符串，默认值为空格，表示缺失数据的表示方式。

☑ float_format：字符串，默认值为 None，格式化浮点数的字符串。

☑ columns：序列，可选参数，表示要编辑的列。

☑ header：布尔值或字符串列表，默认值为 Ture。指明列名，如果给定字符串列表，则表示它是列名称的别名。

☑ index：布尔值，默认值为 Ture，表示行名（索引）。

☑ index_label：字符串或序列，默认值为 None。如果需要，可以使用索引列的列标签。

☑ startrow：指定从哪一行开始写入数据。

☑ startcol：指定从哪一列开始写入数据。

☑ engine：字符串，默认值为 None，使用写引擎，也可以通过 io.excel.xlsx.writer、io.excel.xls.writer 和 io.excel.xlsm.writer 进行设置。

☑ merge_cells：布尔值，默认值为 Ture。

☑ inf_rep：字符串，默认值为 inf，表示无穷大。

☑ freeze_panes：整数的元组，长度为 2，默认值为 None，指定要冻结的行列。

快速示例 40　将处理后的数据导出到 Excel 文件　　　　示例位置：资源包 \MR\Code\04\40

将 4.6.2 节数据合并后的结果导出到 Excel 文件，主要代码如下：

```
df_merge.to_excel('merge.xlsx')
```

运行程序，数据将导出为 Excel 文件，如图 4.58 所示。

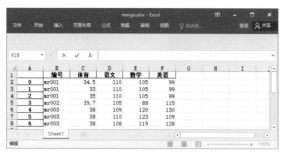

图 4.58 导出为 Excel 文件

在上述示例中，如果需要指定工作表名称，可以通过 sheet_name 参数指定，主要代码如下：

```
df1.to_excel('df1.xlsx',sheet_name='df1')
```

4.7.2 导出数据到 CSV 文件

导出数据到 CSV 文件，主要使用 DataFrame 对象的 to_csv() 方法，语法格式如下：

```
DataFrame.to_csv(path_or_buf, sep,na_rep,float_format,columns, header, index,index_label,
mode,encoding,line_terminator,quoting,quotechar,doublequote,escapechar,chunksize,tupleize_
cols, date_format)
```

参数说明：

☑ path_or_buf：要保存的路径及文件名。

☑ sep：分隔符，默认值为 ","。

☑ na_rep：指定空值的输出方式，默认值为空字符串。

☑ float_format：指定浮点数的输出格式，要用双引号括起来。

☑ columns：指定要导出的列，用列名列表表示，默认值为 None。

☑ header：指定是否输出列名，默认值为 True。

☑ index：指定是否输出索引，默认值为 True。

☑ index_label：索引列的列名，默认值为 None。

☑ encoding：编码方式，默认值为 utf-8。

☑ line_terminator：换行符，默认值为 \n。

☑ quoting：导出的字段是否加双引号，默认值为 0，表示不加双引号；如果值为 1，则每个字段都会加上双引号，数值也会被当作字符串看待。

☑ quotechar：引用字符，quoting=1 时可以指定引号字符为双引号或单引号。

☑ chunksize：一次写入 CSV 文件的行数，当 DataFrame 对象数据特别大时需要分批写入。

☑ date_format：日期输出格式。

快速示例 41 将处理后的数据导出为 CSV 文件　　　　　　　　示例位置：资源包 \MR\Code\04\41

下面介绍 to_csv() 方法常用功能，举例如下，df 为 DataFrame 对象。

（1）保存在相对位置，程序所在路径下。

```
df.to_csv(path_or_buf='Result.csv')
```

（2）保存在绝对位置。

```
df.to_csv(path_or_buf='d:/Result.csv')
```

（3）分隔符。使用问号（?）分隔符分隔需要保存的数据。

```
df.to_csv(path_or_buf='Result.csv',sep='?')
```

（4）替换空值，缺失值保存为 NA。

```
df.to_csv(path_or_buf='Result1.csv',na_rep='NA')
```

（5）格式化数据，保留两位小数。

```
df.to_csv(path_or_buf='Result1.csv',float_format='%.2f')
```

（6）保留某列数据，保存索引列和 name 列。

```
df.to_csv(path_or_buf='Result.csv',columns=['name'])
```

（7）不保留列名。

```
df.to_csv(path_or_buf='Result6.csv',header=False,encoding='gb2312')
```

（8）不保留行索引。

```
df.to_csv(path_or_buf='Result7.csv',index=False,encoding='gb2312')
```

4.7.3 导出数据到多个工作表

导出数据到多个工作表，应首先使用 pd.ExcelWriter() 打开一个 Excel 文件，然后使用 to_excel 方法导出指定的工作表中的数据。

> **快速示例 42 导出 Excel 表格中的多个工作表的数据**　　　示例位置：资源包 \MR\Code\04\42
>
> 下面将数据导出到 Excel 文件的指定工作表中，主要代码如下：

```
01    # 导出数据到Excel文件中名为df1的工作表
02    df1.to_excel(excel_writer='df1.xlsx',sheet_name='df1')
03    work=pd.ExcelWriter('df2.xlsx')  # 打开一个Excel文件
04    # 导出数据到Excel文件中名为df2的工作表
05    df1.to_excel(work,sheet_name='df2')
06    # 导出部分数据到Excel文件中名为df3的工作表
07    df1['A'].to_excel(work,sheet_name='df3')
08    # 保存文件
09    work._save()
```

4.8 日期数据处理

4.8.1 DataFrame 的日期数据转换

在日常工作中，有一件非常麻烦的事就是处理多种表达格式的日期数据。同样是 2024 年 2 月 14 日，可以有很多种格式，如图 4.59 所示。对此，我们需要先将格式统一，然后才能进行后续的工作。Pandas 提供了 to_datetime() 方法，可以帮助我们解决这一问题。

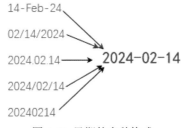

图 4.59 日期的多种格式

to_datetime() 方法可以用来实现批量日期数据转换，对于处理大数据非常实用和方便，它可以将日期数据转换成我们需要的各种格式。例如，将 2/14/24 和 14-2-2024 转换为日期格式 2024-02-14。to_datetime() 方法的语法格式如下：

```
pandas.to_datetime(arg,errors='raise',dayfirst=False,yearfirst=False,utc=False,format=None,exact=_NoDefault.no_default, unit=None, infer_datetime_format=_NoDefault.no_default, origin='unix', cache=True)
```

主要参数说明：

☑ arg：整型、浮点型、字符串、日期时间、列表、元组、字符串数组、Series 对象、DataFrame 对象等。

☑ errors：值为 ignore、raise 或 coerce，具体说明如下。

➤ ignore：无效的解析将返回原值。

➤ raise：无效的解析将引发异常。

➤ coerce：无效的解析将被设置为 NaT，即无法转换为日期的数据将被转换为 NaT 值。

☑ dayfirst：布尔值，默认值为 False，如果 arg 参数是字符串或列表，则指定日期解析顺序；如果参数值为 True，则按日期优先解析数据，例如将 10/11/23 解析为 2023-11-10。

☑ yearfirst：布尔值，默认值为 False，如果 arg 参数是字符串或列表，则指定日期解析顺序；如果参数值为 True，则按年份优先解析数据，例如将 10/11/23 解析为 2010-11-23。如果 dayfirst 参数和 yearfirst 参数的值都为 True，则按年份优先解析数据。

☑ format：字符串，格式化显示时间，例如 "%d/Y%m/%"，注意 "%f" 将被解析为 ns。另外，参数值也可以指定为 "ISO8601" 和 "mixed"，"ISO8601" 表示解析任何 ISO8601 时间字符串，"mixed" 表示单独推断每个元素的格式，一般同 dayfirst 参数一起使用。

☑ unit：默认值为 ns，表示时间的单位，如 D、s、ms、μs、ns，整数或浮点数。

☑ 返回值：日期时间。

快速示例 43 将各种日期字符串转换为指定的日期格式　　　　示例位置：资源包 \MR\Code\04\43

将表示 2024 年 2 月 14 日的各种字符串日期转换为指定日期格式，程序代码如下：

```
01    # 导入pandas模块
02    import pandas as pd
03    # 解决数据输出时列名不对齐的问题
04    pd.set_option('display.unicode.east_asian_width', True)
05    # 创建各种格式的字符串日期
06    df=pd.DataFrame({'原日期':['14-Feb-24', '02/14/2024', '2024.02.14',
'2024/02/14','20240214']})
07    # 转换日期
08    df['转换后的日期']=pd.to_datetime(df['原日期'],format='mixed')
09    print(df)
```

运行程序，结果如图 4.60 所示。

	原日期	转换后的日期
0	14-Feb-24	2024-02-14
1	02/14/2024	2024-02-14
2	2024.02.14	2024-02-14
3	2024/02/14	2024-02-14
4	20240214	2024-02-14

图 4.60 将各种日期字符串转换为指定日期格式

注意 由于 Pandas 版本更新，在使用 to_datetime() 方法转换日期时，如果日期数据的格式不统一，那么需要指定 format 参数值为 mixed，让 Python 自动推断日期格式。否则，程序将会出现警告信息。

to_datetime() 方法还可以实现将 DataFrame 对象中的多列，如单独的年、月、日列，组合成一列日期。键值是常用的日期缩略语。组合的必选参数为 year、month、day，可选参数为 hour、minute、second、millisecond（毫秒）、microsecond（微秒）、nanosecond（纳秒）。

快速示例 44 将一组数据组合为日期数据　　　　示例位置：资源包 \MR\Code\04\44

将一组数据组合为日期数据，主要代码如下：

```
01    df = pd.DataFrame({'year': [2018, 2019,2020],
02                        'month': [1, 3,2],
03                        'day': [4, 5,14],
04                        'hour':[13,8,2],
05                        'minute':[23,12,14],
06                        'second':[2,4,0]})
07    df['组合后的日期']=pd.to_datetime(df)
08    print(df)
```

运行程序，结果如图 4.61 所示。

```
   year  month  day  hour  minute  second          组合后的日期
0  2022      1    4    13      23       2  2022-01-04 13:23:02
1  2023      3    5     8      12       4  2023-03-05 08:12:04
2  2024      2   14     2      14       0  2024-02-14 02:14:00
```

图 4.61 日期组合

4.8.2 dt() 函数的使用

dt() 是 Series 对象中用于获取日期属性的一个访问器函数，通过它可以获取日期中的年、月、日、星期、季度等，还可以判断日期是否处在年底。

dt() 函数提供了 year、month、day、dayofweek、dayofyear、is_leap_year、quarter、weekday_name 等参数。例如，year 可用于获取"年"、month 可用于获取"月"，quarter 可用于直接得到某个日期处于当年的第几个季度，weekday_name 可用于直接得到某个日期对应的是星期几。

快速示例 45 获取日期中的年、月、日、星期等　　　　示例位置：资源包 \MR\Code\04\45

下面使用 dt() 函数获取日期中的年、月、日、星期、季度等。
（1）获取年、月、日。

```
df['年'],df['月'],df['日']=df['日期'].dt.year,df['日期'].dt.month,df['日期'].dt.day
```

（2）从日期判断是星期几。

```
df['星期几']=df['日期'].dt.day_name()
```

（3）从日期判断所处季度。

```
df['季度']=df['日期'].dt.quarter
```

（4）从日期判断是否为全年最后一天。

```
df['是否年底']=df['日期'].dt.is_year_end
```

运行程序，结果如图 4.62 所示。

	原日期	日期	年	月	日	星期几	季度	是否年底
0	2024.1.05	2024-01-05	2024	1	5	Friday	1	False
1	2024.2.15	2024-02-15	2024	2	15	Thursday	1	False
2	2024.3.25	2024-03-25	2024	3	25	Monday	1	False
3	2024.6.25	2024-06-25	2024	6	25	Tuesday	2	False
4	2024.9.15	2024-09-15	2024	9	15	Sunday	3	False
5	2024.12.31	2024-12-31	2024	12	31	Tuesday	4	True

图 4.62 dt 函数转换日期

4.8.3 获取日期区间的数据

获取日期区间数据的方法是直接在 DataFrame 对象中输入日期或日期区间，但前提是必须设置日期为索引，举例如下：

（1）获取 2023 年的数据。

```
df1['2023']
```

（2）获取 2022 年至 2023 年的数据。

```
df1['2022':'2023']
```

（3）获取某月（2023 年 7 月）的数据。

```
df1['2023-07']
```

（4）获取某天（2023 年 5 月 6 日）的数据。

```
df1['2023-05-06':'2023-05-06']
```

快速示例 46 获取指定日期区间的订单数据　　　　　　　　　　示例位置：资源包 \MR\Code\04\46

下面获取 2023 年 5 月 11 日至 6 月 10 日的订单数据，结果如图 4.63 所示。

订单付款时间	买家会员名	买家实际支付金额
2023-05-11 11:37:00	mrhy61	55.86
2023-05-11 13:03:00	mrhy80	268.00
2023-05-11 13:27:00	mrhy40	55.86
2023-05-12 02:23:00	mrhy27	48.86
2023-05-12 21:13:00	mrhy76	268.00
...	...	...
2023-06-09 21:17:00	yhhy47	43.86
2023-06-09 22:42:00	yhhy6	167.58
2023-06-10 08:22:00	yhhy4	166.43
2023-06-10 09:06:00	yhhy14	137.58
2023-06-10 21:11:00	yhhy24	139.44

图 4.63 2023 年 5 月 11 日至 6 月 10 日的订单数据（省略部分数据）

程序代码如下：

```
01    # 导入pandas模块
02    import pandas as pd
03    # 解决数据输出时列名不对齐的问题
04    pd.set_option('display.unicode.east_asian_width', True)
05    # 读取Excel文件
06    df = pd.read_excel('../../datas/data6.xlsx')
```

```
07     # 抽取数据
08     df1=df[['订单付款时间','买家会员名','买家实际支付金额']]
09     # 排序并设置订单付款日期为索引
10     df1=df1.sort_values(by=['订单付款时间']).set_index('订单付款时间')
11     # 获取日期区间数据
12     print(df1['2023-05-11':'2023-06-10'])
```

4.8.4 按不同时期统计并显示数据

1. 按不同时期统计数据

按不同时期统计数据主要使用 DataFrame 对象的 resample() 方法结合数据计算函数。resample() 方法主要用于时间序列频率转换和重采样，它可以从日期中获取年、月、日、星期、季度等，结合数据计算函数就可以实现按年、月、日、星期或季度等不同时期统计数据。举例如下：

（1）按年统计数据

```
df1=df1.resample('AS').sum()
```

（2）按季度统计数据

```
df1.resample('Q').sum()
```

（3）按月统计数据

```
df1.resample('M').sum()
```

（4）按星期统计数据

```
df1.resample('W').sum()
```

（5）按日统计数据

```
df1.resample('D').sum()
```

技巧 在数据统计过程中，可能会出现如图 4.64 所示的错误提示。

```
Traceback (most recent call last):
  File "P:/PythonBooks/Python数据分析从入门到实践/Program/07/相关性分析/demo.py", line 8, in <module>
    df1=df_x.resample('D').sum()          #按日统计费用
  File "C:\Users\Administrator\AppData\Local\Programs\Python\Python37\lib\site-packages\pandas\core\generic.py", line 8155, in resample
    base=base, key=on, level=level)
  File "C:\Users\Administrator\AppData\Local\Programs\Python\Python37\lib\site-packages\pandas\core\resample.py", line 1250, in resample
    return tg._get_resampler(obj, kind=kind)
  File "C:\Users\Administrator\AppData\Local\Programs\Python\Python37\lib\site-packages\pandas\core\resample.py", line 1380, in _get_resampler
    "but got an instance of %r" % type(ax).__name__)
TypeError: Only valid with DatetimeIndex, TimedeltaIndex or PeriodIndex, but got an instance of 'Index'
```

图 4.64 错误提示

完整错误描述：

TypeError: Only valid with DatetimeIndex, TimedeltaIndex or PeriodIndex, but got an instance of 'Index'
出现上述错误，是由于 resample() 函数要求索引必须为日期型。

解决方法：将数据的索引转换为日期格式，主要代码如下：

```
df1.index = pd.to_datetime(df1.index)
```

⚡ 充电时刻

☑ 代码中的"AS"表示将每年第一天作为开始日期，如果将每年最后一天作为开始日期，则需要将"AS"改为"A"。

☑ 代码中的 "Q" 表示将每个季度的最后一天作为开始日期，如果要将每个季度的第一天作为开始日期，则需要将 "Q" 改为 "QS"。

☑ 代码中的 "M" 表示将每个月的最后一天作为开始日期，如果要将每个月的第一天作为开始日期，则需要将 "M" 改为 "MS"。

2. 按不同时期显示数据

DataFrame 对象的 to_period() 方法可用于将时间戳转换为时期，从而实现按不同时期显示数据，前提是必须将日期设置为索引。语法格式如下：

```
DataFrame.to_period(freq=None, axis=0, copy=True)
```

参数说明：

☑ freq：字符串，周期索引的频率，默认值为 None。

☑ axis：行列索引，0 表示行索引，1 表示列索引，默认值为 0。

☑ copy：指明是否复制数据，默认值为 True，如果为 False，则不复制数据。

☑ 返回值：带周期索引的时间序列。

快速示例 47 从日期中获取不同的时期　　　　　　　示例位置：资源包 \MR\Code\04\47

从日期中获取不同的时期，主要代码如下：

```
01    print(df1.to_period('A'))    #按年
02    print(df1.to_period('Q'))    #按季度
03    print(df1.to_period('M'))    #按月
04    print(df1.to_period('W'))    #按星期
```

3. 按时期统计并显示数据

（1）按年统计并显示数据

```
print(df1.resample('AS').sum().to_period('A'))
```

运行结果如图 4.65 所示。

（2）按季度统计并显示数据

```
print(df1.resample('Q').sum().to_period('Q'))
```

运行结果如图 4.66 所示。

```
——————按年统计并显示数据——————
           买家实际支付金额
订单付款时间
2023            218711.61
```

图 4.65　按年统计并显示数据

```
——————按季度统计并显示数据——————
           买家实际支付金额
订单付款时间
2023Q1          58230.83
2023Q2          62160.49
2023Q3          44942.19
```

图 4.66　按季度统计并显示数据

（3）按月度统计并显示数据

```
print(df1.resample('M').sum().to_period('M'))
```

运行结果如图 4.67 所示。

（4）按星期统计并显示数据（前 5 条数据）

```
print(df1.resample('w').sum().to_period('W').head())
```

运行结果如图 4.68 所示。

——按月统计并显示数据——	
	买家实际支付金额
订单付款时间	
2023-01	23369.17
2023-02	10129.87
2023-03	24731.79
2023-04	20484.80
2023-05	11847.91
2023-06	29827.78
2023-07	39433.60
2023-08	1895.65
2023-09	3612.94
2023-10	15230.59
2023-11	15394.61
2023-12	22752.90

——按星期统计并显示数据——	
	买家实际支付金额
订单付款时间	
2022-12-26/2023-01-01	1264.12
2023-01-02/2023-01-08	6617.43
2023-01-09/2023-01-15	3007.82
2023-01-16/2023-01-22	5850.39
2023-01-23/2023-01-29	5430.66

图 4.67 按月统计并显示数据　　　　图 4.68 按星期统计并显示数据

4.9 时间序列

4.9.1 重采样处理

通过前面的学习，我们学会了如何生成不同频率的时间索引，如按小时、按天、按周、按月等，如果我们想对数据做不同频率的转换，该怎么办呢？在 Pandas 中对时间序列的频率进行调整称为重采样，即将时间序列从一个频率转换到另一个频率的处理过程。例如，从每天转换为每 5 天，如图 4.69 所示。

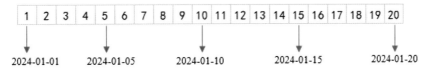

图 4.69 时间频率改变

重采样主要使用 resample() 方法，该方法用于对常规时间序列进行重新采样和频率转换，包括降采样和升采样两种。resample() 方法的语法格式如下：

```
Series.resample(rule,closed=None,label=None,convention='start',kind=None,on=None,level=
None, origin='start_day', offset=None,group_keys=False)
```

参数说明：

☑ rule：字符串，表示目标时间序列或对象转换。

☑ closed：降采样时的时间区间，和数学里的区间概念一样，其值为 "right" 或 "left"。"right" 表示左开右闭（即左边值不包括在内），"left" 表示左闭右开（即右边值不包括在内），默认值为 None。

☑ label：指明降采样时如何设置聚合值的标签，例如 10:30 —10:35 会被标记成 10:30 还是 10:35，默认值为 None。

☑ convention：重采样时，将低频率转换到高频率时所采用的约定，其值为 "start" 或 "end"，默认值为 "start"。

☑ kind：聚合到时期（period）或时间戳（timestamp），默认聚合到时间序列的索引类型，默认值为 None。

☑ on：字符串，可选参数，默认值为 None。对 DataFrame 对象使用列代替索引进行重采样。列必须与日期时间类似。

☑ level：字符串或整型，可选参数，默认值为 None。用于多索引，表示重采样的级别名称或级别编号，级别必须与日期时间类似。

☑ origin：要调整分组的时间戳，默认值为 start_day，起始时区必须与索引所在的时区匹配。参数值介绍如下。

    ➢ epoch：原点是 1970-01-01。

    ➢ start：时间序列的第一个值。

    ➢ start_day：原点是时间序列第一天的午夜。

    ➢ end：时间序列的最后一个值。

    ➢ end_day：原点是时间序列最后一天的午夜。

☑ offset：聚合标签的时间校正值，默认值为 None。例如，"-1s"或"Second(-1)"用于将聚合标签调早 1 秒。

☑ group_keys：布尔值，默认值为 False，指明当对重采样的对象使用 apply() 方法时，结果索引中是否包含组键。

☑ 返回值：重采样对象。

> **说明**　DataFrame 对象也有 resample() 方法，用法与 Series 对象的 resample() 方法一样。

快速示例 48　将 1 分钟的时间序列转换为 3 分钟的时间序列　　示例位置：资源包 \MR\Code\04\48

首先创建一个包含 9 个 1 分钟的时间序列，然后使用 resample() 方法转换为 3 分钟的时间序列并进行求和计算，如图 4.70 所示。

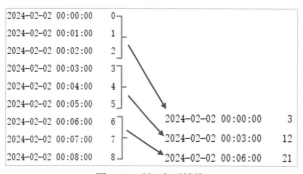

图 4.70 时间序列转换

程序代码如下：

```
01    # 导入pandas模块
02    import pandas as pd
03    # 生成时间
04    index = pd.date_range(start='02/02/2024', periods=9, freq='T')
05    # 创建时间数据
06    series = pd.Series(range(9), index=index)
07    print(series)
08    # 转换为3分钟的时间序列并进行求和计算
09    print(series.resample('3T').sum())
```

4.9.2　降采样处理

降采样是指周期由高频率转向低频率。例如，将 5 分钟股票交易数据转换为日交易数据，将按天统计的销售数据转换为按周统计的销售数据等。

数据降采样会涉及数据的聚合。例如，日数据变成周数据，就要对一周 7 天的数据进行聚合，聚合的方式主要包括求和、求均值等。淘宝店铺每天的销售数据（部分数据）如图 4.71 所示。

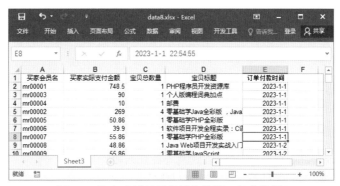

图 4.71 淘宝店铺每天的销售数据（部分数据）

快速示例 49 按周统计淘宝店铺销售数据　　　　　　　　　　示例位置：资源包 \MR\Code\04\49

下面使用 DataFrame 对象的 resample() 方法做降采样处理，频率为"周"，也就是将上述销售数据按周（每 7 天）求和，程序代码如下：

```
01    # 导入pandas模块
02    import pandas as pd
03    # 解决数据输出时列名不对齐的问题
04    pd.set_option('display.unicode.east_asian_width', True)
05    # 读取Excel文件
06    df=pd.read_excel('../../datas/data8.xlsx')
07    # 抽取数据并设置索引
08    df1=df[['订单付款时间','宝贝总数量','买家实际支付金额']].set_index('订单付款时间')
09    # 按周统计销售数据
10    print(df1.resample('W').sum())
```

运行程序，结果如图 4.72 所示。在参数说明中，我们列出了 closed 参数的解释，现在将 closed 参数值设置为"left"，查看结果，如图 4.73 所示。

	宝贝总数量	买家实际支付金额
订单付款时间		
2023-01-01	10	1264.12
2023-01-08	108	6617.43
2023-01-15	37	3007.82
2023-01-22	72	5850.39
2023-01-29	53	5430.66
2023-02-05	13	1198.75

	宝贝总数量	买家实际支付金额
订单付款时间		
2023-01-08	77	5735.91
2023-01-15	70	4697.62
2023-01-22	74	5568.77
2023-01-29	53	5408.68
2023-02-05	19	1958.19

图 4.72 周数据统计 1　　　　　　　　　　图 4.73 周数据统计 2

从运行结果得知：统计结果"宝贝总数量"和"买家实际支付金额"发生了变化，这是因为当 closed 参数值被设置为"left"时，表示"左闭右开"，即包括左边的值，不包括右边的值。

4.9.3 升采样处理

升采样是指周期由低频率转向高频率，例如，原来是按周统计的数据，现在变成按天统计。将数据从低频率转换到高频率时就不需要聚合了，将其重采样到日频率，默认会引入缺失值。

升采样会涉及数据的填充，根据填充的方法不同，填充的数据也不同。下面介绍三种填充方法。

☑ 不填充。空值用 NaN 代替，使用 asfreq() 方法。

☑ 用前值填充。用前面的值填充空值，使用 ffill() 方法。为了方便记忆，ffill() 方法可以使用它的第一个字母"f"标识，代表 forward，向前的意思。

☑ 用后值填充，使用 bfill() 方法，可以使用字母"b"标识，代表 back，向后的意思。

快速示例 50 每 6 小时统计一次数据　　　　　　　　　　示例位置：资源包 \MR\Code\04\50

下面创建一个时间序列，起始日期是 2024-02-02，一共两天，每一天对应的数值分别是 1 和 2，通过升采样处理，每 6 小时统计一次数据，空值以不同的方式填充，程序代码如下：

```
01    # 导入pandas和numpy模块
02    import pandas as pd
03    import numpy as np
04    # 生成日期数据
05    mydate = pd.date_range(start='20240202', periods=2)
06    s1 = pd.Series(np.arange(1,3), index=mydate)
07    # 每6小时统计一次数据并设置空值的填充方式
08    s1_6h_asfreq = s1.resample('6H').asfreq()
09    print(s1_6h_asfreq)
10    s1_6h_ffill = s1.resample('6H').ffill()
11    print(s1_6h_ffill)
12    s1_6h_bfill = s1.resample('6H').bfill()
13    print(s1_6h_bfill)
```

运行程序，结果如图 4.74 所示。

```
2024-02-02 00:00:00    1.0
2024-02-02 06:00:00    NaN
2024-02-02 12:00:00    NaN
2024-02-02 18:00:00    NaN
2024-02-03 00:00:00    2.0
Freq: 6H, dtype: float64
2024-02-02 00:00:00    1
2024-02-02 06:00:00    1
2024-02-02 12:00:00    1
2024-02-02 18:00:00    1
2024-02-03 00:00:00    2
Freq: 6H, dtype: int32
2024-02-02 00:00:00    1
2024-02-02 06:00:00    2
2024-02-02 12:00:00    2
2024-02-02 18:00:00    2
2024-02-03 00:00:00    2
Freq: 6H, dtype: int32
```

图 4.74 每 6 小时统计一次数据

4.9.4 时间序列数据汇总（ohlc() 方法）

在金融领域，我们经常会看到开盘价（open）、收盘价（close）、最高价（high）和最低价（low）数据。在 Pandas 中，经过重采样的数据也可以实现这样的结果，通过调用 ohlc() 方法得到数据汇总结果，即开始值（open）、结束值（close）、最高值（high）和最低值（low）。语法格式如下：

```
resample.ohlc()
```

ohlc() 方法的返回值为 DataFrame 对象，其中包括每组数据的 open、high、low 和 close 值。

快速示例 51 统计数据的 open、high、low 和 close 值　　示例位置：资源包 \MR\Code\04\51

下面是一组 5 分钟的时间序列，通过 ohlc() 方法获取该时间序列中每组时间的 open 值、high 值、low 值和 close 值，程序代码如下：

```
01    # 导入pandas和numpy模块
```

```
02    import pandas as pd
03    import numpy as np
04    # 创建日期数据
05    mydate = pd.date_range(start='2/2/2024',periods=12,freq='T')
06    s1 = pd.Series(np.arange(12),index=mydate)
07    # 获取每组时间的open值、high值、low值和close值
08    print(s1.resample('5min').ohlc())
```

运行程序，结果如图 4.75 所示。

	open	high	low	close
2024-02-02 00:00:00	0	4	0	4
2024-02-02 00:05:00	5	9	5	9
2024-02-02 00:10:00	10	11	10	11

图 4.75 时间序列数据汇总

4.9.5 移动窗口数据计算（rolling()方法）

通过重采样我们可以得到想要的任何频率的数据，但是这些数据也是某个时间点的数据，因此存在这样一个问题：基于时间点的数据波动较大时，某一点的数据就不能很好地表现该事物的本身的特性。于是就有了"移动窗口"的概念，简单地说，为了提升数据的可靠性，将某个取值点扩大到包含这个点的一段区间，这个区间就是窗口。

下面举例说明，如图 4.76 所示，其中时间序列代表某月 1 号到 15 号每天的销量数据，接下来以 3 天为一个窗口，将该窗口从左至右依次移动，统计出 3 天的均值作为某个时间点的值，比如 3 号的销量是 1 号、2 号和 3 号销量的均值。

图 4.76 移动窗口示意图

通过图 4.76，相信你已经理解了移动窗口。在 Pandas 中可以通过 rolling() 函数实现移动窗口数据计算，语法格式如下：

```
DataFrame.rolling(window,min_periods=None,center=False,win_type=None,on=None,closed=None,
step=None, method='single')
```

参数说明：

☑ window：整型、日期时间间隔对象、字符串、偏移量、BaseIndexer 子类，表示窗口移动的大小。如果是整型，则表示每个窗口的固定观测数；如果是日期时间间隔对象、字符串或偏移量，则表示每个窗口的时间段。每个窗口的大小将随着时间段内的观测值变化而变化，只对类似日期时间的索引有效；如果是 BaseIndexer 子类，则窗口边界的定义将基于 get_window_bounds() 方法。

☑ min_periods：整型，默认值为 None，表示每个窗口最少包含的观测值数量，小于这个值的窗口结果为 NA。由偏移量指定的窗口，默认值为 1；由整数指定的窗口，默认值为窗口的大小。

☑ center：布尔值，默认值为 False。如果参数值为 False，则将窗口标签设置为窗口索引的右侧边缘；如果参数值为 True，则将窗口标签设置为窗口索引的中心。

☑ win_type：字符串，默认值为 None。如果参数值为 None，则所有点都是均匀加权的；如果参数值为字符串，则必须是一个有效的变量，即窗口函数（scipy.signal.windows）。

☑ on：字符串，可选参数。对于 DataFrame 对象，要在其上计算移动窗口的列标签或索引级别。如果提供的是整数索引，其将被忽略并从结果中排除，因为整数索引不能用于计算移动窗口数据。

☑ closed：字符串，默认值为 None（right），参数值介绍如下。

➢ right：窗口中的第一个点将被排除在计算之外。

➢ left：窗口中的最后一个点将被排除在计算之外。

➢ both：窗口中没有点被排除在计算之外。

➢ neither：窗口中的第一个点和最后一个点将被排除在计算之外。

☑ step：计算每个移动步骤产生的窗口数据。

☑ methodstr：字符串，参数值为 single 或 table，默认值为 single，表示对单行 / 列执行移动操作；参数值为 table 表示对整个对象执行移动操作。

☑ 返回值：为特定操作而生成的窗口或移动窗口子类。

说明

Series 对象中也有 rolling() 方法，用法与 DataFrame 对象中的一样。

快速示例 52 创建淘宝每日销量数据
示例位置：资源包 \MR\Code\04\52

首先模拟一组淘宝每日销量数据，程序代码如下：

```
01    # 导入pandas模块
02    import pandas as pd
03    # 创建日期数据
04    index=pd.date_range(start='20240201',end='20240215')
05    data=[300,600,700,400,209,1187,335,88,999,1100,112,515,613,222,114]
06    # 创建Series对象
07    s1_data=pd.Series(data,index=index)
08    print(s1_data)
```

快速示例 53 使用 rolling() 方法计算 3 天的均值
示例位置：资源包 \MR\Code\04\53

下面使用 rolling() 方法计算 2024-02-01 到 2024-02-15 期间每 3 天的均值，即窗口长度为 3，主要代码如下：

```
print(s1_data.rolling(3).mean())
```

运行程序，看一下 rolling() 方法是如何计算的。如图 4.77 所示，当窗口开始移动时，第 1 个时间点 2024-02-01 和第 2 个时间点 2024-02-02 的数值为空值，这是因为窗口长度为 3，前面有空数据；而到第 3 个时间点 2024-02-03，它前面的数据是 2024-02-01 到 2024-02-03，所以 3 天的均值是 533.333333，以此类推。

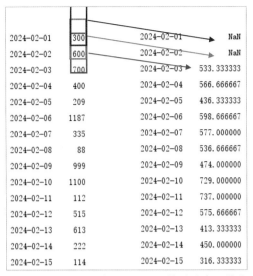

图 4.77　2024-02-01 到 2024-02-15 的移动窗口均值 1

快速示例 54　用当天的数据代表窗口数据　　　　　　**示例位置：资源包 \MR\Code\04\54**

在计算第 1 个时间点 2024-02-01 的窗口数据时，虽然数据个数不够窗口长度 3，但至少有当天的数据，那么能否用当天的数据代表窗口数据呢？答案是肯定的，通过设置 min_periods 参数即可，它表示窗口中最少包含的观测值，小于这个值的窗口长度显示为空值，大于或等于时都有值，主要代码如下：

```
print(s1_data.rolling(window=3,min_periods=1).mean())
```

运行程序，结果如图 4.78 所示。

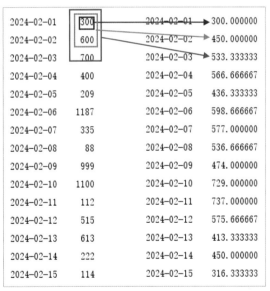

图 4.78　2024-02-01 到 2024-02-15 的移动窗口均值 2

扩展上述示例，通过图表观察原始数据与移动窗口数据的平稳性，如图 4.79 所示，其中实线代表移动窗口数据，其走向更平稳，这也是我们学习移动窗口 rolling() 方法的原因。

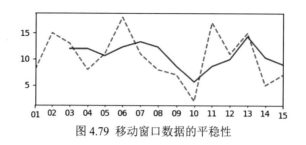

图 4.79 移动窗口数据的平稳性

说明

虚线代表原始数据，实线代表移动窗口数据。

4.10 小结

本章进行了 Pandas 的进阶学习，有一定难度，但同时更能够体现 Pandas 的强大之处——不仅可以完成数据处理工作，还能实现数据的统计分析。Pandas 提供的大量函数使统计分析工作变得简单高效。别具特色的"数据移位"是一个非常有用的方法，与其他方法结合能够实现很多以前难以想象的功能，运用数据转换可对 DataFrame 与 Python 数据类型进行灵活转换。不仅如此，对于日期数据、时间序列的处理，Pandas 也提供了专门的函数和方法，使得量化数据得心应手。Pandas 的强大远远不止这些，还有待于我们慢慢研究和探索！

本章 e 学码：关键知识点拓展阅读

e 学码

DataFrame 对象	NaN 值	离散	数据位移
四分位数	行列转置	映射	重采样

第5章
可视化数据分析图表

(▶ 视频讲解：3 小时 1 分钟)

本章概览

相信本章的内容会勾起很多人的兴趣，可视化数据分析图表让人的视觉无时无刻不受到冲击，更会让人有成就感。

在数据分析与机器学习中，我们经常用到大量的可视化操作。一张精美的图表不仅能够展示大量的信息，还能够直观体现数据之间的隐藏关系。

本章主要介绍 Maplotlib，其中的每个知识点都结合快速示例，力求通过可视化效果介绍图表的相关功能。

知识框架

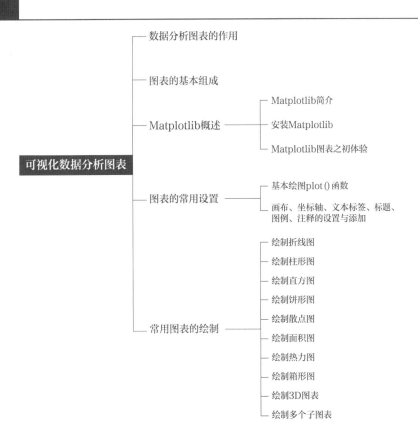

5.1 数据分析图表的作用

通过前面的学习，我们学会了基本的数据处理与统计分析方法，但同时遇到了一个问题：数字堆在一起看起来不是很直观，而且在数据较多的情况下无法展示，不能很好地诠释统计分析结果。举个简单的例子，如图 5.1 和图 5.2 所示。

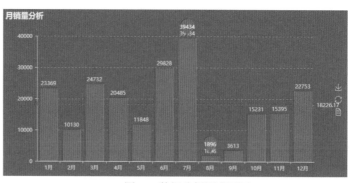

图 5.1 单一数据展示 　　　　　　　　图 5.2 数据分析图表展示

上述示例同是对"月销量分析"结果的呈现，你更青睐哪一种？显然，数据分析图表（见图 5.2）更加直观、生动和具体，它将复杂的统计数字变得简单、通俗、形象，使人一目了然，便于理解和比较。数据分析图表直观地展示统计信息，使我们能够快速了解数据变化趋势、数据比较结果及数据所占比例等，它对数据分析、数据挖掘起到了关键性作用。

5.2 图表的基本组成

数据分析图表有很多种，但大多数图表的基本组成是相同的，一张完整的图表一般包括画布、图表标题、绘图区、数据系列、坐标轴及坐标轴标题、图例、文本标签、网格线等，如图 5.3 所示。

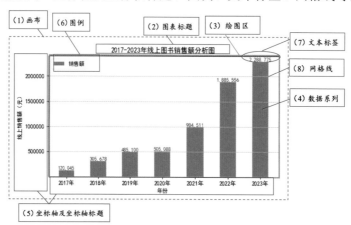

图 5.3 图表的基本组成

下面详细介绍各个组成部分的功能。

（1）画布：图表中最大的白色区域，是其他图表元素的容器。

（2）图表标题：用来概括图表内容的文字，常用的功能有设置文字字体、字号及颜色等。

（3）绘图区：画布中的一部分，即显示图形的矩形区域，可改变其填充颜色、位置，以便让图表展示更好的绘图效果。

（4）数据系列：在数据区域中，同一列（或同一行）数据的集合构成一组数据系列，也就是图表中相关数据点的集合。图表中可以有一组或多组数据系列，多组数据系列之间通常采用不同的图案、颜色或符号来区分。在图 5.3 中，销售额就是数据系列。

（5）坐标轴及坐标轴标题：坐标轴用于标定数值大小及分类，分为水平坐标轴和垂直坐标轴，上面有标定数值的标志（刻度）。坐标轴标题用来说明坐标轴的分类及内容。图 5.3 中 X 轴的标题是"年份"，Y 轴的标题是"线上销售额（元）"。

（6）图例：指示图表中数据系列的符号、颜色或形状，定义数据系列所代表的内容。图例由两部分构成，图例标识代表数据系列的图案，即不同颜色的小方块；图例项是与图例标识对应的数据系列名称，一种图例标识只能对应一种图例项。

（7）文本标签：用于为数据系列添加说明文字。

（8）网格线：贯穿绘图区的线条，类似于标尺，可以衡量数据系列数值的标准。常用的功能有设置网格线宽度、样式、颜色等。

5.3 Matplotlib 概述

众所周知，Python 绘图库有很多且各有特点，而 Maplotlib 是最基础的 Python 可视化库。学习 Python 数据可视化，应首先从 Maplotlib 学起，再学习其他库作为拓展。

5.3.1 Matplotlib 简介

Matplotlib 是一个 Python 2D 绘图库，常用于数据可视化。它能够以多种硬拷贝格式在跨平台的交互式环境中生成高质量的图形。

Matplotlib 非常强大，绘制各种各样的图表游刃有余，只需几行代码就可以绘制折线图（见图 5.4 和图 5.5）、柱形图（见图 5.6）、直方图（见图 5.7）、饼形图（见图 5.8）、散点图（见图 5.9）等。

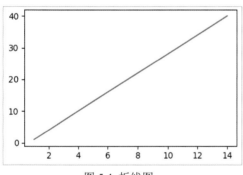

图 5.4 折线图

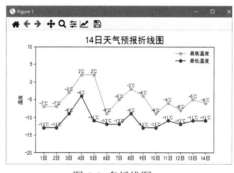

图 5.5 多折线图

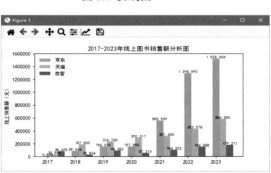

图 5.6 柱形图

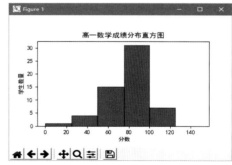

图 5.7 直方图

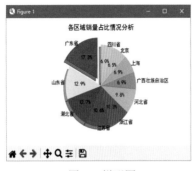

图 5.8 饼形图

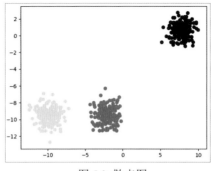

图 5.9 散点图

Matpoltlib 不仅可以绘制以上基础图表，还可以绘制一些高级图表，如双 y 轴可视化数据分析图表（见图 5.10）、堆叠柱形图（见图 5.11）、渐变饼形图（见图 5.12）、等高线图（见图 5.13）。

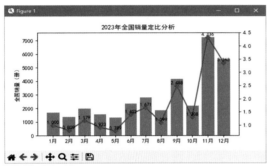

图 5.10 双 y 轴可视化数据分析图表

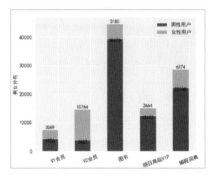

图 5.11 堆叠柱形图

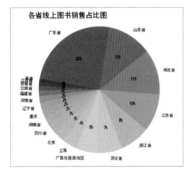

图 5.12 渐变饼形图

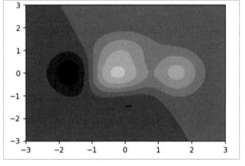

图 5.13 等高线图

不仅如此，Matplotlib 还可以绘制 3D 图表。例如，三维柱形图（见图 5.14）、三维曲面图（见图 5.15）。

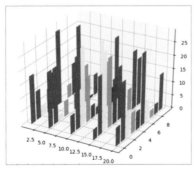

图 5.14 三维柱形图

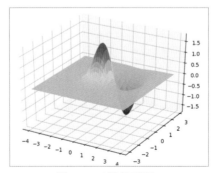

图 5.15 三维曲面图

综上所述，只要熟练地掌握 Matplotlib 的函数及各项参数就能够绘制出各种令人惊喜的图表，满足数据分析的各项需求。

5.3.2 安装 Matplotlib

本节介绍如何安装 Matplotlib，安装方法有以下两种。

1. 使用 pip 命令安装

在系统"搜索"文本框中输入 cmd，打开"命令提示符"窗口，输入如下安装命令：

```
pip install matplotlib
```

2. 在 Pycharm 开发环境中安装

运行 Pycharm，依次选择"File"→"Settings"菜单项，打开"Settings"窗口，选择当前工程下的"Python Interpreter"选项，然后单击添加模块的按钮"+"，如图 5.16 所示。

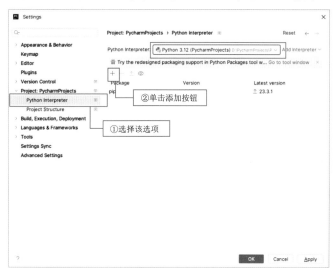

图 5.16 Settings 窗口

单击"+"按钮后，打开 Available Packages 窗口，在搜索文本框中输入需要安装的模块名称，例如"matplotlib"，然后在列表中选择需要安装的模块，如图 5.17 所示，单击"Install Package"按钮即可实现 Matplotlib 的安装。

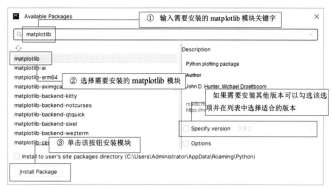

图 5.17 在 Pycharm 开发环境中安装 Matplotlib

注意

如果安装过程中出现如图 5.18 所示的错误提示，那么应首先在"命令提示符"窗口中更新 pip，安装命令如下：

```
python.exe -m pip install --upgrade pip
```

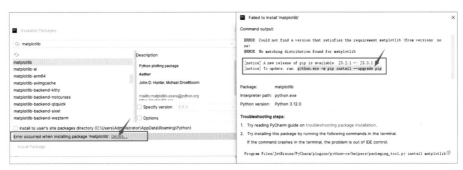

图 5.18 错误提示

更新完成后，回到 PyCharm 开发环境中重新安装 Matplotlib。如果不提示上述错误，则需要检查网络是否正常，或者尝试使用 pip 命令安装。

5.3.3 Matplotlib 图表之初体验

创建 Matplotlib 图表只需简单的 3 步。下面我们将绘制第一张图表。

快速示例 01　绘制第一张图表　　　　　　　　示例位置：资源包 \MR\Code\05\01

（1）引入 pyplot 模块。
（2）使用 Matplotlib 的 plot() 函数绘制图表。
（3）输出结果，如图 5.19 所示。
程序代码如下：

```
01    import matplotlib.pyplot as plt
02    plt.plot([1, 2, 3, 4, 5])
03    plt.show()
```

快速示例 02　绘制散点图　　　　　　　　　　（示例位置：资源包 \MR\Code\05\02）

对上述代码稍做改动便可绘制出散点图（见图 5.20），程序代码如下：

```
01    import matplotlib.pyplot as plt
02    plt.plot([1, 2, 3, 4, 5], [2, 5, 8, 12, 18], 'ro')
03    plt.show()
```

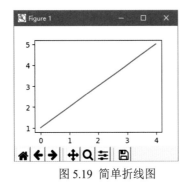

图 5.19 简单折线图

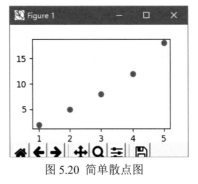

图 5.20 简单散点图

视频讲解

5.4　图表的常用设置

本节主要介绍图表的常用设置，主要包括设置线条颜色、设置线条样式、设置标记样式、设置画布、设置坐标轴、添加文本标签、设置标题和图例、添加注释等。

5.4.1 基本绘图 plot() 函数

Matplotlib 基本绘图主要使用 plot() 函数，语法格式如下：

```
matplotlib.pyplot.plot(*args, **kwargs)
```

plot() 函数主要用于绘制折线图和坐标轴上的标记，*args 参数是一个可变长度的参数，允许使用可选格式的字符串修饰 x 轴和 y 轴。

快速示例 03　绘制简单的折线图　　　　　　　　　示例位置：资源包 \MR\Code\05\03

绘制简单的折线图，程序代码如下：

```
01    # 导入matplotlib模块
02    import matplotlib.pyplot as plt
03    # range()函数创建整数列表
04    x =range(1,15,1)
05    y= range(1,42,3)
06    plt.plot(x,y) # 绘制折线图
07    plt.show()    # 显示图表
```

运行程序，结果如图 5.21 所示。

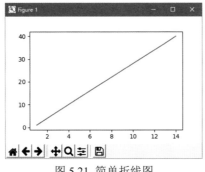

图 5.21　简单折线图

快速示例 04　绘制 14 日天气最高温度折线图　　　　（示例位置: 资源包 \MR\Code\05\04）

在上述示例中，数据是通过 range() 函数随机创建的。下面读取天气 Excel 表，分析 14 日天气最高温度情况，程序代码如下：

```
01    # 导入相关模块
02    import pandas as pd
03    import matplotlib.pyplot as plt
04    plt.rcParams['font.sans-serif']=['SimHei'] # 解决中文乱码问题
05    plt.rcParams['axes.unicode_minus'] = False # 解决负号不显示问题
06    df=pd.read_excel('../../datas/天气.xlsx')  # 读取Excel文件
07    x =df['日期']                              # x轴数据
08    y=df['最高温度']                            # y轴数据
09    plt.plot(x,y)                              # 绘制折线图
10    plt.show()                                # 显示图表
```

运行程序，结果如图 5.22 所示。

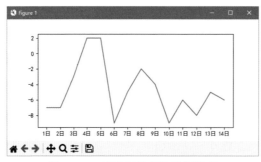

图 5.22 14 日天气最高温度折线图

技巧　在上述示例中，应注意以下两个问题，在实际编程过程中它们经常出现。

（1）中文乱码问题

```
plt.rcParams['font.sans-serif']=['SimHei']          # 解决中文乱码问题
```

（2）负号不显示问题

```
plt.rcParams['axes.unicode_minus'] = False          # 解决负号不显示问题
```

至此，你可能还是觉得上面的图表不够完美。在接下来的学习中，我们将一步一步地完善这个图表。下面介绍图表中线条颜色、线条样式和标记样式的设置。

1. 设置线条颜色

color 参数可以设置线条颜色，通用颜色值如表 5.1 所示。

表 5.1 通用颜色值

设置值	说明	设置值	说明
b	蓝色	m	洋红色
g	绿色	y	黄色
r	红色	k	黑色
c	蓝绿色	w	白色
#FFFF00	黄色，十六进制颜色值	0.5	灰度值字符串

其他颜色可以通过十六进制字符串指定，或者指定颜色名称，如：

☑ 浮点型的 RGB 或 RGBA 元组，例如，(0.1, 0.2, 0.5) 或 (0.1, 0.2, 0.5, 0.3)。

☑ 十六进制的 RGB 或 RGBA 字符串，例如，#0F0F0F 或 #0F0F0F0F。

☑ 0~1 的小数作为灰度值，例如，0.5。

☑ {'b', 'g', 'r', 'c', 'm', 'y', 'k', 'w'} 中的一个颜色值。

☑ X11/CSS4 中规定的颜色名称。

☑ Xkcd 中指定的颜色名称，例如，xkcd:sky blue。

☑ Tableau 调色板中的颜色，例如，{'tab:blue', 'tab:orange', 'tab:green', 'tab:red', 'tab:purple', 'tab:brown', 'tab:pink', 'tab:gray', 'tab:olive', 'tab:cyan'}。

☑ "CN" 格式的颜色循环，对应的颜色设置代码如下：

```
01    from cycler import cycler
02    colors=['#1f77b4', '#ff7f0e', '#2ca02c', '#d62728', '#9467bd', '#8c564b', '#e377c2','#7f7f7f',
'#bcbd22', '#17becf']
```

```
03    plt.rcParams['axes.prop_cycle'] = cycler(color=colors)
```

2. 设置线条样式

linestyle 可选参数可以设置线条样式，设置值如下，设置后的效果如图 5.23 所示。

- ☑ "-"：实线，默认值。
- ☑ "--"：双画线
- ☑ "-."：点画线。
- ☑ ":"：虚线。

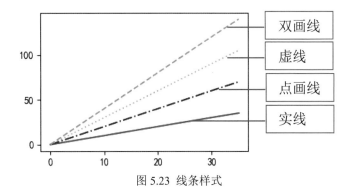

图 5.23 线条样式

3. 设置标记样式

marker 可选参数可以设置标记样式，设置值如表 5.2 所示。

表 5.2 标记样式设置值

标记	说明	标记	说明	标记	说明
.	点标记	1	下花三角标记	h	竖六边形标记
,	像素标记	2	上花三角标记	H	横六边形标记
o	实心圆标记	3	左花三角标记	+	加号标记
v	倒三角标记	4	右花三角标记	x	叉号标记
^	上三角标记	s	实心正方形标记	D	大菱形标记
>	右三角标记	p	实心五角星标记	d	小菱形标记
<	左三角标记	*	星形标记	|	垂直线标记

下面为 "14 日天气最高温度折线图" 设置线条颜色和样式，并在实际温度位置进行标记，主要代码如下：

```
plt.plot(x,y,color='m',linestyle='-',marker='o',mfc='w')
```

在上述代码中，color 为线条颜色，linestyle 为线条样式，marker 为标记样式，mfc 为标记填充颜色。运行程序，结果如图 5.24 所示。

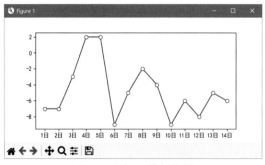

图 5.24 带标记的折线图

5.4.2 设置画布

画布就像我们画画用的画板一样，在 Matplotlib 中可以使用 figure() 函数设置画布大小、分辨率、颜色和边框等，语法格式如下：

```
matpoltlib.pyplot.figure(num=None, figsize=None, dpi=None, facecolor=None, edgecolor=None,
frameon=True)
```

参数说明：
- ☑ num：画布编号或名称，数字为编号，字符串为名称，可以通过该参数激活不同的画布。
- ☑ figsize：指定画布的宽和高，单位为英寸。
- ☑ dpi：指定绘图对象的分辨率，即每英寸包含多少像素，默认值为 80。像素越大画布越大。
- ☑ facecolor：背景颜色。
- ☑ edgecolor：边框颜色。
- ☑ frameon：是否绘制边框，默认值为 True，表示绘制边框；如果为 False，则不绘制边框。

快速示例 05　自定义一个黄色画布　　　　　　示例位置：资源包 \MR\Code\05\05

自定义一个 5×3 的黄色画布，主要代码如下：

```
01    import matplotlib.pyplot as plt
02    fig=plt.figure(figsize=(5,3),facecolor='yellow')
```

注意　　figsize=(5,3)，实际画布大小是 500×300，所以，这里不要输入太大的数字。

5.4.3 设置坐标轴

一张精确的图表，其中不免要用到坐标轴，下面介绍 Matplotlib 中坐标轴的使用。

1. x 轴、y 轴标题

设置 x 轴和 y 轴标题主要使用 xlabel() 函数和 ylabel() 函数。

快速示例 06　为 14 日天气最高温度折线图设置 x 轴和 y 轴标题 示例位置: 资源包 \MR\Code\05\06

下面设置 x 轴标题为"日期"，y 轴标题为"最高温度"，主要代码如下：

```
01    plt.plot(x,y,color='m',linestyle='-',marker='o',mfc='w')
02    plt.xlabel('日期')              # x轴标题
03    plt.ylabel('最高温度')          # y轴标题
04    plt.show()
```

运行程序，结果如图 5.25 所示。

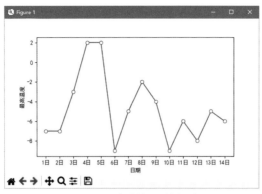

图 5.25 带坐标轴标题的折线图

2. 坐标轴刻度

用 Matplotlib 绘制二维图像时，默认情况下的横坐标（x 轴）和纵坐标（y 轴）显示的值可能达不到我们的要求，这时需要借助 xticks() 函数和 yticks() 函数分别对 x 轴和 y 轴的值进行设置。

xticks() 函数的语法格式如下：

```
xticks(locs, [labels], **kwargs)
```

参数说明：

☑ locs：数组，表示 x 轴上的刻度。例如，在"学生英语成绩分布图"中，x 轴的刻度是 2~14 的偶数，如果想改变这个值，就可以通过 locs 参数设置。

☑ labels：数组，默认值和 locs 相同。locs 表示位置，而 labels 则决定该位置上的标签，如果赋予 labels 空值，则 x 轴将只显示刻度而不显示任何值。

快速示例 07 为折线图 y 轴设置刻度　　　　　　　　　示例位置：资源包 \MR\Code\05\07

在"14 日天气最高温度折线图"中，y 轴刻度是 –8 到 2 之间的偶数，下面使用 yticks() 函数将 y 轴的刻度设置为 –10 到 10 的连续数字，主要代码如下：

```
plt.yticks(range(-10,10,1))
```

运行程序，结果如图 5.26 所示。

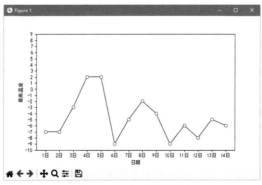

图 5.26 更改 y 轴的刻度

3. 坐标轴范围

坐标轴范围是指 x 轴和 y 轴的取值范围。设置坐标轴范围主要使用 xlim() 函数和 ylim() 函数。

快速示例 08　为折线图设置坐标轴范围　　　　　　　　　示例位置：资源包 \MR\Code\05\08

例如设置 x 轴（日期）范围为 1~14，y 轴（最高温度）范围为 −10~10，主要代码如下：

```
01    plt.xlim(1,14)
02    plt.ylim(-10,10)
```

4. 网格线

细节决定成败。很多时候，为了图表的美观，我们不得不考虑细节，下面介绍图表细节之一——网格线。设置网格线主要使用 grid() 函数，首先生成网格线，代码如下：

```
plt.grid()
```

grid() 函数也有很多参数，如颜色、网格线方向（参数 axis='x' 表示隐藏 x 轴网格线，axis='y' 表示隐藏 y 轴网格线）、网格线样式和网格线宽度等。下面为图表设置网格线，主要代码如下：

```
plt.grid(color='0.5',linestyle='--',linewidth=1)
```

> 技巧　对于饼形图来说，直接使用网格线并不显示，需要与饼形图的 frame 参数配合使用，设置该参数值为 True。

5.4.4　添加文本标签

在绘图过程中，为了能够更清晰、直观地看到数据，有时需要为图表中指定的数据点添加文本标签。下面介绍细节之二——文本标签，主要使用 text() 函数设置，语法格式如下：

```
matplotlib.pyplot.text(x, y, s, fontdict=None, withdash=False, **kwargs)
```

参数说明：

- ☑ x：x 轴的值。
- ☑ y：y 轴的值。
- ☑ s：字符串，注释内容。
- ☑ fontdict：字典，可选参数，默认值为 None，用于重写默认文本属性。
- ☑ withdash：布尔值，默认值为 False，创建一个 TexWithDash 实例，而不是 Text 实例。
- ☑ **kwargs：关键字参数。这里指通用的绘图参数，如字体大小、垂直对齐方式、水平对齐方式。

快速示例 09　为折线图添加最高温度文本标签　　　　　　示例位置：资源包 \MR\Code\05\09

下面为图表中各个数据点添加最高温度文本标签，主要代码如下。

```
01    for a,b in zip(x,y):
02        plt.text(a,b+0.3,'%.0f'%b+'℃',ha = 'center',va = 'bottom',fontsize=9)
```

运行程序，结果如图 5.27 所示。

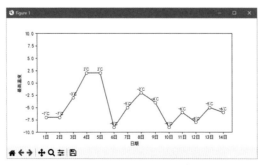

图 5.27　带文本标签的折线图

在上述代码中，首先，x、y 是 *x* 轴和 *y* 轴的值，它代表了折线图在坐标系中的位置，通过 for 循环找到每一个 x、y 值对应的坐标并赋值给 a、b，再使用 plt.text 在对应的数据点上添加文本标签，而 for 循环也保证了折线图中每一个数据点都有文本标签。其中，a,b+0.3 表示在每一个数据点（x 值对应 y 值加 0.3）的位置添加文本标签，'%.0f' %b 表示对 y 值进行格式化处理，保留整数；ha='center'、va='bottom' 表示水平对齐、垂直对齐的方式，fontsize 则表示字体大小。

5.4.5 设置标题和图例

数据是一个图表所要展示的内容，而有了标题和图例则可以帮助我们更好地理解这个图表的含义和想要传递的信息。下面介绍图表细节之三——标题和图例。

1. 图表标题

为图表设置标题主要使用 title() 函数，语法格式如下：

```
matplotlib.pyplot.title(label, fontdict=None, loc='center', pad=None, **kwargs)
```

主要参数说明：

☑ label：字符串，表示图表标题文本。

☑ fontdict：字典，设置标题的字体。

☑ loc：字符串，设置标题的水平位置，参数值为 center、left 或 right，分别表示水平居中、水平居左和水平居右，默认为 center。

☑ pad：浮点型，表示标题离图表顶部的距离，默认为 None。

例如，设置图表标题为"14 日天气最高温度折线图"，主要代码如下：

```
plt.title('14日天气最高温度折线图',fontsize='18')
```

2. 图表图例

为图表设置图例主要使用 legend() 函数。

（1）自动显示图例

```
plt.legend()
```

（2）手动添加图例

```
plt.legend('最高温度')
```

注意

这里需要注意一个问题，当手动添加图例时，有时会出现文本显示不全的问题，解决方法是在文本后面加一个逗号 (,)，主要代码如下：

```
plt.legend(('最高温度',))
```

（3）设置图例显示位置

通过 loc 参数可以设置图例的显示位置，如在左下方显示，主要代码如下：

```
plt.legend(('最高温度',),loc='upper right',fontsize=10)
```

图例显示位置参数设置值如表 5.3 所示。

表 5.3 图例显示位置参数设置值

位置（字符串）	位置（索引）	描述
best	0	自适应
upper right	1	右上方

续表

位置（字符串）	位置（索引）	描述
upper left	2	左上方
lower left	3	左下方
lower right	4	右下方
right	5	右侧
center left	6	左侧中间位置
center right	7	右侧中间位置
lower center	8	下方中间位置
upper center	9	上方中间位置
center	10	正中央

上述参数可以设置图例的大概位置，如果这样可以满足需求，那么第二个参数可以不设置。第二个参数 bbox_to_anchor 是元组类型，包括两个值，num1 用于控制图例的左右移动，值越大越向右侧移动，num2 用于控制图例的上下移动，值越大越向上方移动。即第二个参数用于微调图例的位置。

另外，通过该参数还可以设置图例位于图表外面，主要代码如下：

```
plt.legend(bbox_to_anchor=(1.05, 1), loc=2, borderaxespad=0)
```

在上述代码中，参数 borderaxespad 表示坐标轴和图例边框之间的距离，以字体大小为单位进行度量。下面来看一下设置标题和图例后的"14 日天气最高温度折线图"，结果如图 5.28 所示。

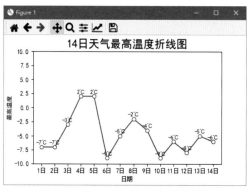

图 5.28 14 日天气最高温度折线图

5.4.6 添加注释

annotate() 函数用于给图表数据添加文本注释，而且支持带箭头的画线工具，方便我们在合适的位置添加描述信息。

快速示例 10 为图表添加注释 示例位置：资源包 \MR\Code\05\10

在"14 日天气最高温度折线图"中用箭头指示最高温度，结果如图 5.29 所示。

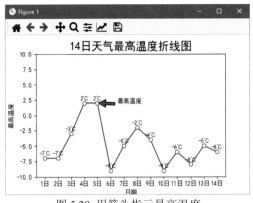

图 5.29 用箭头指示最高温度

主要代码如下：

```
01    plt.annotate('最高温度', xy=(4,2), xytext=(5.5,2),
02                 xycoords='data',
03                 arrowprops=dict(facecolor='r', shrink=0.05))
```

下面介绍上述示例中用到的几个主要参数。

☑ xy：被注释的坐标点，二维元组，如 (x,y)。

☑ xytext：注释文本的坐标点（上述示例中箭头的位置），也是二维元组，默认与 xy 相同。

☑ xycoords：被注释点的坐标系属性，设置值如表 5.4 所示。

表 5.4 xycoords 参数设置值

设置值	说明
figure points	以绘图区左下角为参考，单位是点
figure pixels	以绘图区左下角为参考，单位是像素
figure fraction	以绘图区左下角为参考，单位是百分比
axes points	以子绘图区左下角为参考，单位是点（一个 figure 可以有多个 axex，默认为 1 个）
axes pixels	以子绘图区左下角为参考，单位是像素
axes fraction	以子绘图区左下角为参考，单位是百分比
data	以被注释的坐标点 xy 为参考 (默认值)
polar	不使用本地数据坐标系，使用极坐标系

☑ arrowprops：箭头的样式，字典型数据，如果该属性值非空，则会在注释文本和被注释点之间画一个箭头。arrowprops 参数设置值如表 5.5 所示。

表 5.5 arrowprops 参数设置值

设置值	说明
width	箭头的宽度（单位是点）
headwidth	箭头头部的宽度（单位是点）
headlength	箭头头部的长度（单位是点）
shrink	箭头两端收缩的百分比（占总长度）
?	任何 matplotlib.patches.FancyArrowPatch 中的关键字

注意　关于 annotate() 函数的内容还有很多，这里不再赘述，感兴趣的读者可以以上述示例为基础，尝试更多的属性和样式设置。

5.5 常用图表的绘制

本节将介绍常用图表的绘制，主要包括绘制折线图、绘制柱形图、绘制直方图、绘制饼形图、绘制散点图、绘制面积图、绘制热力图、绘制箱形图、绘制 3D 图表、绘制多个子图表。对于常用的图表类型，以绘制多种子类型图表进行举例，以适应不同应用场景的需求。

5.5.1 绘制折线图

折线图可以显示随时间变化的连续数据，因此非常适用于显示数据的变化趋势。如天气走势图、学生成绩走势图、股票月成交量走势图、月销售统计分析图等都可以用折线图体现。在折线图中，类别数据沿水平轴均匀分布，值数据沿垂直轴均匀分布。

Matplotlib 绘制折线图主要使用 plot() 函数，相信通过前面的学习，你已经了解了 plot() 函数的基本用法，并能够绘制一些简单的折线图，下面尝试绘制多折线图。

快速示例 11　绘制 14 日天气预报折线图　　　　　　示例位置：资源包 \MR\Code\05\11

下面使用 plot() 函数绘制多折线图，例如，绘制 14 日天气预报折线图，程序代码如下：

```python
01  # 导入相关模块
02  import pandas as pd
03  import matplotlib.pyplot as plt
04  plt.rcParams['font.sans-serif']=['SimHei'] # 解决中文乱码问题
05  plt.rcParams['axes.unicode_minus'] = False # 解决负号不显示问题
06  df=pd.read_excel('../../datas/天气.xlsx')  # 读取Excel文件
07  x=df['日期']                            # x轴数据
08  # y轴数据
09  y1=df['最高温度']
10  y2=df['最低温度']
11  # 多折线图
12  plt.plot(x,y1,label='最高气温',color='orange',marker='o')
13  plt.plot(x,y2,label='最低气温',color='blue',marker='o')
14  plt.ylabel('温度')                      # y轴标题
15  plt.title(label='14日天气预报折线图',fontsize='18') # 图表标题
16  plt.ylim(-20,10)
17  # 添加文本标签
18  for a,b in zip(x,y1):
19      plt.text(a,b+0.3,'%.0f'%b+'℃',ha = 'center',va = 'bottom',fontsize=9)
20  for a,b in zip(x,y2):
21      plt.text(a,b+0.3,'%.0f'%b+'℃',ha = 'center',va = 'bottom',fontsize=9)
22  plt.legend(['最高温度', '最低温度'])          # 图例
23  plt.show()                              # 显示图表
```

运行程序，结果如图 5.30 所示。

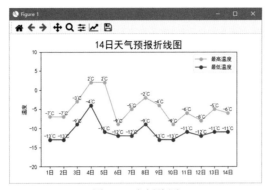

图 5.30 多折线图

5.5.2 绘制柱形图

柱形图又称长条图、柱状图、条状图等,是一种以长方形的长度为变量的统计图表。柱形图用于比较两个或两个以上的数据(不同时间或不同条件下),只有一个变量,通常用于分析较小的数据集。

Matplotlib 绘制柱形图主要使用 bar() 函数,语法格式如下:

```
matplotlib.pyplot.bar(x,height,width,bottom=None,*,align='center',data=None,**kwargs)
```

主要参数说明:

☑ x:x 轴数据。

☑ height:柱形的高度,也就是 y 轴数据。

☑ width:浮点型,柱形的宽度,默认值为 0.8,可以指定其他值。

☑ bottom:标量或数组,可选参数,柱形图的 y 轴坐标,默认值为 0。

☑ align:对齐方式,如 center(居中)和 edge(边缘),默认值为 center。

☑ data:关键字参数,如果给定一个数据参数,所有位置和关键字参数将被替换。

快速示例 12 5 行代码绘制简单的柱形图　　　　　　　示例位置:资源包 \MR\Code\05\12

下面我们通过 5 行代码绘制简单的柱形图,程序代码如下:

```
01    import matplotlib.pyplot as plt
02    x=[1,2,3,4,5,6]
03    height=[10,20,30,40,50,60]
04    plt.bar(x,height)
05    plt.show()
```

运行程序,结果如图 5.31 所示。

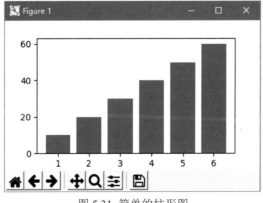

图 5.31 简单的柱形图

129

使用 bar() 函数可以绘制出各种类型的柱形图，如基本柱形图、多柱形图、堆叠柱形图等，只要将 bar() 函数的主要参数理解透彻，就会达到意想不到的效果。下面介绍几种常见的柱形图。

1. 基本柱形图

快速示例13 绘制 2017—2023 年线上图书销售额分析图　　　　示例位置：资源包 \MR\Code\05\13

下面使用 bar() 函数绘制"2017—2023 年线上图书销售额分析图"，程序代码如下：

```
01    # 导入相关模块
02    import pandas as pd
03    import matplotlib.pyplot as plt
04    df = pd.read_excel('../../datas/books.xlsx')  # 读取Excel文件
05    plt.rcParams['font.sans-serif']=['SimHei']    # 解决中文乱码问题
06    # 取消科学记数法
07    plt.gca().get_yaxis().get_major_formatter().set_scientific(False)
08    x=df['年份']
09    height=df['销售额']
10    plt.grid(axis="y", which="major")    # 生成虚线网格
11    # x、y轴标签
12    plt.xlabel('年份')
13    plt.ylabel('线上销售额（元）')
14    # 图表标题
15    plt.title('2017–2023年线上图书销售额分析图')
16    # 绘制柱形图
17    plt.bar(x,height,width = 0.5,align='center',color = 'b',alpha=0.5,bottom=0.8)
18    # 设置每个柱形的文本标签，format(b,',')设置销售额采用千位分隔符格式
19    for a,b in zip(x,height):
20        plt.text(a, b,format(b,','), ha='center', va= 'bottom',fontsize=9,color =
'b',alpha=0.9)
21    plt.legend(['销售额'])    # 图例
22    plt.show()                # 显示图表
```

运行程序，结果如图 5.32 所示。

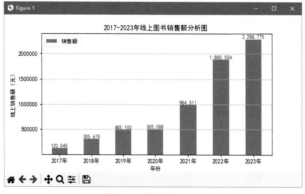

图 5.32 基本柱形图

上述示例应用了前面所学的知识，例如设置标题、图例、文本标签、坐标轴标签等。

2. 多柱形图

快速示例14 绘制各平台图书销售额分析图　　　　　　示例位置：资源包 \MR\Code\05\14

对于线上图书销售，如果要统计各平台的销售额，可以使用多柱形图，不同颜色的柱形代表不同的平台，如京东、天猫、自营等，程序代码如下：

```
01    # 导入相关模块
02    import pandas as pd
03    import matplotlib.pyplot as plt
04    # 读取Excel文件
05    df = pd.read_excel(io='../../datas/books.xlsx',sheet_name='Sheet2')
06    plt.rcParams['font.sans-serif']=['SimHei'] # 解决中文乱码问题
07    # 取消科学记数法
08    plt.gca().get_yaxis().get_major_formatter().set_scientific(False)
09    x=df['年份']
10    y1=df['京东']
11    y2=df['天猫']
12    y3=df['自营']
13    width =0.25  #柱形宽度，若显示n个柱形，则width值需小于1/n ，否则柱形会出现重叠
14    # y轴标签
15    plt.ylabel('线上销售额（元）')
16    # 图表标题
17    plt.title('2017-2023年线上图书销售额分析图')
18    # 绘制柱形图
19    plt.bar(x,y1,width = width,color = 'darkorange')
20    plt.bar(x+width,y2,width = width,color = 'deepskyblue')
21    plt.bar(x+2*width,y3,width = width,color = 'g')
22    # 设置每个柱形的文本标签，format(b,',')设置销售额采用千位分隔符格式
23    for a,b in zip(x,y1):
24        plt.text(a, b,format(b,','), ha='center', va= 'bottom',fontsize=8)
25    for a,b in zip(x,y2):
26        plt.text(a+width, b,format(b,','), ha='center', va= 'bottom',fontsize=8)
27    for a, b in zip(x, y3):
28        plt.text(a + 2*width, b, format(b, ','), ha='center', va='bottom', fontsize=8)
29    plt.legend(['京东','天猫','自营']) # 图例
30    plt.show()                        # 显示图表
```

在上述示例中，柱形图中若显示 n 个柱形，则柱形宽度需小于 1/n，否会出现则柱形重叠现象。
运行程序，结果如图 5.33 所示。

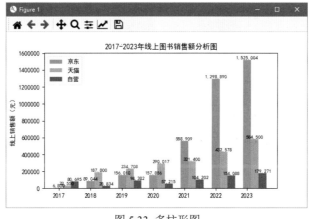

图 5.33 多柱形图

视频讲解

5.5.3 绘制直方图

直方图又称质量分布图，用一系列高度不等的纵向条纹或线段表示数据的分布情况。一般横轴表示数据类型，纵轴表示数据分布情况。直方图是数值数据分布的精确图形表示，是连续变量（定量变量）的概率分布估计。

绘制直方图主要使用 hist() 函数，语法格式如下：

```
matplotlib.pyplot.hist(x,bins=None,range=None, density=None, bottom=None, histtype='bar',
align='mid', log=False, color=None, label=None, stacked=False, normed=None)
```

参数说明：

☑ x：数据集，最终的直方图将对数据集进行统计。

☑ bins：统计数据的区间分布。

☑ range：元组类型，显示区间。

☑ density：布尔值，表示是否显示频率统计结果，默认值为False，为True则显示频率统计结果。需要注意，频率统计结果 = 区间数目 /(总数 × 区间宽度)。

☑ histtype：可选参数，设置值为 bar、barstacked、step 或 stepfilled，默认值为 bar，推荐使用默认值。

☑ align：可选参数，值为 left、mid 或 right，默认值为 mid，控制直方图的水平分布，设置为 left 或者 right 时会有部分空白区域，推荐使用默认值。

☑ log：布尔值，默认值为 False，指明 y 轴是否使用指数刻度。

☑ stacked：布尔值，默认值为 False，指明是否为堆积状图。

快速示例 15　绘制简单直方图　　　　　　　　　　示例位置：资源包 \MR\Code\05\15

下面绘制简单直方图，程序代码如下：

```
01    import matplotlib.pyplot as plt
02    x=[22,87,5,43,56,73,55,54,11,20,51,5,79,31,27]
03    plt.hist(x, bins = [0,25,50,75,100])
04    plt.show()
```

运行程序，结果如图 5.34 所示。

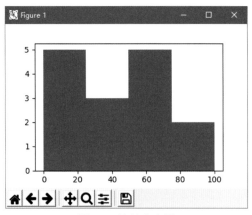

图 5.34　简单直方图

快速示例 16　通过直方图分析学生数学成绩分布情况　　　　示例位置：资源包 \MR\Code\05\16

通过直方图分析学生数学成绩分布情况，程序代码如下：

```
01    # 导入相关模块
02    import pandas as pd
03    import matplotlib.pyplot as plt
04    # 读取Excel文件
05    df = pd.read_excel(io='../../datas/grade.xlsx',sheet_name="数学")
06    plt.rcParams['font.sans-serif']=['SimHei'] #解决中文乱码问题
07    x=df['得分']                        # x轴数据
08    plt.xlabel('分数')                  # x轴标题
09    plt.ylabel('学生数量')              # y轴标题
10    plt.title('高一数学成绩分布直方图') # 图表标题
11    # 绘制直方图
12    plt.hist(x, bins = [0,25,50,75,100,125,150],facecolor="blue", edgecolor="black",
alpha=0.7)
13    plt.show()                          # 显示图表
```

运行程序，结果如图 5.35 所示。

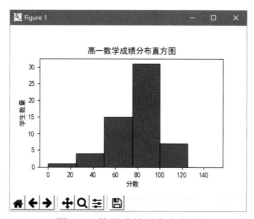

图 5.35 数学成绩分布直方图

在上述示例中，通过直方图可以清晰地看到高一数学成绩分布情况：基本呈现正态分布，两边低中间高，高分段学生缺失，说明试卷有难度。通过直方图还可以分析以下内容。

（1）对学生进行比较。呈正态分布的结果便于选拔优秀生，甄别落后生。

（2）确定人数和分数线。成绩符合正态分布可以帮助确定等级评定人数，估计某分数段内的人数，确定录取分数线、各学科的优秀生占比等。

（3）分析测验试题难度。

视频讲解

5.5.4 绘制饼形图

饼形图常用来显示各部分所占整体的比例。例如，在工作中如果遇到需要计算各部分金额占总额的比例时，一般通过各部分金额与总额相除来计算，但这种比例表示方法很抽象，而通过饼形图可以直接显示各个组成部分所占整体的比例，一目了然。

Matplotlib 绘制饼形图主要使用 pie() 函数，语法格式如下：

```
matplotlib.pyplot.pie(x,explode=None,labels=None,colors=None,autopct=None,pctdistance=0.6,shadow
=False,labeldistance=1.1,startangle=None,radius=None,counterclock=True,wedgeprops=None,text
props=None,center=(0, 0), frame=False, rotatelabels=False, hold=None, data=None)
```

参数说明：

☑ x：每一块饼形图的比例，如果 sum(x) > 1，则会使用 sum(x) 进行归一化。

☑ labels：每一块饼形图外侧显示的说明文字。

☑ explode：每一块饼形图与中心的距离。

☑ startangle：起始绘制角度，默认从 x 轴正方向逆时针绘制，如设置值为 90，则从 y 轴正方向开始绘制。

☑ shadow：指明是否在饼形图下面画一个阴影，默认值为 False，即不画阴影。

☑ labeldistance：标记绘制位置相对于半径的比例，默认值为 1.1，如小于 1 则绘制在饼形图内侧。

☑ autopct：设置饼形图百分比，可以使用格式化字符串或 format() 函数。如 '%1.1f' 表示保留小数点后 1 位。

☑ pctdistance：类似于 labeldistance 参数，指定百分比形式的位置刻度，默认值为 0.6。

☑ radius：饼形图半径，默认值为 1。

☑ counterclock：指定指针方向，布尔值，可选参数，默认值为 True，表示逆时针；如果值为 False，则表示顺时针。

☑ wedgeprops：字典类型，可选参数，默认值为 None，是传递给 wedge 对象的参数，用来绘制一个饼形图。例如 wedgeprops={'linewidth':2} 表示设置 wedge 线宽为 2。

☑ textprops：设置标签和比例文字的格式，字典类型，可选参数，默认值为 None，是传递给 text 对象的字典参数。

☑ center：浮点型列表，可选参数，默认值为 (0,0)，表示图表的中心位置。

☑ frame：布尔值，可选参数，默认值为 False，不显示轴框架（也就是网格）；如果值为 True，则显示轴框架，与 grid() 函数配合使用。实际应用中建议使用默认值，因为显示轴框架会干扰饼形图效果。

☑ rotatelabels：布尔值，可选参数，默认值为 False；如果值为 True，则旋转每个标签到指定的角度。

快速示例 17　绘制简单饼形图　　　　　　　　　　示例位置：资源包 \MR\Code\05\17

下面绘制简单饼形图，程序代码如下：

```
01    # 导入matplotlib模块
02    import matplotlib.pyplot as plt
03    x = [2,5,12,70,2,9]                # x轴数据
04    plt.pie(x,autopct='%1.1f%%')       # 绘制饼形图
05    plt.show()                         # 显示图表
```

运行程序，结果如图 5.36 所示。

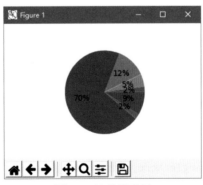

图 5.36　简单饼形图

饼形图也存在各种类型，主要包括基础饼形图、分裂饼形图、立体感带阴影的饼形图、环形图、内嵌环形图等。下面分别进行介绍。

1. 基础饼形图

快速示例 18 通过饼形图分析各区域销量占比情况　　　　示例位置：资源包 \MR\Code\05\18

下面通过饼形图分析各区域销量占比情况，程序代码如下：

```
01    # 导入相关模块
02    import pandas as pd
03    from matplotlib import pyplot as plt
04    # 读取Excel文件
05    df1 = pd.read_excel(io='../../datas/address.xlsx',sheet_name='Sheet2')
06    plt.rcParams['font.sans-serif']=['SimHei'] #解决中文乱码问题
07    plt.figure(figsize=(5,3)) # 设置画布大小
08    labels = df1['省']
09    sizes = df1['销量']
10    # 设置每块饼形图的颜色
11    colors = ['red', 'yellow', 'slateblue', 'green','magenta','cyan','darkorange','lawngr
een','pink','gold']
12    plt.pie(sizes, #绘图数据
13            labels=labels,# 添加饼形图说明文字
14            colors=colors,# 设置饼形图的自定义填充色
15            labeldistance=1.02,# 标记绘制位置相对于扇形半径的比例
16            autopct='%.1f%%',# 设置百分比的格式，这里保留一位小数
17            startangle=90,# 设置饼形图的初始角度
18            radius = 0.5, # 设置饼形图的半径
19            center = (0.2,0.2), # 设置饼形图的中心位置
20            textprops = {'fontsize':9, 'color':'k'}, # 设置文本标签的属性值
21            pctdistance=0.6)# 设置位置刻度
22    # 设置x，y轴刻度一致，保证饼形图为圆形
23    plt.axis('equal')
24    plt.title('各区域销量占比情况分析') # 图表标题
25    plt.show()                          # 显示图表
```

运行程序，结果如图 5.37 所示。

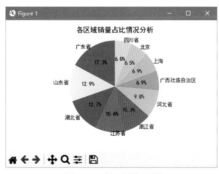

图 5.37 基础饼形图

2. 分裂饼形图

分裂饼形图是指将主要的饼形图部分分裂显示，以达到突出显示的目的。

快速示例 19 绘制分裂饼形图　　　　示例位置：资源包 \MR\Code\05\19

将销量占比最多的广东省分裂显示，效果如图 5.38（a）所示。分裂饼形图可以同时分裂显示多个部分，效果如图 5.38（b）所示。

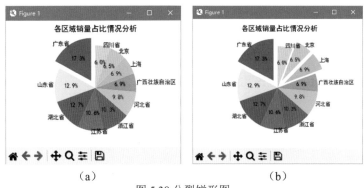

（a）	（b）

图 5.38 分裂饼形图

分裂饼形图主要通过设置 explode 参数来实现，该参数用于设置饼形图与中心的距离，我们需要将哪块饼形图分裂出来，就设置它与中心的距离。例如，图 5.38 中有 10 块饼形图，我们将占比最多的"广东省"分裂出来，广东省在第一位，那么就设置第一位与中心的距离为 0.1，其他为 0，关键代码如下：

```
explode = (0.1,0,0,0,0,0,0,0,0,0)
```

3. 立体感带阴影的饼形图

立体感带阴影的饼形图看起来更美观，效果如图 5.39 所示。

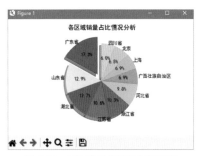

图 5.39 立体感带阴影的饼形图

立体感带阴影的饼形图主要通过设置 shadow 参数来实现，需将该参数值设置为 True，关键代码如下：

```
shadow=True
```

4. 环形图

快速示例 20 通过环形图分析各区域销量占比情况　　　　　示例位置：资源包 \MR\Code\05\20

环形图是由两个及两个以上大小不一的饼形图叠在一起，挖去中间的部分所构成的图形，效果如图 5.40 所示。

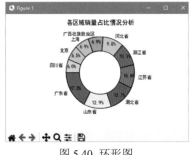

图 5.40 环形图

这里还是通过 pie() 函数实现，一个关键参数是 wedgeprops，为字典类型，用于设置环形图内外边界的属性，如环的宽度、环边界的颜色，关键代码如下：

```
wedgeprops = {'width': 0.4, 'edgecolor': 'k'}
```

5. 内嵌环形图

快速示例 21 通过内嵌环形图分析各区域销量占比情况　　示例位置：资源包 \MR\Code\05\21

内嵌环形图实际是双环形图，效果如图 5.41 所示。

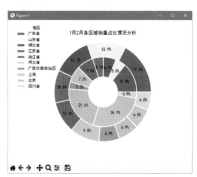

图 5.41　内嵌环形图

绘制内嵌环形图需要注意以下三点。

（1）连续两次使用 pie() 函数。

（2）通过 wedgeprops 参数设置环形边界属性。

（3）通过 radius 参数设置不同的环半径。

另外，由于图例内容比较长，为了使图例能够正常显示，代码中引入了两个主要参数：frameon 参数设置图例有无边框；bbox_to_anchor 参数设置图例位置。关键代码如下：

```
01    # 外环
02    plt.pie(x1,autopct='%.1f%%',radius=1,pctdistance=0.85,colors=colors,wedgeprops=dict(linewidth=2,width=0.3,edgecolor='w'))
03    # 内环
04    plt.pie(x2,autopct='%.1f%%',radius=0.7,pctdistance=0.7,colors=colors,wedgeprops=dict(linewidth=2,width=0.4,edgecolor='w'))
05    # 图例
06    legend_text=df1['省']
07    # 设置图例标题、位置，去掉图例边框
08    plt.legend(legend_text,title='地区',frameon=False,bbox_to_anchor=(0.2,0.5))
```

5.5.5　绘制散点图

散点图主要用来查看数据的分布情况或相关性，一般用在线性回归分析中，查看数据点在坐标系平面上的分布情况。散点图表示因变量随自变量变化的大致趋势，据此可以选择合适的函数对数据点进行拟合。

散点图与折线图类似，也是由一个个点构成的。但不同之处在于，散点图的各点之间不会按照前后关系用线条连接起来。

Matplotlib 绘制散点图使用 plot() 函数和 scatter() 函数都可以，本节使用 scatter() 函数绘制散点图，使用方式和 plot() 函数类似，区别在于前者具有更高的灵活性，可以单独控制每个散点的属性。scatter() 函数语法格式如下：

```
matplotlib.pyplot.scatter(x,y,s=None,c=None,marker=None,cmap=None,norm=None,vmin=None,vmax=
None,alpha=None,linewidths=None,verts=None,edgecolors=None,data=None, **kwargs)
```

参数说明：

☑ x,y：数据。

☑ s：标记大小，以平方磅为单位标记面积，设置值如下。

➤ 数值标量：以相同的大小绘制所有标记。

➤ 行或列向量：使每个标记具有不同的大小。x、y 和 sz 中的相应元素用于确定每个标记的位置和面积。sz 的长度必须等于 x 和 y 的长度。

➤ []：使用 36 平方磅的默认面积。

☑ c：标记颜色，可选参数，默认值为 'b'，表示蓝色。

☑ marker：标记样式，可选参数，默认值为 'o'。

☑ cmap：颜色地图，可选参数，默认值为 None。

☑ norm：可选参数，默认值为 None。

☑ vmin，vmax：标量，可选参数，默认值为 None。

☑ alpha：透明度，可选参数，可设置为 0 至 1 之间的数，默认值为 None。

☑ linewidths：线宽，标记边缘的宽度，可选参数，默认值为 None。

☑ verts：（x,y）的序列，可选参数，如果参数 marker 为 None，这些顶点将用于构建标记，标记的中心位置为（0,0）。

☑ edgecolors：轮廓颜色，和参数 c 类似，可选参数，默认值为 None。

☑ data：data 关键字参数，如果给定一个数据参数，所有位置和关键字参数将被替换。

☑ **kwargs：关键字参数。

快速示例 22 绘制简单散点图　　　　　　　　　　示例位置：资源包 \MR\Code\05\22

绘制简单散点图，程序代码如下。

```
01    # 导入matplotlib模块
02    import matplotlib.pyplot as plt
03    x=[1,2,3,4,5,6]            # x轴数据
04    y=[19,24,37,43,55,68]      # y轴数据
05    plt.scatter(x, y)          # 绘制散点图
06    plt.show()                 # 显示图表
```

运行程序，结果如图 5.42 所示。

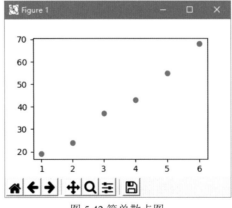

图 5.42 简单散点图

快速示例 23 通过散点图分析销售收入与广告费的相关性　　　示例位置：资源包 \MR\Code\05\23

接下来，我们绘制销售收入与广告费散点图，用以观察两者的相关性，主要代码如下：

```
01    #x为广告费用，y为销售收入
02    x=pd.DataFrame(dfCar_month['支出'])
03    y=pd.DataFrame(dfData_month['金额'])
04    plt.title('销售收入与广告费散点图')    # 图表标题
05    plt.scatter(x, y,  color='red') # 真实值散点图
```

运行程序，结果如图 5.43 所示。

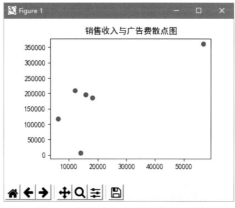

图 5.43 销售收入与广告费散点图

视频讲解

5.5.6 绘制面积图

面积图用于体现数据随时间变化的情况，可引起人们对总值趋势的注意。例如，表示随时间变化的利润数据可以绘制成面积图，以强调总利润。

Matplotlib 绘制面积图主要使用 area() 函数，语法格式如下：

```
matplotlib.pyplot.stackplot(x,*args,data=None,**kwargs)
```

参数说明：

☑ x：x 轴数据。

☑ *args：当传入的参数个数未知时使用。这里指 y 轴数据，可以传入多个 y 轴数据。

☑ data：关键字参数，如果给定一个数据参数，所有位置和关键字参数将被替换。

☑ **kwargs：关键字参数，其他可选参数，如 color（颜色）、alpha（透明度）等。

快速示例 24 绘制简单面积图　　　示例位置：资源包 \MR\Code\05\24

绘制简单面积图，程序代码如下：

```
01    # 导入matplotlib模块
02    import matplotlib.pyplot as plt
03    # 创建数据
04    x = [1,2,3,4,5];y1 =[6,9,5,8,4];y2 = [3,2,5,4,3];y3 =[8,7,8,4,3];y4 = [7,4,6,7,12]
05    # 绘制面积图
06    plt.stackplot(x, y1,y2,y3,y4, colors=['g','c','r','b'])
07    plt.show()    # 显示图表
```

运行程序，结果如图 5.44 所示。

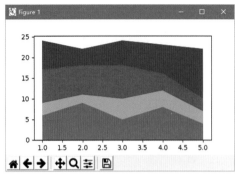

图 5.44 简单面积图

面积图也有很多种，如标准面积图、堆叠面积图和百分比堆叠面积图等。下面主要介绍标准面积图和堆叠面积图。

1. 标准面积图

快速示例 25 通过标准面积图分析线上图书销售情况　　　　示例位置：资源包 \MR\Code\05\25

通过标准面积图分析 2017—2023 年线上图书销售情况，通过该图可以看出每一年线上图书销售的趋势，效果如图 5.45 所示。

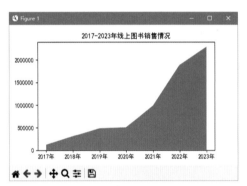

图 5.45 标准面积图

程序代码如下：

```
01    # 导入相关模块
02    import pandas as pd
03    import matplotlib.pyplot as plt
04    df = pd.read_excel('../../datas/books.xlsx')  # 读取Excel文件
05    plt.rcParams['font.sans-serif']=['SimHei']    # 解决中文乱码问题
06    # 取消科学记数法
07    plt.gca().get_yaxis().get_major_formatter().set_scientific(False)
08    x=df['年份'];y=df['销售额']                    # x、y轴数据
09    plt.title('2017-2023年线上图书销售情况')       # 图表标题
10    plt.stackplot(x, y)                           # 面积图
11    plt.show()                                    # 显示图表
```

2. 堆叠面积图

快速示例 26 通过堆叠面积图分析各平台图书销售情况　　　　示例位置：资源包 \MR\Code\05\26

通过堆叠面积图分析 2017—2023 年线上各平台图书销售情况，不仅可以看到各平台每年销售情况的变化趋势，还可以看到整体数据的变化趋势，效果如图 5.46 所示。

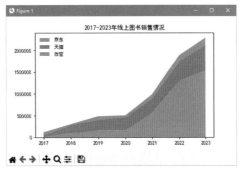

图 5.46 堆叠面积图

实现堆叠面积图的关键在于增加 y 轴，通过增加多个 y 轴数据形成堆叠面积图，主要代码如下：

```
01    # x、y轴数据
02    x=df['年份'];y1=df['京东'];y2=df['天猫'];y3=df['自营']
03    plt.title('2017-2023年线上图书销售情况')    # 图表标题
04    # 堆叠面积图
05    plt.stackplot(x, y1,y2,y3,colors=['#6d904f','#fc4f30','#008fd5'])
06    plt.legend(['京东','天猫','自营'],loc='upper left')    # 图例
07    plt.show()                                           # 显示图表
```

5.5.7 绘制热力图

热力图通过对密度函数进行可视化来表示地图中点的密度。利用热力图可以查看数据表里多个特征的两两相似度。例如，以特殊高亮的形式显示访客热衷的页面区域和访客所在的地理区域。热力图在网页分析、业务数据分析等领域也有较为广泛的应用。

快速示例 27 绘制简单热力图　　　　　　示例位置：资源包 \MR\Code\05\27

热力图是数据分析的常用方法，通过色差、亮度来展示数据的差异，易于理解。下面绘制简单热力图，程序代码如下：

```
01    # 导入matplotlib模块
02    import matplotlib.pyplot as plt
03    x = [[1,2],[3,4],[5,6],[7,8],[9,10]]    # x轴数据
04    plt.imshow(x)                            # 热力图
05    plt.show()                               # 显示图表
```

运行程序，结果如图 5.47 所示。

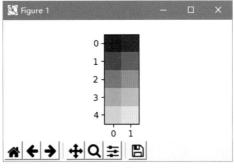

图 5.47 简单热力图

在上述代码中，plt.imshow(X) 中传入的数组 X=[[1,2],[3,4],[5,6],[7,8],[9,10]] 是对应的颜色，按照矩阵 X 进行颜色分布，如左上角颜色为蓝色，对应值为 1，右下角颜色为黄色，对应值为 10，具体如下：

```
[1,2] [深蓝,蓝色]
[3,4] [蓝绿,深绿]
[5,6] [海藻绿,春绿色]
[7,8] [绿色,浅绿色]
[9,10] [草绿色,黄色]
```

快速示例 28 通过热力图对比分析学生各科成绩　　　　　示例位置：资源包 \MR\Code\05\28

将学生成绩统计数据绘制为热力图，通过热力图清晰直观地对比每个学生各科成绩的高低，效果如图 5.48 所示。颜色越高亮表示成绩越高，反之成绩越低。

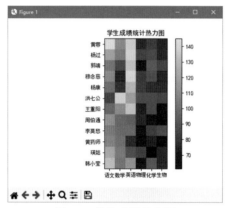

图 5.48 学生成绩热力图

程序代码如下：

```python
01    # 导入相关模块
02    import pandas as pd
03    import matplotlib.pyplot as plt
04    # 读取Excel文件
05    df = pd.read_excel(io='../../datas/data9.xlsx',sheet_name='高二一班')
06    plt.rcParams['font.sans-serif']=['SimHei'] # 解决中文乱码问题
07    x = df.loc[:,"语文":"生物"].values          # x轴数据
08    name=df['姓名']                              # y轴标签
09    plt.imshow(x)                               # 热力图
10    plt.xticks(range(0,6,1),['语文','数学','英语','物理','化学','生物'])# 设置x轴刻度标签
11    plt.yticks(range(0,12,1),name) # 设置y轴刻度标签
12    plt.colorbar()                 # 显示颜色条
13    plt.title('学生成绩统计热力图') # 图表标题
14    plt.show()                     # 显示图表
```

5.5.8 绘制箱形图

箱形图又称箱线图、盒须图或盒式图，它是一种用来显示一组数据离散情况的统计图，因形状像箱子而得名。箱形图最大的优点就是不受异常值的影响（异常值也称为离群值），可以以一种相对稳定的方式描述数据的离散情况，因此在各领域中被广泛使用。另外，箱形图也常用于异常值的识别。Matplotlib 绘制箱形图主要使用 boxplot() 函数，语法格式如下：

```
matplotlib.pyplot.boxplot(x,notch=None,sym=None,vert=None,whis=None,positions=None,widths=None,patch_artist=None,meanline=None,showmeans=None,showcaps=None,showbox=None,showfliers=None,boxprops=None,labels=None,flierprops=None,medianprops=None,meanprops=None,capprops=None,whiskerprops=None)
```

参数说明：

☑ x ： 要绘制成箱形图的数据。

☑ notch ： 指定是否以凹口的形式展示箱形图，默认为非凹口。

☑ sym ： 指定异常点的形状，默认用"＋"显示。

☑ vert ： 指定是否需要将箱形图垂直摆放，默认垂直摆放。

☑ whis ： 指定上下限与上下四分位数的距离，默认为 1.5 倍的四分位差。

☑ positions ： 指定箱形图中箱体的位置，默认为 [0,1,2,…]。

☑ widths ： 指定箱形图中箱体的宽度，默认值为 0.5。

☑ patch_artist ： 指定是否填充箱体的颜色。

☑ meanline ： 指定是否用线的形式表示均值，默认用点来表示。

☑ showmeans ： 指定是否显示均值，默认不显示。

☑ showcaps ： 指定是否显示箱形图顶端和末端的两条线，默认显示。

☑ showbox ： 指定是否显示箱形图的箱体，默认显示。

☑ showfliers ： 指定是否显示异常值，默认显示。

☑ boxprops ： 设置箱体的属性，如边框色、填充色等。

☑ labels ： 为箱形图添加标签，类似于图例的作用。

☑ filerprops ： 设置异常值的属性，如异常值点的形状、大小、填充色等。

☑ medianprops ： 设置中位数的属性，如线的类型、粗细等。

☑ meanprops ： 设置均值的属性，如点的大小、颜色等。

☑ capprops ： 设置箱形图顶端和末端线条的属性，如颜色、粗细等。

☑ whiskerprops ： 设置须的属性，如颜色、粗细、线的类型等。

快速示例 29 绘制简单箱形图 示例位置：资源包 \MR\Code\05\29

绘制简单箱形图，程序代码如下：

```
01    # 导入matplotlib模块
02    import matplotlib.pyplot as plt
03    x=[1,2,3,5,7,9]       # x轴数据
04    plt.boxplot(x)        # 箱形图
05    plt.show()            # 显示图表
```

运行程序，结果如图 5.49 所示。

快速示例 30 绘制多组数据的箱形图 示例位置：资源包 \MR\Code\05\30

上述示例是一组数据的箱形图，还可以绘制多组数据的箱形图，需要指定多组数据。例如，为三组数据绘制箱形图，主要代码如下：

```
01    # 箱形图的数据
02    x1=[1,2,3,5,7,9];x2=[10,22,13,15,8,19];x3=[18,31,18,19,14,29]
03    plt.boxplot([x1,x2,x3])      # 箱形图
04    plt.show()                   # 显示图表
```

运行程序，结果如图 5.50 所示。

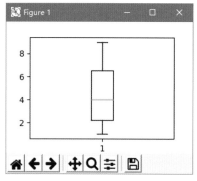

图 5.49 简单箱形图

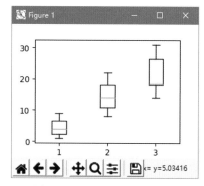

图 5.50 多组数据的箱形图

箱形图将数据切割分离（实际上就是将数据分为四部分），如图 5.51 所示。

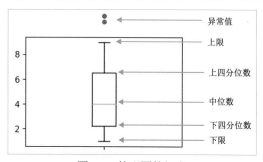

图 5.51 箱形图的组成

下面介绍箱形图每部分的具体含义及如何通过箱形图判断异常值。

（1）下四分位数

图中的下四分位数指的是数据的 25% 分位点所对应的值（Q1）。计算分位数可以使用 Pandas 的 quantile() 函数。

（2）中位数

中位数即数据的 50% 分位点所对应的值（Q2）。

（3）上四分位数

上四分位数则为数据的 75% 分位点所对应的值（Q3）。

（4）上限。

上限的计算公式为：Q3+1.5(Q3–Q1)。

（5）下限

下限的计算公式为：Q1–1.5(Q3–Q1)。

其中，Q3–Q1 表示四分位差。如果使用箱形图判断异常值，其判断标准是，当变量的数据值大于箱形图的上限或者小于箱线图的下限时，就可以将这样的数据值判定为异常值。

下面介绍判断异常值的标准，如图 5.52 所示。

判断标准	结论
$x > Q3 + 1.5(Q3 - Q1)$ 或者 $x < Q1 - 1.5(Q3 - Q1)$	异常值
$x > Q3 + 3(Q3 - Q1)$ 或者 $x < Q1 - 3(Q3 - Q1)$	极端异常值

图 5.52 异常值判断标准

快速示例 31 通过箱形图判断异常值　　　　　　　　　　示例位置：资源包 \MR\Code\05\31

通过箱形图查找客人总消费数据中存在的异常值，程序代码如下：

```
01    import matplotlib.pyplot as plt
02    import pandas as pd
03    df=pd.read_excel('../../datas/tips.xlsx')
04    plt.boxplot(x = df['总消费'], # 指定绘制箱形图的数据
05                whis = 1.5, # 指定1.5倍的四分位差
06                widths = 0.3, # 指定箱形图中箱体的宽度为0.3
07                patch_artist = True, # 填充箱体颜色
08                showmeans = True, # 显示均值
09                boxprops = {'facecolor':'RoyalBlue'}, # 指定箱体的填充色为宝蓝色
10    # 指定异常值的填充色、边框色和大小
11                flierprops={'markerfacecolor':'red','markeredgecolor':'red','markersi
ze':3},
12    # 指定中位数的标记符号（虚线）和颜色
13                meanprops = {'marker':'h','markerfacecolor':'black', 'markersize':8},
14    # 指定均值的标记符号（六边形）、填充色和大小
15                medianprops = {'linestyle':'--','color':'orange'},
16                labels = ['']) # 去除x轴刻度值
17    plt.show()              # 显示图表
18    # 计算下四分位数和上四分位数
19    Q1 = df['总消费'].quantile(q = 0.25)
20    Q3 = df['总消费'].quantile(q = 0.75)
21    # 基于1.5倍的四分位差计算上下限对应的值
22    low_limit = Q1 - 1.5*(Q3 - Q1)
23    up_limit = Q3 + 1.5*(Q3 - Q1)
24    # 查找异常值
25    val=df['总消费'][(df['总消费'] > up_limit) | (df['总消费'] < low_limit)]
26    print('异常值如下：')
27    print(val)
```

运行程序，结果如图 5.53 和 5.54 所示。

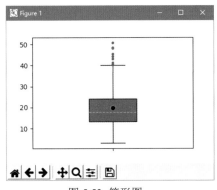

图 5.53 箱形图

```
异常值如下：
26      44.30
77      43.11
131     48.27
163     48.17
171     50.81
182     45.35
184     40.55
194     48.33
230     41.19
Name: 总消费, dtype: float64
```

图 5.54 异常值

视频讲解

5.5.9 绘制 3D 图表

3D 图表有立体感，也比较美观，看起来更加"高大上"。下面介绍两种 3D 图表，即 3D 柱形图和 3D 曲面图。

绘制 3D 图表，我们依旧使用 Matplotlib，但需要安装 mpl_toolkits 工具包，使用 pip 安装命令：

```
pip install --upgrade matplotlib
```

安装好这个模块后，即可调用 mpl_tookits 下的 mplot3d 类进行 3D 图表的绘制。

1. 3D 柱形图

快速示例 32 绘制 3D 柱形图　　　　　　　　　　　示例位置：资源包 \MR\Code\05\32

绘制 3D 柱形图，程序代码如下：

```
01    # 导入相关模块
02    import matplotlib.pyplot as plt
03    from mpl_toolkits.mplot3d.axes3d import Axes3D
04    import numpy as np
05    fig = plt.figure()                   # 创建空画布
06    axes3d = fig.add_axes(Axes3D(fig))   # 创建3D画布并添加轴
07    zs = [1, 5, 10, 15, 20]              # 创建列表（z轴数据）
08    for z in zs:
09        x = np.arange(0, 10)             # x轴数据
10        y = np.random.randint(0, 30, size=10)  # y轴数据
11        # 3D柱形图
12        axes3d.bar(x, y, zs=z, zdir='x', color=['r', 'green', 'yellow', 'c'])
13    plt.show()                           # 显示图表
```

运行程序，结果如图 5.55 所示。

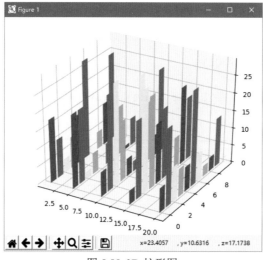

图 5.55 3D 柱形图

2. 3D 曲面图

快速示例 33 绘制 3D 曲面图　　　　　　　　　　　示例位置：资源包 \MR\Code\05\33

绘制 3D 曲面图，程序代码如下：

```
01    # 导入相关模块
02    import matplotlib.pyplot as plt
03    import numpy as np
04    from mpl_toolkits.mplot3d import Axes3D
05    fig = plt.figure()                   # 创建空画布
06    axes3d = fig.add_axes(Axes3D(fig))   # 创建3D画布并添加轴
07    x = np.arange(-4.0, 4.0, 0.125)      # 生成x轴数据
08    y = np.arange(-3.0, 4.0, 0.125)      # 生成y轴数据
```

```
09    # 对x、y轴数据进行网格化
10    X, Y = np.meshgrid(x, y)
11    Z1 = np.exp(-X**2 - Y**2)
12    Z2 = np.exp(-(X - 1)**2 - (Y - 1)**2)
13    Z = (Z1 - Z2) * 2        # 计算z轴数据（高度数据）
14    # 绘制3D图形
15    axes3d.plot_surface(X, Y, Z,
16          rstride=1,   # 指定行的跨度
17          cstride=1,   # 指定列的跨度
18          cmap=plt.get_cmap('rainbow'))   # 设置颜色映射
19    axes3d.set_zlim(-2, 2)  # 设置z轴范围
20    plt.show()                  # 显示图表
```

运行程序，结果如图 5.56 所示。

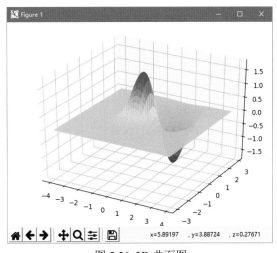

图 5.56 3D 曲面图

5.5.10 绘制多个子图表

Matplotlib 可以实现在一张图上绘制多个子图表。Matplotlib 提供了三种方法：subplot() 函数、subplots() 函数、add_subplot() 方法，下面分别介绍。

1. subplot() 函数

subplot() 函数直接指定划分方式和位置，它可以将一个绘图区域划分为 n 个子区域，每个 subplot() 函数只能绘制一个子图。例如，绘制一个 2×3 的区域，subplot(2,3,3) 表示将画布分成 2 行 3 列，在第 3 个区域中绘制图表，用坐标表示如下。

(1,1),(1,2),(1,3)

(2,1),(2,2),(2,3)

如果行列的值都小于 10，那么可以将它们合并写为一个整数，如 subplot(233)。

另外，subplot() 在指定的区域中创建一个轴对象，如果新创建的轴和之前创建的轴重叠，那么之前创建的轴将被删除。

快速示例 34 使用 subplot() 函数绘制包含多个子图的空图表 示例位置: 资源包 \MR\Code\05\34

绘制一个 2 行 3 列包含 6 个子图的空图表，程序代码如下：

```
01    # 导入matplotlib模块
02    import matplotlib.pyplot as plt
```

```
03    # 绘制一个2行3列包含6个子图的空图表
04    plt.subplot(2,3,1)
05    plt.subplot(2,3,2)
06    plt.subplot(2,3,3)
07    plt.subplot(2,3,4)
08    plt.subplot(2,3,5)
09    plt.subplot(2,3,6)
10    plt.show()    # 显示图表
```

运行程序，结果如图 5.57 所示。

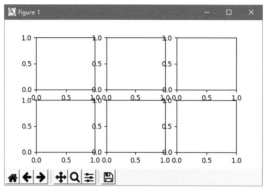

图 5.57 包含 6 个子图的空图表

快速示例 35 绘制包含多个子图的图表　　　　　　　　示例位置：资源包 \MR\Code\05\35

通过上述示例我们了解了 subplot() 函数的基本用法，接下来将前面所学的简单图表整合到一张图表上，效果如图 5.58 所示。

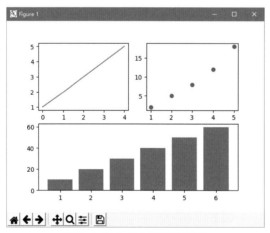

图 5.58 包含多个子图的图表

程序代码如下：

```
01    # 导入matplotlib模块
02    import matplotlib.pyplot as plt
03    # 第1个子图-折线图
04    plt.subplot(2,2,1)
05    plt.plot([1, 2, 3, 4,5])
06    # 第2个子图-散点图
07    plt.subplot(2,2,2)
08    plt.plot([1, 2, 3, 4,5], [2, 5, 8, 12,18], 'ro')
```

```
09    # 第3个子图-柱形图
10    plt.subplot(2,1,2)
11    x=[1,2,3,4,5,6]
12    height=[10,20,30,40,50,60]
13    plt.bar(x,height)
14    plt.show()          # 显示图表
```

上述示例中有两个关键点一定要掌握。

（1）每绘制一个子图都要调用一次 subplot() 函数。

（2）要指定绘图区域的位置编号。

subplot() 函数的前两个参数指定的是一个画布被分割的行数和列数，最后一个参数则指定的是当前绘制区域的位置编号，编号规则是行优先。

例如，图 5.58 中有 3 个子图，第 1 个子图 subplot(2,2,1)，即将画布分成 2 行 2 列，在第 1 个子图中绘制折线图；第 2 个子图 subplot(2,2,2)，即将画布分成 2 行 2 列，在第 2 个子图中绘制散点图；第 3 个子图 subplot(2,1,2)，即将画布分成 2 行 1 列，由于第 1 行已经占用，所以在第 2 行，也就是第 3 个子图中绘制柱形图。多个子图的位置示意图如图 5.59 所示。

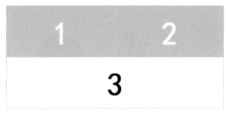

图 5.59 多个子图的位置示意图

使用 subpot() 函数在画布中绘图时，每次都要调用它指定绘图区域非常麻烦，相比之下，subplots() 函数则更直接，它会事先把画布区域分割好。下面介绍 subplots() 函数。

2. subplots() 函数

subplots() 函数用于创建画布和子图，语法格式如下：

```
matplotlib.pyplot.subplots(nrows,ncols,sharex,sharey,squeeze,subplot_kw,gridspec_kw,**fig_kw)
```

主要参数说明：

☑ nrows 和 ncols：表示将画布分割成几行几列。例如，nrows=2、ncols=2 表示将画布分割为 2 行 2 列，起始值都为 0。当调用画布中的坐标轴时，ax[0,0] 表示调用左上角的位置，ax[1,1] 表示调用右下角的位置。

☑ sharex 和 sharey：布尔值，或值为 "none" "all" "row" "col"，默认值为 False，用于控制 x 轴或 y 轴之间的属性共享。具体参数值说明如下。

➢ True 或者 "all"：表示 x 轴或 y 轴属性在所有子图中共享。

➢ False 或者 "none"：每个子图的 x 轴或 y 轴都是独立的。

➢ "row"：每个子图在一个 x 轴或 y 轴上共享行（row）。

➢ "col"：每个子图在一个 x 轴或 y 轴上共享列（column）

快速示例 36 使用 subplots() 函数绘制包含多个子图的空图表 示例位置: 资源包 \MR\Code\05\36

绘制一个 2 行 3 列包含 6 个子图的空图表，使用 subplots() 函数只需三行代码。

```
01    # 导入matplotlib模块
02    import matplotlib.pyplot as plt
```

```
03      # 绘制2行3列包含6个子图的空图表
04      figure,axes=plt.subplots(2,3)
05      plt.show()     # 显示图表
```

在上述代码中，figure 和 axes 是两个关键点。

（1）figure：绘制图表的画布。

（2）axes：坐标轴对象，可以理解为在 figure（画布）上绘制坐标轴对象，它帮我们规划出了科学绘图的坐标轴系统。

快速示例 37 使用 subplots() 函数绘制多子图图表   示例位置：资源包 \MR\Code\05\37

使用 subplots() 函数将前面所学的简单图表整合到一张图表上，效果如图 5.60 所示。

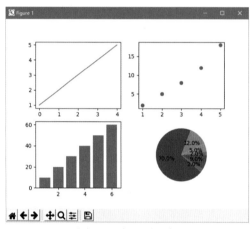

图 5.60 多子图图表

程序代码如下：

```
01      import matplotlib.pyplot as plt# 导入matplotlib模块
02      figure,axes=plt.subplots(2,2)       # 创建2行2列的图表
03      axes[0,0].plot([1, 2, 3, 4,5])    # 在第1行第1列的位置绘制折线图
04      axes[0,1].plot([1, 2, 3, 4,5], [2, 5, 8, 12,18], 'ro') # 在第1行第2列的位置绘制散点图
05      # 在第2行第1列的位置绘制柱形图
06      x=[1,2,3,4,5,6]
07      height=[10,20,30,40,50,60]
08      axes[1,0].bar(x,height)
09      # 在第2行第2列的位置绘制饼形图
10      x = [2,5,12,70,2,9]
11      axes[1,1].pie(x,autopct='%1.1f%%')
12      plt.show()     # 显示图表
```

3. add_subplot() 函数

快速示例 38 使用 add_subplot() 函数绘制多子图图表   示例位置：资源包 \MR\Code\05\38

add_subplot() 函数也可以实现在一张图表上绘制多个子图的功能，用法与 subplot() 函数基本相同，先来看一段代码：

```
01      # 导入matplotlib模块
02      import matplotlib.pyplot as plt
```

```
03    fig = plt.figure()              # 创建画布
04    # 绘制一个2行3列包含6个子图的空图表
05    ax1 = fig.add_subplot(2,3,1)
06    ax2 = fig.add_subplot(2,3,2)
07    ax3 = fig.add_subplot(2,3,3)
08    ax4 = fig.add_subplot(2,3,4)
09    ax5 = fig.add_subplot(2,3,5)
10    ax6 = fig.add_subplot(2,3,6)
11    plt.show()  # 显示图表
```

上述代码同样绘制了一个 2 行 3 列包含 6 个子图的空图表。首先创建 figure（画布）实例，然后通过 ax1 = fig.add_subplot(2,3,1) 绘制第 1 个子图，返回 Axes 实例（坐标轴对象），第 1 个参数为行数，第 2 个参数为列数，第 3 个参数为子图的位置。

以上代码用三种方法实现了在一张图表上绘制多个子图的功能，三种方法各有所长。subplot() 函数和 add_subplot() 函数比较灵活，定制化效果比较好，可以实现子图在画布中的各种布局，subplots() 函数就不那么灵活了，但它可以用较少的代码绘制多个子图。

5.6 小结

数据统计得再好都不如一张图表清晰、直观。本章用大量的篇幅详细介绍了 Matplotlib 可视化库的核心知识，能够使读者全面地了解和掌握最基础的图表绘制方法，并将其应用到实际的数据统计分析工作中，同时为以后学习其他绘图库奠定坚实的基础。

本章 e 学码：关键知识点拓展阅读

RGBA	等高线图	热力图
散点图	箱形图	像素

第 6 章
图解数组计算模块 NumPy

（ ▶ 视频讲解：4 小时 22 分钟）

本章概览

NumPy 是数据分析"三剑客"之一，主要用于数组计算、矩阵运算和科学计算。对于本章的内容，建议初学者灵活学习，重点掌握数组的创建、数组的基本操作和计算。为了便于理解，本章运用了大量的示意图，示例简单，力求使读者能够轻松地融入 NumPy 的学习当中。下面就让我们一起揭开 NumPy 的神秘面纱，开启 NumPy 学习之旅。

知识框架

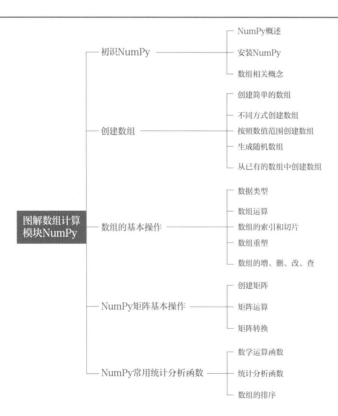

视频讲解

6.1 初识 NumPy

6.1.1 NumPy 概述

NumPy（如图 6.1 所示）更像一个魔方（如图 6.2 所示），它是 Python 数组计算、矩阵运算和科学计算的核心库。NumPy 一词来源于 Numerical 和 Python 这两个单词。NumPy 提供了一个高性能的数组对象，让我们能够轻松创建一维数组、二维数组和多维数组，以及大量的函数和方法，帮助我们轻松地进行数组计算，因此 NumPy 被广泛地应用于数据分析、机器学习、图像处理、计算机图形学、数学任务等领域。

NumPy 是数据分析、机器学习"三剑客"之一，它的用途是以数组的形式对数据进行操作。机器学习中充斥了大量的数组计算，而 NumPy 使得这些计算变得简单！由于 NumPy 是用 C 语言实现的，所以其运算速度非常快，具体功能如下。

☑ 有一个强大的 n 维数组对象 ndarray。

☑ 具有广播功能函数。

☑ 具有线性代数、傅里叶变换、随机数生成、图形操作等功能。

☑ 整合了 C/C++/Fortran 代码。

图 6.1 NumPy   图 6.2 魔方

6.1.2 安装 NumPy

安装 Pandas 时，系统同时为我们安装了 NumPy，如果你的计算机中没有 NumPy，可以使用如下两种方法安装 NumPy。

1. 使用 pip 命令安装

安装 NumPy 最简单的方法是使用 pip 命令。在系统"搜索"文本框中输入 cmd，打开"命令提示符"窗口，输入如下安装命令：

```
pip install numpy
```

2. 在 PyCharm 开发环境中安装

运行 PyCharm，选择"FileàSettings"菜单项，打开"Settings"窗口，选择当前工程下的"Python Interpreter"选项，然后单击添加模块的按钮"+"，如图 6.3 所示。

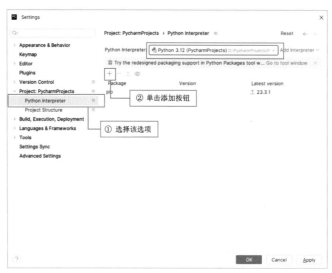

图 6.3 选择添加模块的按钮

单击"+"按钮后，打开"Available Packages"窗口，在搜索文本框中输入需要添加的模块名称，例如"numpy"，然后在列表中选择需要安装的模块，如图 6.4 所示，单击"Install Package"按钮即可实现 NumPy 的安装。

图 6.4 在 PyCharm 开发环境中安装 NumPy

3. 安装验证

测试是否安装成功，程序代码如下：

```
01    from numpy import *  # 导入numpy模块
02    print(eye(4))          # 生成对角矩阵
```

运行程序，结果如下：

```
[[1. 0. 0. 0.]
 [0. 1. 0. 0.]
 [0. 0. 1. 0.]
 [0. 0. 0. 1.]]
```

6.1.3 数组相关概念

学习 NumPy 前，我们先了解一下数组的相关概念。数组可分为一维数组、二维数组、三维数组，三维数组是常见的多维数组，如图 6.5 所示。

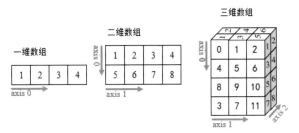

图 6.5　数组示意图

1. 一维数组

一维数组很简单，基本和 Python 列表一样，区别在于数组切片针对的是原数组（这就意味着，如果对数组进行修改，原数组也会跟着更改）。

2. 二维数组

二维数组本质是以数组作为元素的数组。二维数组包括行和列，形状类似于表格，又称为矩阵。

3. 三维数组

三维数组是指维数为三的数组结构，也称矩阵列表。三维数组是最常见的多维数组，由于其可以用来描述三维空间中的位置或状态，因而被广泛使用。

4. 轴的概念

轴是 NumPy 里的 axis，指定某个 axis，就是沿着这个 axis 执行相关操作，其中二维数组中两个轴的指向如图 6.6 所示。

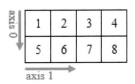

图 6.6　二维数组中两个轴的指向

对于一维数组，情况有些特殊，它只有水平方向，因此一维数组中轴的指向如图 6.7 所示。

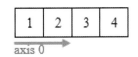

图 6.7　一维数组中轴的指向

6.2 创建数组

6.2.1 创建简单的数组

NumPy 创建简单的数组主要使用 array() 函数，语法格式如下：

```
numpy.array(object,dtype=None,copy=True,order='K',subok=False,ndmin=0)
```

参数说明：

☑ object：任何具有数组接口方法的对象。

☑ dtype：数据类型。

☑ copy：布尔值，可选参数，默认值为 True，表示 object 对象被复制，生成副本；否则，只有当 _array_ 返回副本，object 参数为嵌套序列，或者需要副本满足数据类型和顺序要求时，才会生成副本。

☑ order：元素在内存中的出现顺序，值为 K、A、C、F。如果 object 参数不是数组，则新创建的数组将按行排列（C）；如果值为 F，则按列排列；如果 object 参数是一个数组，则顺序规则为 C（按行排列）、F（按列排列）、A（保持原顺序）、K（遵循元素在内存中的出现顺序）。

☑ subok：布尔值，如果值为 True，则传递子类，否则返回的数组为基类数组（默认值）。

☑ ndmin：指定生成数组的最小维数。

快速示例 01　如何创建数组　　　　　　　　　　示例位置：资源包 \MR\Code\06\01

创建几个简单的数组，效果如图 6.8 所示。

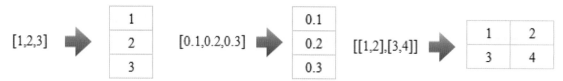

图 6.8　简单数组

程序代码如下：

```
01    import numpy as np          # 导入numpy模块
02    n1 = np.array([1,2,3])       # 创建一个简单的一维数组
03    n2 = np.array([0.1,0.2,0.3])# 创建一个包含小数的一维数组
04    n3 = np.array([[1,2],[3,4]])# 创建一个简单的二维数组
```

1. 为数组指定数据类型

快速示例 02　为数组指定数据类型　　　　　　　示例位置：资源包 \MR\Code\06\02

NumPy 支持的数据类型比 Python 更多，通过 dtype 参数可以指定数组的数据类型，程序代码如下：

```
01    import numpy as np          # 导入numpy模块
02    list = [1, 2, 3]            # 列表
03    # 创建浮点型数组
04    n1 = np.array(list,dtype=np.float_)
05    # 或者
06    # n1= np.array(list,dtype=float)
07    print(n1)
08    print(n1.dtype)
09    print(type(n1[0]))
```

运行程序，结果如下：

```
[1. 2. 3.]
float64
<class 'numpy.float64'>
```

2. 数组的复制

快速示例 03　复制数组　　　　　　　　　　　　示例位置：资源包 \MR\Code\06\03

当运算和处理数组时，为了不影响原数组，可以对原数组进行复制，对复制后的数组进行修改、删除等操作。数组的复制可以通过 copy 参数实现，程序代码如下：

```
01    import numpy as np          # 导入numpy模块
02    n1 = np.array([1,2,3])      # 创建数组
03    n2 = np.array(n1,copy=True) # 复制数组
04    n2[0]=3                      # 修改数组中的第一个元素为3
05    n2[2]=1                      # 修改数组中的第三个元素为1
06    print(n1)
07    print(n2)
```

运行程序，结果如下：

```
[1 2 3]
[3 2 1]
```

数组 n2 是数组 n1 的副本，从运行结果得知，虽然修改了数组 n2，但是数组 n1 没有发生变化。

3. 通过 ndmin 参数控制最小维数

数组可分为一维数组、二维数组和多维数组，通过 ndmin 参数可以控制数组的最小维数。无论给出的数组的维数是多少，ndmin 参数都会根据最小维数创建指定维数的数组。

快速示例 04 修改数组的维数　　　　　　　　　示例位置：资源包 \MR\Code\06\04

由于 ndmin=3，因此虽然给出的数组是一维的，但会创建一个三维数组，程序代码如下：

```
01    import numpy as np
02    nd1 = [1, 2, 3]
03    nd2 = np.array(nd1, ndmin=3) #三维数组
04    print(nd2)
```

运行程序，结果如下：

```
[[[1 2 3]]]
```

6.2.2 不同方式创建数组

1. 创建指定维数和数据类型未初始化的数组

快速示例 05 创建指定维数和数据类型未初始化的数组　　　示例位置：资源包 \MR\Code\06\05

创建指定维数和数据类型未初始化的数组主要使用 empty() 函数，程序代码如下：

```
01    import numpy as np
02    n = np.empty([2,3])
03    print(n)
```

运行程序，结果如下：

```
[[2.22519099e-307 2.33647355e-307 1.23077925e-312]
 [2.33645827e-307 2.67023123e-307 1.69117157e-306]]
```

这里，创建的数组元素为随机数，它们未被初始化。如果要改变数组中数据的类型，可以使用 dtype 参数，如通过 dtype=int 定义数据类型为整型。

2. 创建指定维数（以 0 填充）的数组

快速示例 06 创建指定维数（以 0 填充）的数组　　　示例位置：资源包 \MR\Code\06\06

创建指定维数并以 0 填充的数组，主要使用 zeros() 函数，程序代码如下：

```
01    import numpy as np
02    n = np.zeros(3)
03    print(n)
```

运行程序，结果为：[0. 0. 0.]。

输出结果默认是浮点型（float）的。

3. 创建指定维数（以 1 填充）的数组

快速示例 07 创建指定维数（以 1 填充）的数组　　　　　　示例位置：资源包 \MR\Code\06\07

创建指定维数并以 1 填充的数组，主要使用 ones() 函数，程序代码如下：

```
01    import numpy as np
02    n = np.ones(3)
03    print(n)
```

运行程序，结果为：[1. 1. 1.]。

4. 创建指定维数和数据类型的数组并以指定值填充

快速示例 08 创建以指定值填充的数组　　　　　　　　　　示例位置：资源包 \MR\Code\06\08

创建指定维数和数据类型的数组并以指定值填充，主要使用 full() 函数，程序代码如下：

```
01    import numpy as np
02    n = np.full(shape=(3,3), fill_value=8)
03    print(n)
```

运行程序，结果如下：

```
[[8 8 8]
 [8 8 8]
 [8 8 8]]
```

6.2.3 按照数值范围创建数组

1. 通过 arange() 函数创建数组

arange() 函数与 Python 内置的 range() 函数相似，区别在于返回值不同，arange() 函数的返回值是数组，而 range() 函数的返回值是列表。arange() 函数的语法格式如下：

```
arange([start,] stop[, step,], dtype=None)
```

参数说明：

☑ start：起始值，默认值为 0。

☑ stop：终止值（不包含该值）。

☑ step：步长，默认值为 1。

☑ dtype：创建数组的数据类型，如果不设置数据类型，则使用输入数据的数据类型。

快速示例 09 按照数值范围创建数组　　　　　　　　　　　示例位置：资源包 \MR\Code\06\09

下面使用 arange() 函数按照数值范围创建数组，程序代码如下：

```
01    import numpy as np
02    n=np.arange(1,12,2)
```

```
03    print(n)
```

运行程序，结果为：[1 3 5 7 9 11]。

2. 使用 linspace() 函数创建等差数列

首先简单了解一下等差数列。如果一个数列从第二项起，每一项与它前一项的差均为同一个常数，那么这个数列就称为等差数列。

例如，男鞋尺码（单位：厘米）对照表如图 6.9 所示。

男鞋尺码对照表													
23.5	24	24.5	25	25.5	26	26.5	27	27.5	28	28.5	29	29.5	30

图 6.9 男鞋尺码对照表

马拉松赛前训练，一周内每天的训练量（单位：米）如图 6.10 所示。

周一	周二	周三	周四	周五	周六
7500	8000	8500	9000	9500	10000

图 6.10 训练量列表

在 Python 中创建等差数列可以使用 NumPy 的 linspace() 函数，该函数用于创建一个一维的等差数列数组，它与 arange() 函数不同，arange() 函数是从起始值到终止值的左闭右开区间（即包括起始值不包括终止值），第三个参数（如果存在）是步长；而 linspace() 函数是从起始值到终止值的闭区间（可以通过设置参数 endpoint=False，使终止值不包含在内），并且第三个参数表示值的个数。

⚡充电时刻

本书经常会提到如"左闭右开区间""左开右闭区间""闭区间"等，这里简单介绍一下。"左闭右开区间"是指包括起始值但不包括终止值的一个数值区间；"左开右闭区间"是指不包括起始值但包括终止值的一个数值区间；"闭区间"是指既包括起始值又包括终止值的一个数值区间。

linspace() 函数的语法格式如下：

```
linspace(start,stop,num=50,endpoint=True,retstep=False,dtype=None)
```

参数说明：

- ☑ start：数列的起始值。
- ☑ stop：数列的终止值。
- ☑ num：要生成的等步长的样本数量，默认值为 50。
- ☑ endpoint：如果值为 Ture，数列中包含 stop 参数的值，反之则不包含，默认值为 True。
- ☑ retstep：如果值为 True，则生成的数列中会显示间距，反之则不显示。
- ☑ dtype：数列的数据类型。

快速示例 10　创建马拉松赛前训练等差数列数组　　　　　示例位置：资源包 \MR\Code\06\10

创建马拉松赛前训练等差数列数组，程序代码如下：

```
01    import numpy as np
02    n1 = np.linspace(start=7500,stop=10000,num=6)
03    n2 = np.linspace(start=7500,stop=10000,num=6,endpoint=False)
04    print(n1)
05    print(n2)
```

运行程序，结果如下：

```
[ 7500.   8000.   8500.   9000.   9500.  10000.]
[7500.   7916.66666667 8333.33333333 8750.  9166.66666667 9583.33333333]
```

3. 使用 logspace() 函数创建等比数列

首先了解一下等比数列，等比数列是指从第二项起，每一项与它的前一项的比值均为同一个常数的数列。

例如，在古印度，国王要重赏发明国际象棋的大臣，对他说："我可以满足你的任何要求。"大臣说："请在我的棋盘 64 个格子上都放上小麦，第 1 个格子放 1 粒小麦，第 2 个格子放 2 粒小麦，第 3 个格子放 4 粒小麦，第 4 个格子放 8 粒小麦，后面每个格子放的小麦数都是前一个格子里的 2 倍，直到第 64 个格子。"等比数列示例如图 6.11 所示。

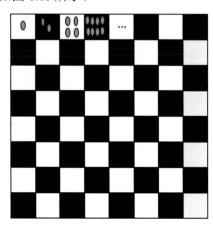

图 6.11 等比数列示例

在 Python 中创建等比数列可以使用 NumPy 的 logspace() 函数，语法格式如下：

```
numpy.logspace(start, stop, num=50, endpoint=True, base=10.0, dtype=None)
```

参数说明：
- ☑ start：数列的起始值。
- ☑ stop：数列的终止值。
- ☑ num：要生成的等步长的数据样本数量，默认值为 50。
- ☑ endpoint：如果值为 Ture，则数列中包含 stop 参数值，反之则不包含，默认值为 True。
- ☑ base：对数 log 的底数。
- ☑ dtype：数列的数据类型。

快速示例 11 通过 logspace() 函数解决棋盘放置小麦的问题 示例位置：资源包 \MR\Code\06\11

通过 logspace() 函数计算棋盘中每个格子里放的小麦数，程序代码如下：

```
01   # 导入numpy模块
02   import numpy as np
03   # 输出时打印不换行
04   np.set_printoptions(linewidth=800)
05   # logspace()函数创建等比数列
06   n = np.logspace(start=0,stop=63,num=64,base=2,dtype='int')
07   # 数组重塑8×8矩阵
08   print(n.reshape(8,8))
```

运行程序，结果如图 6.12 所示。

```
[           1          2          4          8         16         32
           64        128        256        512       1024       2048
         4096       8192      16384      32768      65536     131072
       262144     524288    1048576    2097152    4194304    8388608
     16777216   33554432   67108864  134217728  268435456  536870912
   1073741824 -2147483648 -2147483648 -2147483648 -2147483648 -2147483648
  -2147483648 -2147483648 -2147483648 -2147483648 -2147483648 -2147483648
  -2147483648 -2147483648 -2147483648 -2147483648 -2147483648 -2147483648
  -2147483648 -2147483648 -2147483648 -2147483648 -2147483648 -2147483648
  -2147483648 -2147483648 -2147483648 -2147483648 -2147483648]
```

图 6.12 每个格子里放的小麦数（错误示例）

在上述示例中，出现了一个问题：后面出现负数，而且都是一样的。这是由于程序中指定的数据类型是 int，是 32 位的，数据范围是 −2147483648~2147483647，而我们计算后的数据远远超出了这个范围，便出现了溢出现象。要想解决这一问题，需要指定数据类型为 uint64（无符号整数，数据范围为 0~18446744073709551615），主要代码如下：

```
n = np.logspace(start=0,stop=63,num=64,base=2,dtype='uint64')
```

运行程序，结果如图 6.13 所示。

```
[[              1               2               4               8              16              32              64             128]
 [            256             512            1024            2048            4096            8192           16384           32768]
 [          65536          131072          262144          524288         1048576         2097152         4194304         8388608]
 [       16777216        33554432        67108864       134217728       268435456       536870912      1073741824      2147483648]
 [     4294967296      8589934592     17179869184     34359738368     68719476736    137438953472    274877906944    549755813888]
 [  1099511627776   2199023255552   4398046511104   8796093022208  17592186044416  35184372088832  70368744177664 140737488355328]
 [281474976710656 562949953421312 1125899906842624 2251799813685248 4503599627370496 9007199254740992 18014398509481984 36028797018963968]
 [72057594037927936 144115188075855872 288230376151711744 576460752303423488 1152921504606846976 2305843009213693952 4611686018427387904 9223372036854775808]]
```

图 6.13 每个格子里放的小麦数

以上结果显示了每个格子里需要放的小麦数，可见发明国际象棋的大臣是多么的聪明。

 关于 NumPy 数据类型的详细介绍可参见 6.3.1 节。

说明

6.2.4 生成随机数组

生成随机数组主要使用 NumPy 的 random 模块，下面介绍几个常用的生成随机数组的函数。

1. rand() 函数

rand() 函数用于生成 (0,1) 区间的随机数组，输入一个值随机生成一维数组，输入一对值随机生成二维数组，语法格式如下：

```
numpy.random.rand(d0,d1,d2,d3...,dn)
```

参数 d0,d1,…,dn 为整数，表示维数，可以为空值。

快速示例 12　生成 0 到 1 之间的随机数组　　　　　　　示例位置：资源包 \MR\Code\06\12

随机生成一维数组和二维数组，程序代码如下：

```
01    import numpy as np
02    n=np.random.rand(5)
03    print('随机生成0到1之间的一维数组：')
04    print(n)
05    n1=np.random.rand(2,5)
06    print('随机生成0到1之间的二维数组：')
07    print(n1)
```

运行程序，结果如下：

```
随机生成0到1之间的一维数组：
[0.61263942 0.91212086 0.52012924 0.98204632 0.31633564]
随机生成0到1之间的二维数组：
[[0.82044812 0.26050245 0.57000398 0.6050845  0.50440925]
 [0.29113919 0.86638283 0.74161101 0.0728488  0.4466494 ]]
```

2. randn() 函数

randn() 函数用于生成满足正态分布的随机数组，语法格式如下：

```
numpy.random.randn(d0,d1,d2,d3...,dn)
```

参数 d0,d1,…,dn 为整数，表示维数，可以为空值。

快速示例 13　生成满足正态分布的随机数组　　　　　　　示例位置：资源包 \MR\Code\06\13

生成满足正态分布的随机数组，程序代码如下：

```
01    import numpy as np
02    n1=np.random.randn(5)
03    print('随机生成满足正态分布的一维数组：')
04    print(n1)
05    n2=np.random.randn(2,5)
06    print('随机生成满足正态分布的二维数组：')
07    print(n2)
```

运行程序，结果如下：

```
随机生成满足正态分布的一维数组：
[-0.05282077  0.79946288  0.96003714  0.29555332 -1.26818832]
随机生成满足正态分布的二维数组：
[[ 1.6872899   1.62042986  2.69278922 -0.64467268 -1.75645902]
 [ 1.0973791  -0.22962313 -0.26965705  0.1225163  -1.89051741]]
```

3. randint() 函数

randint() 函数与 NumPy 的 arange() 函数类似。randint() 函数用于生成一定范围内的随机数组，返回值为左闭右开区间，语法格式如下：

```
numpy.random.randint(low,high=None,size=None)
```

参数说明：

☑ low：低值（起始值），整数，当参数 high 不为空值时，参数 low 的值应小值于参数 high 的值，否则程序会出现错误。

☑ high：高值（终止值），整数。

☑ size：数组维数，整数或者元组，整数表示一维数组，元组表示多维数组。默认值为空值，仅返回一个整数。

快速示例 14　生成一定范围内的随机数组　　　　　　　示例位置：资源包 \MR\Code\06\14

生成一定范围内的随机数组，程序代码如下：

```
01    import numpy as np
02    n1=np.random.randint(1,3,10)
```

```
03      print('随机生成10个1到3之间且不包括3的整数：')
04      print(n1)
05      n2=np.random.randint(5,10)
06      print('size数组大小为空，随机返回一个整数：')
07      print(n2)
08      n3=np.random.randint(5,size=(2,5))
09      print('随机生成5以内的二维数组')
10      print(n3)
```

运行程序，结果如下：

```
随机生成10个1到3之间且不包括3的整数：
[2 1 2 1 1 2 2 2 1 1]
size数组大小为空，随机返回一个整数：
8
随机生成5以内的二维数组
[[2 2 2 4 2]
 [3 1 3 1 4]]
```

4. normal() 函数

normal() 函数用于生成满足正态分布的随机数组，语法格式如下：

```
numpy.random.normal(loc,scale,size)
```

参数说明：

☑ loc：正态分布的均值，对应正态分布的中心。loc=0 说明是一个以 y 轴为对称轴的正态分布。

☑ scale：正态分布的标准差，对应正态分布的宽度，scale 值越大，正态分布的曲线越矮胖，scale 值越小，曲线越高瘦。

☑ size：表示数组维数。

快速示例 15　生成满足正态分布的随机数组　　　　　　示例位置：资源包 \MR\Code\06\15

生成满足正态分布的随机数组，程序代码如下：

```
01      import numpy as np
02      n = np.random.normal(loc=0,scale=0.1,size=10)
03      print(n)
```

运行程序，结果如下：

```
[ 0.08530096  0.0404147  -0.00358281  0.05405901 -0.01677737 -0.02448481
  0.13410224 -0.09780364  0.06095256 -0.0431846 ]
```

6.2.5　从已有的数组中创建数组

1. asarray() 函数

asarray() 函数用于创建数组，其与 array() 函数类似，语法格式如下：

```
numpy.asarray(a,dtype=None,order=None)
```

参数说明：

☑ a：可以是列表、列表的元组、元组、元组的元组、元组的列表或多维数组。

☑ dtype：数组的数据类型。

☑ order：值为"C"和"F"，分别代表按行排列和按列排列，即数组元素在内存中的出现顺序。

快速示例 16　使用 asarray() 函数创建数组　　　　　　示例位置：资源包 \MR\Code\06\16

使用 asarray() 函数创建数组，程序代码如下：

```
01    import numpy as np                        # 导入numpy模块
02    n1 = np.asarray([1,2,3])                   # 通过列表创建数组
03    n2 = np.asarray([(1,1),(1,2)])             # 通过列表的元组创建数组
04    n3 = np.asarray((1,2,3))                    # 通过元组创建数组
05    n4= np.asarray(((1,1),(1,2),(1,3)))        # 通过元组的元组创建数组
06    n5 = np.asarray(([1,1],[1,2]))              # 通过元组的列表创建数组
07    print(n1)
08    print(n2)
09    print(n3)
10    print(n4)
11    print(n5)
```

运行程序，结果如下：

```
[1 2 3]
[[1 1]
 [1 2]]
[1 2 3]
[[1 1]
 [1 2]
 [1 3]]
[[1 1]
 [1 2]]
```

2. frombuffer() 函数

NumPy 的 ndarray 数组对象不能像 Python 列表一样动态地改变大小，在做数据采集时很不方便。下面介绍如何通过 frombuffer() 函数创建动态数组。frombuffer() 函数接受 buffer 输入参数，以流的形式将读入的数据转换为数组。frombuffer() 函数语法格式如下：

```
numpy.frombuffer(buffer,dtype=float,count=-1,offset=0)
```

参数说明：

☑ buffer：实现了 __buffer__ 方法的对象。
☑ dtype：数组的数据类型。
☑ count：读取的数据数量，默认值为 –1，表示读取所有数据。
☑ offset：读取的起始位置，默认值为 0。

快速示例 17　将字符串"mingrisoft"转换为数组　　　　示例位置：资源包 \MR\Code\06\17

将字符串"mingrisoft"转换为数组，程序代码如下：

```
01    import numpy as np
02    n=np.frombuffer(b'mingrisoft',dtype='S1')
03    print(n)
```

在上述代码中，当 buffer 参数的值为字符串时，Python 3 默认字符串是 Unicode 类型的，所以要将其转成 Byte string 类型，需要在原字符串前加上"b"。

3. fromiter() 函数

fromiter() 函数用于从可迭代对象中创建数组对象，语法格式如下：

```
numpy.fromiter(iterable,dtype,count=-1)
```

参数说明：

☑ iterable：可迭代对象。

☑ dtype：数组的数据类型。

☑ count：读取的数据数量，默认值为 –1，表示读取所有数据。

快速示例 18　通过可迭代对象创建数组　　　　示例位置：资源包 \MR\Code\06\18

通过可迭代对象创建数组，程序代码如下：

```
01    import numpy as np
02    iterable = (x * 2 for x in range(5))    # 遍历0~5并乘以2，返回可迭代对象
03    n = np.fromiter(iterable, dtype='int') # 通过可迭代对象创建数组
04    print(n)
```

运行程序，结果为：[0 2 4 6 8]。

4. empty_like() 函数

empty_like() 函数用于创建一个与给定数组具有相同维数和数据类型且未初始化的数组，语法格式如下：

```
numpy.empty_like(prototype,dtype=None,order='K',subok=True)
```

参数说明：

☑ prototype：给定的数组。

☑ dtype：覆盖结果的数据类型。

☑ order：指定数组的内存布局，C（按行排列）、F（按列排列）、A（原顺序）、K（数据元素在内存中的出现顺序）。

☑ subok：默认情况下，返回的数组为基类数组。如果值为 True，则返回子类数组。

快速示例 19　创建未初始化的数组　　　　示例位置：资源包 \MR\Code\06\19

下面使用 empty_like() 函数创建一个与给定数组具有相同维数和数据类型且未初始化的数组，程序代码如下：

```
01    import numpy as np
02    n = np.empty_like([[1, 2], [3, 4]])
03    print(n)
```

运行程序，结果如下：

```
[[-1173717817    -25733267]
 [-1333773323 -1153817142]]
```

5. zeros_like() 函数

快速示例 20　创建以 0 填充的数组　　　　示例位置：资源包 \MR\Code\06\20

zeros_like() 函数用于创建一个与给定数组维数和数据类型相同，并以 0 填充的数组，程序代码如下：

```
01    import numpy as np
```

```
02    n = np.zeros_like([[0.1,0.2,0.3], [0.4,0.5,0.6]])
03    print(n)
```

运行程序，结果如下：

```
[[0. 0. 0.]
 [0. 0. 0.]]
```

说明　参数说明请参见 empty_like() 函数。

6. ones_like() 函数

快速示例 21　创建以 1 填充的数组　　　　　　　　　　示例位置：资源包 \MR\Code\06\21

ones_like() 函数用于创建一个与给定数组维数和数据类型相同，并以 1 填充的数组，程序代码如下：

```
01    import numpy as np
02    n = np.ones_like([[0.1,0.2,0.3], [0.4,0.5,0.6]])
03    print(n)
```

运行程序，结果如下：

```
[[1. 1. 1.]
 [1. 1. 1.]]
```

说明　参数说明请参见 empty_like() 函数。

7. full_like() 函数

full_like() 函数用于创建一个与给定数组维数和数据类型相同，并以指定值填充的数组，语法格式如下：

```
numpy.full_like(a, fill_value, dtype=None, order='K', subok=True)
```

参数说明：

☑ a：给定的数组。

☑ fill_value：填充值。

☑ dtype：数组的数据类型，默认值为 None，使用给定数组的数据类型。

☑ order：指定数组的内存布局，C（按行排列）、F（按列排列）、A（原顺序）、K（数组元素在内存中的出现顺序）。

☑ subok：默认情况下，返回的数组为基类数组。如果值为 True，则返回子类数组。

快速示例 22　创建以指定值"0.2"填充的数组　　　　　　示例位置：资源包 \MR\Code\06\22

创建一个与给定数组维数和数据类型相同，并以指定值"0.2"填充的数组，程序代码如下：

```
01    import numpy as np # 导入numpy模块
02    a = np.arange(6)  # 创建一个数组
03    n1 = np.full_like(a, fill_value=1)    # 创建一个与数组a维数和数据类型相同的数组，以1填充
04    n2 = np.full_like(a,fill_value=0.2)   # 创建一个与数组a维数和数据类型相同的数组，以0.2填充
05    # 创建一个与数组a维数和数据类型相同的数组，以0.2填充，浮点型
06    n3 = np.full_like(a, fill_value=0.2, dtype='float')
07    print(n1)
```

```
08    print(n2)
09    print(n3)
```

运行程序，结果如下：

```
[1 1 1 1 1 1]
[0 0 0 0 0 0]
[0.2 0.2 0.2 0.2 0.2 0.2]
```

6.3 数组的基本操作

6.3.1 数据类型

在对数组进行基本操作前，首先介绍一下 NumPy 数据类型。NumPy 中的数据类型比 Python 中的数据类型更多，如表 6.1 所示。为了区别于 Python 数据类型，像 bool、int、float、complex、str 等数据类型名称末尾都加了下画线 "_"。

表 6.1 NumPy 数据类型

数据类型	描述
bool_	存储 1 字节的布尔值（True 或 False）
int_	默认整数，相当于 C 语言中的 long，通常为 int32
intc	相当于 C 语言中的 int，通常为 int32
intp	用于索引的整数，相当于 C 语言中的 size_t，通常为 int64
int8	字节（–128~127）
int16	16 位整数（–32768~32767）
int32	32 位整数（–2147483648~2147483647）
int64	64 位整数（–9223372036854775808~9223372036854775807）
uint8	8 位无符号整数（0~255）
uint16	16 位无符号整数（0~65535）
uint32	32 位无符号整数（0~4294967295）
uint64	64 位无符号整数（0~18446744073709551615）
float	_float64 的简写
float16	半精度浮点数：1 个符号位，5 位指数，10 位尾数
float32	单精度浮点数：1 个符号位，8 位指数，23 位尾数
float64	双精度浮点数：1 个符号位，11 位指数，52 位尾数
complex_	complex128 类型的简写
omplex64	复数，由两个 32 位浮点数表示（实部和虚部）
complex128	复数，由两个 64 位浮点数表示（实部和虚部）
datatime64	日期时间类型
timedelta64	两个时间点之间的间隔

每一种数据类型都有相应的数据转换函数，举例如下：

```
np.int8(3.141)
```

结果为：3。

```
np.float64(8)
```

结果为：8.0。

```
np.float(True)
```

结果为：1.0。

```
bool(1)
```

结果为：True。

在创建 ndarray 数组时，可以直接指定数据类型，主要代码如下：

```
a = np.arange(8, dtype=float)
```

结果为：[0. 1. 2. 3. 4. 5. 6. 7.]。

 复数不能转换成整数或者浮点数，例如下面的代码会出现错误提示。

注意

```
float(8+ 1j)
```

6.3.2 数组运算

视频讲解

不用编写循环即可对数据执行批量运算，这是 NumPy 数组运算的特点，称为矢量化。大小相等的数组之间的任何算术运算，NumPy 都可以实现。本节主要介绍简单的数组运算，如加、减、乘、除、幂运算等。下面创建两个简单的 NumPy 数组 n1 和 n2，数组 n1 包括元素 1 和 2，数组 n2 包括元素 3 和 4，如图 6.14 所示。接下来实现这两个数组的运算。

n1

| 1 |
| 2 |

n2

| 3 |
| 4 |

图 6.14 数组示意图

1. 加法运算

加法运算的规则是数组中对应位置的元素相加（即每行对应相加），如图 6.15 所示。

n1　　**n2**

n1+n2= | 1 |　+　| 3 |　=　| 4 |
　　　　| 2 |　　　| 4 |　　　| 6 |

图 6.15 数组加法运算示意图

快速示例 23　数组加法运算　　　　　示例位置：资源包 \MR\Code\06\23

在程序中直接将两个数组相加即可，即 n1+n2，程序代码如下：

```
01    import numpy as np    # 导入numpy模块
02    n1=np.array([1,2])     # 创建一维数组
03    n2=np.array([3,4])
04    print(n1+n2)           # 加法运算
```

运行程序，结果为：[4 6]。

2. 减法、乘法和除法运算

除了加法运算，还可以实现数组的减法、乘法和除法运算，如图 6.16 所示。

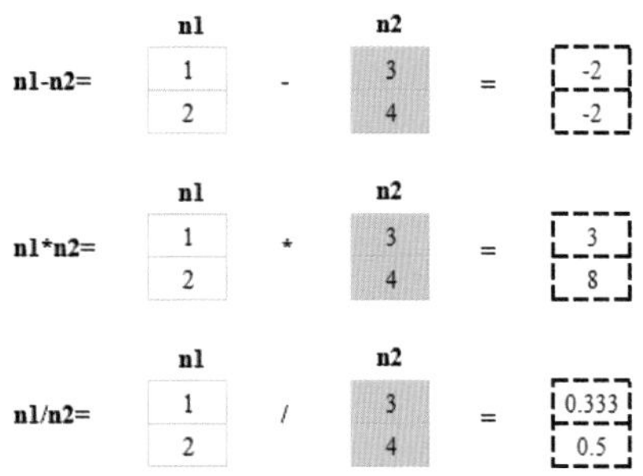

图 6.16 数组减法、乘法和除法运算示意图

快速示例 24 数组的减法、乘法和除法运算
示例位置：资源包 \MR\Code\06\24

同样地，在程序中直接将两个数组相减、相乘或相除即可，程序代码如下：

```
01    import numpy as np  # 导入numpy模块
02    n1=np.array([1,2])   # 创建一维数组
03    n2=np.array([3,4])
04    print(n1-n2)          # 减法运算
05    print(n1*n2)          # 乘法运算
06    print(n1/n2)          # 除法运算
```

运行程序，结果如下：

```
[-2 -2]
[3 8]
[0.33333333 0.5]
```

3. 幂运算

幂运算的规则是数组中对应位置的元素分别作为底数和指数进行运算，用"**"表示，如图 6.17 所示。

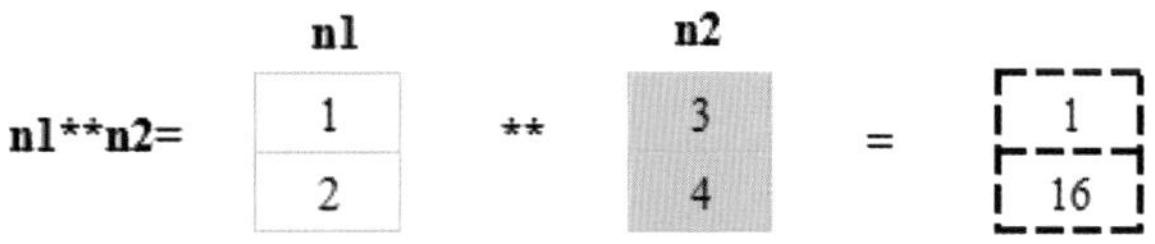

图 6.17 数组幂运算示意图

快速示例 25 数组的幂运算
示例位置：资源包 \MR\Code\06\25

从图 6.17 中得知，数组 n1 的元素 1 和数组 n2 的元素 3，通过幂运算得到的是 1 的 3 次幂；数组 n1 的元素 2 和数组 n2 的元素 4，通过幂运算得到的是 2 的 4 次幂，程序代码如下：

```
01    import numpy as np  # 导入numpy模块
02    n1=np.array([1,2])   # 创建一维数组
03    n2=np.array([3,4])
04    print(n1**n2)         # 幂运算
```

运行程序，结果为：[1 16]。

4. 比较运算

快速示例 26 数组的比较运算　　　　　　　　　　　示例位置：资源包 \MR\Code\06\26

数组的比较运算规则是对数组中对应位置元素进行大小比较，比较后的结果是布尔值数组，程序代码如下：

```
01    import numpy as np      # 导入numpy模块
02    n1=np.array([1,2])      # 创建一维数组
03    n2=np.array([3,4])
04    print(n1>=n2)           # 大于或等于
05    print(n1==n2)           # 等于
06    print(n1<=n2)           # 小于或等于
07    print(n1!=n2)           # 不等于
```

运行程序，结果如下：

```
[False False]
[False False]
[ True  True]
[ True  True]
```

5. 数组的标量运算

首先了解两个概念：标量和向量。标量其实就是一个单独的数；而向量是一组数，这组数是按顺序排列的，这里我们理解为数组。数组的标量运算也可以理解为向量与标量之间的运算。

例如，马拉松赛前训练，一周内每天的训练量以"米"为单位，下面将其转换为以"千米"为单位，如图 6.18 所示。

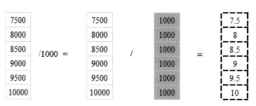

图 6.18 数组的标量运算示意图

快速示例 27 数组的标量运算　　　　　　　　　　　示例位置：资源包 \MR\Code\06\27

在程序中，米转换为千米直接输入 n1/1000 即可，程序代码如下：

```
01    import numpy as np                                    # 导入numpy模块
02    n1 = np.linspace(start=7500,stop=10000,num=6,dtype='int')  # 创建等差数列数组
03    print(n1)
04    print(n1/1000)                                        # 米转换为千米
```

运行程序，结果如下：

```
[ 7500  8000  8500  9000  9500 10000]
[ 7.5 8.   8.5 9.   9.5 10. ]
```

上述运算过程在 NumPy 中叫作"广播机制"，它是一个非常有用的功能。

视频讲解

6.3.3 数组的索引和切片

NumPy 数组元素是通过数组的索引和切片来访问和修改的，因此索引和切片是 NumPy 中最重要、最常用的概念。

1. 索引

所谓数组的索引，是用于标记数组中对应元素的唯一数字，从 0 开始，即数组中的第一个元素的索引是 0，以此类推。NumPy 数组可以使用标准 Python 语法 x[obj] 来标记索引，其中 x 是数组，obj 是索引。

快速示例 28 获取一维数组中的元素　　　　　　示例位置：资源包 \MR\Code\06\28

获取一维数组 n1 中索引为 0 的元素，程序代码如下：

```
01    import numpy as np       # 导入numpy模块
02    n1=np.array([1,2,3])     # 创建一维数组
03    print(n1[0])             # 输出一维数组中的第一个元素
```

运行程序，结果为：1。

快速示例 29 获取二维数组中的元素　　　　　　示例位置：资源包 \MR\Code\06\29

再举一个例子，通过索引获取二维数组中的元素，程序代码如下：

```
01    import numpy as np                 # 导入numpy模块
02    n1=np.array([[1,2,3],[4,5,6]])     # 创建二维数组
03    print(n1[1][2])                    # 输出二维数组中第2行第3列的元素
```

运行程序，结果为：6。

2. 切片式索引

数组切片可以理解为对数组的分割，按照等分或者不等分原则，将一个数组分割为多个片段，它与 Python 中列表的切片操作一样。NumPy 中用冒号分隔切片参数来进行切片操作，语法格式如下：

```
[start:stop:step]
```

参数说明：
- ☑ start：起始索引。
- ☑ stop：终止索引。
- ☑ step：步长。

快速示例 30 实现简单的数组切片操作　　　　　　示例位置：资源包 \MR\Code\06\30

实现简单的切片操作，对数组 n1 进行切片式索引，如图 6.19 所示。

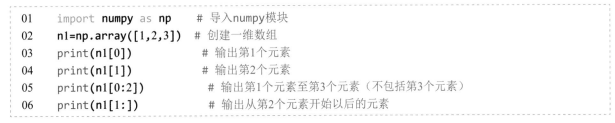

图 6.19 切片式索引示意图

程序代码如下：

```
01    import numpy as np       # 导入numpy模块
02    n1=np.array([1,2,3])     # 创建一维数组
03    print(n1[0])             # 输出第1个元素
04    print(n1[1])             # 输出第2个元素
05    print(n1[0:2])           # 输出第1个元素至第3个元素（不包括第3个元素）
06    print(n1[1:])            # 输出从第2个元素开始以后的元素
```

```
07     print(n1[:2])                    # 输出第1个元素（0省略）至第3个元素（不包括第3个元素）
```

运行程序，结果如下：

```
1
2
[1 2]
[2 3]
[1 2]
```

切片式索引操作需要注意以下几点。

（1）索引是左闭右开区间，如上述代码中的 n1[0:2]，只能取到索引从 0 到 1 的元素，而取不到索引为 2 的元素。

（2）当没有 start 参数时，代表从索引 0 开始取元素，如上述代码中的 n1[:2]。

（3）start、stop 和 step 这 3 个参数都可以是负数，代表反向索引。以 step 参数为例，如图 6.20 所示。

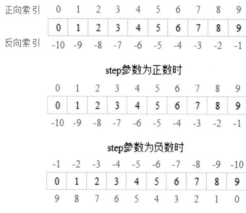

图 6.20 反向索引示意图

快速示例 31 常用的切片式索引操作   示例位置：资源包 \MR\Code\06\31

常用的切片式索引操作程序代码如下：

```
01    import numpy as np      # 导入numpy模块
02    n = np.arange(10)       # 使用arange()函数创建一维数组
03    print(n)                # 输出一维数组
04    print(n[:3])            # 输出第1个元素（0省略）至第4个元素（不包括第4个元素）
05    print(n[3:6])           # 输出第4个元素至第7个元素（不包括第7个元素）
06    print(n[6:])            # 输出第7个元素至最后一个元素
07    print(n[::])            # 输出所有元素
08    print(n[:])             # 输出第1个元素至最后一个元素
09    print(n[::2])           # 输出第1个元素至最后一个元素，以2为步长
10    print(n[1::5])          # 输出第2个元素至最后一个元素，以5为步长
11    print(n[2::6])          # 输出第3个元素至最后一个元素，以6为步长
12    # start、stop、step为负数时
13    print(n[::-1])          # 输出所有元素且步长是-1
14    print(n[:-3:-1])        # 输出倒数第3个元素至倒数第1个元素（不包括倒数第3个元素）
15    print(n[-3:-5:-1])      # 输出倒数第3个元素至倒数第5个元素且步长是-1
16    print(n[-5::-1])        # 输出倒数第5个元素至最后一个元素且步长是-1
```

运行程序，结果如图 6.21 所示。

```
[0 1 2 3 4 5 6 7 8 9]
[0 1 2]
[3 4 5]
[6 7 8 9]
[0 1 2 3 4 5 6 7 8 9]
[0 1 2 3 4 5 6 7 8 9]
[0 2 4 6 8]
[1 6]
[2 8]
[9 8 7 6 5 4 3 2 1 0]
[9 8]
[7 6]
[5 4 3 2 1 0]
```

图 6.21 常用的切片式索引操作

3. 二维数组索引

二维数组索引可以使用 array[n,m] 的方式表示，以逗号分隔，表示第 n 个数组的第 m 个元素。

快速示例 32 二维数组的简单索引操作　　　　　　　示例位置：资源包 \MR\Code\06\32

创建一个 3 行 4 列的二维数组，实现简单的索引操作，效果如图 6.22 所示。

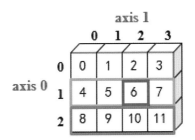

图 6.22 二维数组索引示意图

程序代码如下：

```
01   import numpy as np    # 导入numpy模块
02   # 创建3行4列的二维数组
03   n=np.array([[0,1,2,3],[4,5,6,7],[8,9,10,11]])
04   print(n[1])           # 输出第2行的元素
05   print(n[1,2])         # 输出第2行第3列的元素
06   print(n[-1])          # 输出倒数第1行的元素
```

运行程序，结果如下：

```
[4 5 6 7]
6
[ 8  9 10 11]
```

在上述代码中，n[1] 表示第 2 行；n[1,2] 表示第 2 行第 3 列的元素，它等同于 n[1][2]，实际上 n[1][2] 的操作原理是先通过索引确定第一个维度得到一个数组，然后在此基础上再进行索引确定元素。

4. 二维数组切片式索引

快速示例 33 二维数组的切片操作　　　　　　　示例位置：资源包 \MR\Code\06\33

创建一个二维数组，实现各种切片式索引操作，效果如图 6.23 所示。

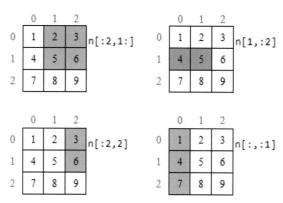

图 6.23 二维数组切片式索引示意图

程序代码如下：

```
01    import numpy as np  # 导入numpy模块
02    # 创建3行3列的二维数组
03    n=np.array([[1,2,3],[4,5,6],[7,8,9]])
04    print(n[:2,1:])      # 输出第1行至第3行（不包括第3行）的第2列至最后一列的元素
05    print(n[1,:2])       # 输出第2行的第1列至第3列（不包括第3列）的元素
06    print(n[:2,2])       # 输出第1行至第3行（不包括第3行）的第3列的元素
07    print(n[:,:1])       # 输出所有行的第1列至第2列（不包括第2列）的元素
```

运行程序，结果如下：

```
[[2 3]
 [5 6]]
[4 5]
[3 6]
[[1]
 [4]
 [7]]
```

6.3.4 数组重塑

数组重塑实际是更改数组的形状，例如，将原来 2 行 3 列的数组重塑为 3 行 4 列的数组。在 NumPy 中主要使用 reshape() 方法。

1. 一维数组重塑

一维数组重塑就是将数组重塑为多行多列的数组。

快速示例 34 将一维数组重塑为二维数组　　　　　　　　示例位置：资源包 \MR\Code\06\34

创建一个一维数组，然后通过 reshape() 方法将其改为 2 行 3 列的二维数组，程序代码如下：

```
01    import numpy as np  # 导入numpy模块
02    n=np.arange(6)       # 创建一维数组
03    print(n)
04    n1=n.reshape(2,3)    # 将数组重塑为2行3列的二维数组
05    print(n1)
```

运行程序，结果如下：

```
[0 1 2 3 4 5]
```

```
[[0 1 2]
 [3 4 5]]
```

需要注意的是，数组重塑是基于数组元素不发生改变的情况，重塑后的数组所包含的元素个数必须与原数组的元素个数相同，如果数组元素发生改变，程序就会报错。

快速示例 35 将一行古诗转换为 4 行 5 列的形式　　　　　示例位置：资源包 \MR\Code\06\35

将一行古诗（1 行 20 列的数组）转换为 4 行 5 列的二维数组形式，效果如图 6.24 所示。

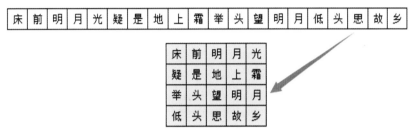

图 6.24 数组重塑示意图

程序代码如下：

```
01   import numpy as np        # 导入numpy模块
02   # 创建字符串数组
03   n=np.array(['床','前','明','月','光','疑','是','地','上','霜','举','头','望','明','月',
     '低','头','思','故','乡'])
04   n1=n.reshape(4,5)         # 将一维数组重塑为4行5列的二维数组
05   print(n1)
```

运行程序，结果如下：

```
[['床' '前' '明' '月' '光']
 ['疑' '是' '地' '上' '霜']
 ['举' '头' '望' '明' '月']
 ['低' '头' '思' '故' '乡']]
```

2. 多维数组重塑

多维数组重塑同样使用 reshape() 方法。

快速示例 36 将 2 行 3 列的数组重塑为 3 行 2 列的数组　　　　　示例位置：资源包 \MR\Code\06\36

将 2 行 3 列的二维数组重塑为 3 行 2 列的二维数组，程序代码如下：

```
01   import numpy as np
02   n=np.array([[0,1,2],[3,4,5]]) # 创建二维数组
03   print(n)
04   n1=n.reshape(3,2)   # 将数组重塑为3行2列的二维数组
05   print(n1)
```

运行程序，结果如下：

```
[[0 1 2]
 [3 4 5]]
[[0 1]
 [2 3]
 [4 5]]
```

3. 数组转置

数组转置是指数组的行列转换，可以通过数组的 T 属性和 transpose() 函数实现。

快速示例 37 将二维数组中的行列转置　　　　　　示例位置：资源包 \MR\Code\06\37

通过 T 属性将 4 行 6 列的二维数组中的行变成列，列变成行，程序代码如下：

```
01    import numpy as np              # 导入numpy模块
02    n = np.arange(24).reshape(4,6)  # 创建4行6列的二维数组
03    print(n)
04    print(n.T)                      # T属性实现行列转置
```

运行程序，结果如图 6.25 所示。

```
[[ 0  1  2  3  4  5]
 [ 6  7  8  9 10 11]
 [12 13 14 15 16 17]
 [18 19 20 21 22 23]]
[[ 0  6 12 18]
 [ 1  7 13 19]
 [ 2  8 14 20]
 [ 3  9 15 21]
 [ 4 10 16 22]
 [ 5 11 17 23]]
```

图 6.25 将二维数组中的行列转置

快速示例 38 转换客户销售数据　　　　　　示例位置：资源包 \MR\Code\06\38

上述示例可能不太直观，下面再举一个例子，转换客户销售数据，对比效果如图 6.26 所示。

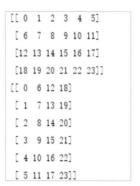

客户	销售额
A	100
B	200
C	300
D	400
E	500

A	B	C	D	E
100	200	300	400	500

图 6.26 客户销售数据转换对比效果

程序代码如下：

```
01    import numpy as np              # 导入numpy模块
02    n = np.array([['A',100],['B',200],['C',300],['D',400],['E',500]])
03    print(n)
04    print(n.T)                      # T属性实现行列转置
```

运行程序，结果如图 6.27 所示。

```
[['A' '100']
 ['B' '200']
 ['C' '300']
 ['D' '400']
 ['E' '500']]
[['A' 'B' 'C' 'D' 'E']
 ['100' '200' '300' '400' '500']]
```

图 6.27 转换客户销售数据

transpose() 函数也可以实现数组转置。例如，上述示例若用 transpose() 函数实现，主要代码如下：

```
01    n = np.array([['A',100],['B',200],['C',300],['D',400],['E',500]])
02    print(n.transpose())                    # transpose()函数实现行列转置
```

6.3.5 数组的增、删、改、查

数组增、删、改、查的方法有很多，下面介绍几种常用的方法。

1. 数组的增加

数组数据的增加可以按照水平方向增加也可以按照垂直方向增加。水平方向增加数据主要使用 hstack() 函数，垂直方向增加数据主要使用 vstack() 函数。

快速示例 39 为数组增加数据　　　　　　　　　示例位置：资源包 \MR\Code\06\39

创建两个二维数组，实现数组数据的增加，程序代码如下：

```
01    import numpy as np           # 导入numpy模块
02    # 创建二维数组
03    n1=np.array([[1,2],[3,4],[5,6]])
04    n2=np.array([[10,20],[30,40],[50,60]])
05    print(np.hstack((n1,n2)))     # 水平方向增加数据
06    print(np.vstack((n1,n2)))     # 垂直方向增加数据
```

运行程序，输出结果如下：

```
[[ 1  2 10 20]
 [ 3  4 30 40]
 [ 5  6 50 60]]
[[ 1  2]
 [ 3  4]
 [ 5  6]
 [10 20]
 [30 40]
 [50 60]]
```

2. 数组的删除

数组数据的删除主要使用 delete() 方法。

快速示例 40 删除指定的数组数据　　　　　　　示例位置：资源包 \MR\Code\06\40

通过以下程序删除指定的数组数据，程序代码如下：

```
01    import numpy as np # 导入numpy模块
02    n1=np.array([[1,2],[3,4],[5,6]])# 创建二维数组
03    print(n1)
04    n2=np.delete(n1,obj=2,axis=0)   # 删除第3行
05    n3=np.delete(n1,obj=0,axis=1)   # 删除第1列
06    n4=np.delete(n1,obj=(1,2),axis=0)   # 删除第2行和第3行
07    print('删除第3行后的数组：','\n',n2)
08    print('删除第1列后的数组：','\n',n3)
09    print('删除第2行和第3行后的数组：','\n',n4)
```

运行程序，结果如图 6.28 所示。

```
[[1 2]
 [3 4]
 [5 6]]
删除第3行后的数组：
[[1 2]
 [3 4]]
删除第1列后的数组：
[[2]
 [4]
 [6]]
删除第2行和第3行后的数组：
[[1 2]]
```

图 6.28 删除指定的数组数据

对于删除数组或数组元素的操作，还可以通过索引和切片方法只选取保留的数组或数组元素。

3. 数组的修改

修改数组或数组元素时，直接为数组或数组元素赋值即可。

快速示例 41 修改指定的数组　　　　　示例位置：资源包 \MR\Code\06\41

通过以下程序修改指定的数组元素，程序代码如下：

```
01    import numpy as np                # 导入numpy模块
02    n1=np.array([[1,2],[3,4],[5,6]]) # 创建二维数组
03    print(n1)
04    n1[1]=[30,40]   # 修改数组第2行[3,4]为[30,40]
05    n1[2][1]=88     # 修改第3行第2个元素6为88
06    print('修改后的数组：','\n',n1)
```

运行程序，结果如下：

```
[[1 2]
 [3 4]
 [5 6]]
修改后的数组：
 [[ 1  2]
 [30 40]
 [ 5 88]]
```

4. 数组的查询

数组的查询同样可以使用索引和切片方法来获取指定范围的数组或数组元素，还可以通过 where() 函数查询符合条件的数组或数组元素。where() 函数语法格式如下：

```
numpy.where(condition,x,y)
```

第一个参数为一个布尔数组，第二个参数和第三个参数可以是标量也可以是数组。若满足条件（参数 condition），则输出参数 x，否则输出参数 y。

快速示例 42 按指定条件查询数组　　　　　示例位置：资源包 \MR\Code\06\42

下面实现数组查询，数组元素大于 5 则输出 2，不大于 5 则输出 0，程序代码如下：

```
01    import numpy as np  # 导入numpy模块
02    n1 = np.arange(10)  # 创建一个一维数组
03    print(n1)
```

```
print(np.where(n1>5,2,0))  # 大于5输出2，不大于5输出0
```

运行程序，结果如下：

```
[0 1 2 3 4 5 6 7 8 9]
[0 0 0 0 0 0 2 2 2 2]
```

如果不指定参数 x 和 y，则输出满足条件的数组元素的坐标。例如，上述示例不指定参数 x 和 y，主要代码如下：

```
n2=n1[np.where(n1>5)]
print(n2)
```

运行程序，结果为：[6 7 8 9]。

6.4 NumPy 矩阵基本操作

在数学中经常会用到矩阵，而在程序中常用的是数组，可以简单理解为，矩阵是数学中的概念，而数组是计算机程序设计领域的概念。在 NumPy 中，矩阵是数组的分支，数组和矩阵有些时候是通用的，二维数组也称矩阵。下面简单介绍矩阵的基本操作。

视频讲解

6.4.1 创建矩阵

NumPy 函数库中存在两种不同的数据类型（矩阵 matrix 和数组 array），它们都可以用于处理用行列表示的数组元素，虽然它们看起来很相似，但是在这两种数据类型上执行相同的数学运算可能得到不同的结果。

在 NumPy 中，矩阵应用十分广泛。例如，每个图像都可以被看作像素值矩阵。假设像素值仅为 0 和 1，那么 5×5 像素的图像就是一个 5×5 的矩阵，如图 6.29 所示，而 3×3 像素的图像就是一个 3×3 的矩阵，如图 6.30 所示。

1	1	1	0	0
0	1	1	1	0
0	0	1	1	1
0	0	1	1	0
0	1	1	0	0

图 6.29 5×5 矩阵示意图

1	0	1
0	1	0
1	0	1

图 6.30 3×3 矩阵示意图

关于矩阵就简单介绍到这里，下面介绍如何在 NumPy 中创建矩阵。

快速示例 43 创建简单矩阵 示例位置：资源包 \MR\Code\06\43

下面使用 mat() 函数创建矩阵，程序代码如下：

```
import numpy as np          # 导入numpy模块
a = np.mat('5 6;7 8')       # 创建矩阵
b = np.mat('1 2; 3 4')
print(a)
print(b)
print(type(a))              # 判断类型
print(type(b))
```

```
08      n1 = np.array([[1, 2], [3, 4]])   # 创建数组
09      print(n1)
10      print(type(n1))            # 判断类型
```

运行程序，结果如下：

```
[[5 6]
 [7 8]]
[[1 2]
 [3 4]]
<class 'numpy.matrix'>
<class 'numpy.matrix'>
[[1 2]
 [3 4]]
<class 'numpy.ndarray'>
```

从运行结果得知：mat() 函数创建的是矩阵，array() 函数创建的是数组，用 mat() 函数创建的矩阵才能进行线性代数操作。

快速示例 44 使用 mat() 函数创建常见的矩阵　　　　　示例位置：资源包 \MR\Code\06\44

下面使用 mat() 函数创建常见的矩阵。

（1）创建一个 3×3 的零（0）矩阵，程序代码如下：

```
01      import numpy as np
02      # 创建一个3×3的零矩阵
03      data1 = np.mat(np.zeros((3,3)))
04      print(data1)
```

运行程序，结果如下：

```
[[0. 0. 0.]
 [0. 0. 0.]
 [0. 0. 0.]]
```

（2）创建一个 2×4 的以 1 填充的矩阵，程序代码如下：

```
01      import numpy as np
02      # 创建一个2×4的以1填充的矩阵
03      data1 = np.mat(np.ones((2,4)))
04      print(data1)
```

运行程序，结果如下：

```
[[1. 1. 1. 1.]
 [1. 1. 1. 1.]]
```

（3）使用 random 模块的 rand() 函数创建一个 3×3 的在 0 至 1 之间随机产生的二维数组，并将其转换为矩阵，程序代码如下：

```
01      import numpy as np
02      data1 = np.mat(np.random.rand(3,3))
03      print(data1)
```

运行程序，结果如下：

```
[[0.23593472 0.32558883 0.42637078]
```

```
 [0.36254276 0.6292572  0.94969203]
 [0.80931869 0.3393059  0.18993806]]
```

（4）创建一个 1 至 8 之间的随机整数矩阵，程序代码如下：

```
01    import numpy as np
02    data1 = np.mat(np.random.randint(1,8,size=(3,5)))
03    print(data1)
```

运行程序，结果如下：

```
[[4 5 3 5 3]
 [1 3 2 7 7]
 [2 7 5 4 5]]
```

（5）创建对角矩阵，程序代码如下：

```
01    import numpy as np
02    data1 = np.mat(np.eye(2,2,dtype=int))  # 2×2对角矩阵
03    print(data1)
04    data1 = np.mat(np.eye(4,4,dtype=int))  # 4×4对角矩阵
05    print(data1)
```

运行程序，结果如下：

```
[[1 0]
 [0 1]]
[[1 0 0 0]
 [0 1 0 0]
 [0 0 1 0]
 [0 0 0 1]]
```

（6）创建指定对角线元素的对角矩阵，程序代码如下：

```
01    import numpy as np
02    a = [1,2,3]
03    data1 = np.mat(np.diag(a))   # 对角线元素为1、2、3的矩阵
04    print(data1)
05    b = [4,5,6]
06    data1 = np.mat(np.diag(b))   # 对角线元素为4、5、6的矩阵
07    print(data1)
```

运行程序，结果如下：

```
[[1 0 0]
 [0 2 0]
 [0 0 3]]
[[4 0 0]
 [0 5 0]
 [0 0 6]]
```

说明

mat() 函数只适用于创建二维矩阵，维数超过 2，mat() 就不适用了。从这一点来看，array() 函数更具通用性。

视频讲解

6.4.2 矩阵运算

如果两个矩阵大小相同，我们可以使用算术运算符"+"、"−"、"*"和"/"对矩阵进行加、减、乘、除运算。

快速示例 45 矩阵加法运算　　　　　　　　　　　　示例位置：资源包 \MR\Code\06\45

创建两个矩阵 data1 和 data2，实现矩阵的加法运算，效果如图 6.31 所示。

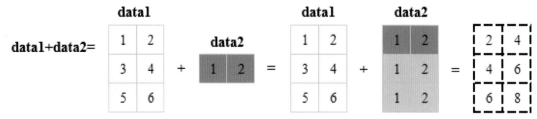

图 6.31 矩阵加法运算示意图

程序代码如下：

```
01   import numpy as np              # 导入numpy模块
02   data1= np.mat(('1 2; 3 4; 5 6'))# 创建矩阵
03   data2=np.mat([1,2])
04   print(data1+data2)              # 矩阵加法运算
```

运行程序，结果如下：

```
[[2 4]
 [4 6]
 [6 8]]
```

快速示例 46 矩阵减法、乘法和除法运算　　　　　　示例位置：资源包 \MR\Code\06\46

除了加法运算，还可以实现矩阵的减法、乘法和除法运算。接下来先实现上述矩阵的减法和除法运算，程序代码如下：

```
01   import numpy as np              # 导入numpy模块
02   data1= np.mat(('1 2; 3 4; 5 6'))# 创建矩阵
03   data2=np.mat([1,2])
04   print(data1-data2)    # 矩阵减法运算
05   print(data1/data2)    # 矩阵除法运算
```

运行程序，结果如下：

```
[[0 0]
 [2 2]
 [4 4]]
[[1. 1.]
 [3. 2.]
 [5. 3.]]
```

当我们对上述矩阵进行乘法运算时，程序出现了错误，原因是矩阵的乘法运算要求左边矩阵的列数和右边矩阵的行数要一致。由于上述矩阵 data2 只有一行，所以导致程序出错。

快速示例 47 修改矩阵并进行乘法运算　　　　　　　示例位置：资源包 \MR\Code\06\47

将矩阵 data2 改为 2×2 的矩阵，再进行矩阵的乘法运算，程序代码如下：

```
01    import numpy as np              # 导入numpy模块
02    data1= np.mat(('1 2; 3 4; 5 6'))# 创建矩阵
03    data2= np.mat(('1 2; 3 4'))
04    print(data1*data2)              # 矩阵乘法运算
```

运行程序，结果如下：

```
[[ 7 10]
 [15 22]
 [23 34]]
```

上述示例是两个矩阵直接相乘，称为矩阵相乘。矩阵相乘的运算过程如图 6.32 所示。例如，$1×1+2×3=7$，是第一个矩阵第 1 行元素与第二个矩阵第 1 列元素两两相乘并求和得到的。

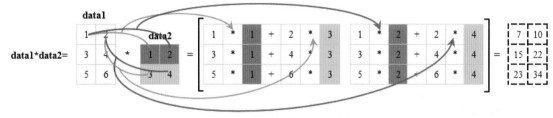

图 6.32 矩阵相乘的运算过程

数组运算和矩阵运算的一个关键区别是矩阵相乘使用的是点乘。点乘也称点积，是数组中元素对应位置一一相乘之后求和的操作，在 NumPy 中专门提供了点乘方法，即 dot() 方法。

快速示例 48　数组相乘与数组点乘比较 　　　　　　示例位置：资源包 \MR\Code\06\48

数组相乘与数组点乘运算，程序代码如下：

```
01    import numpy as np              # 导入numpy模块
02    n1 = np.array([1, 2, 3])        # 创建数组
03    n2= np.array([[1, 2, 3], [1, 2, 3], [1, 2, 3]])
04    print('数组相乘结果为： ','\n', n1*n2) # 数组相乘
05    print('数组点乘结果为： ','\n', np.dot(n1, n2)) # 数组点乘
```

运行程序，结果如下：

```
数组相乘结果为：
 [[1 4 9]
 [1 4 9]
 [1 4 9]]
数组点乘结果为：
 [ 6 12 18]
```

快速示例 49　矩阵元素之间的相乘运算 　　　　　　示例位置：资源包 \MR\Code\06\49

要实现矩阵对应元素之间相乘可以使用 multiply() 函数，程序代码如下：

```
01    import numpy as np                      # 导入numpy模块
02    n1 = np.mat('1 3 3;4 5 6;7 12 9')       # 创建矩阵，使用分号隔开数据
03    n2 = np.mat('2 6 6;8 10 12;14 24 18')
04    print('矩阵相乘结果为： \n',n1*n2)          # 矩阵相乘
05    print('矩阵对应元素相乘结果为： \n',np.multiply(n1,n2))
```

运行程序，结果如下：

矩阵相乘结果为：
[[68 108 96]
 [132 218 192]
 [236 378 348]]
矩阵对应元素相乘结果为：
[[2 18 18]
 [32 50 72]
 [98 288 162]]

6.4.3 矩阵转换

1. 矩阵转置

快速示例 50　使用 T 属性实现矩阵转置　　　　示例位置：资源包 \MR\Code\06\50

矩阵转置与数组转置一样使用 T 属性，程序代码如下：

```
01    import numpy as np              # 导入numpy模块
02    n1 = np.mat('1 3 3;4 5 6;7 12 9')   # 创建矩阵，使用分号隔开数据
03    print(n1.T)                     # 矩阵转置
```

运行程序，结果如下：

```
[[ 1  4  7]
 [ 3  5 12]
 [ 3  6  9]]
```

2. 矩阵求逆

快速示例 51　求逆矩阵　　　　示例位置：资源包 \MR\Code\06\51

矩阵应该可逆，否则意味着该矩阵为奇异矩阵（即矩阵的行列式的值为 0）。求逆矩阵主要使用 I 属性，程序代码如下：

```
01    import numpy as np              # 导入numpy模块
02    n1 = np.mat('1 3 3;4 5 6;7 12 9')   # 创建矩阵，使用分号隔开数据
03    print(n1.I)                     # 求逆矩阵
```

运行程序，结果如下：

```
[[-0.9         0.3         0.1        ]
 [ 0.2        -0.4         0.2        ]
 [ 0.43333333  0.3        -0.23333333]]
```

6.5 NumPy 常用统计分析函数

6.5.1 数学运算函数

NumPy 中包含大量的数学运算函数，如三角函数、算术运算函数、复数处理函数等，如表 6.2 所示。

表 6.2 数学运算函数

函数	说明
add()、subtract()、multiply()、divide()	进行简单的数组加、减、乘、除运算
abs()	取数组中各元素的绝对值
sqrt()	计算数组中各元素的平方根
square()	计算数组中各元素的平方
log()、log10()、log2()	计算数组中各元素的自然对数、以 10 为底的对数、以 2 为底的对数
reciprocal()	计算数组中各元素的倒数
power()	第一个数组中的元素作为底数，第二个数组中的元素作为指数，进行幂运算
mod()	计算数组之间对应元素相除后的余数
around()	计算数组中各元素指定小数位数的四舍五入值
ceil()、floor()	计算数组中各元素向上取整和向下取整的值
sin()、cos()、tan()	三角函数，计算数组中角度的正弦值、余弦值和正切值
modf()	将数组中各元素的小数和整数部分分割为两个独立的数组
exp()	计算数组中各元素的指数值
sign()	计算数组中各元素的符号值 1（+），0，-1（-）
maximum()、fmax()	计算数组元素的最大值
minimum()、fmin()	计算数组元素的最小值
copysign(a,b)	将数组 b 中各元素的符号赋值给数组 a 中对应的元素

1. 算术运算函数

（1）加、减、乘、除

NumPy 算术运算函数可实现简单的加、减、乘、除运算，如 add() 函数、subtract() 函数、multiply() 函数和 divide() 函数。这里要注意的是，数组必须具有相同的形状或符合数组广播规则。

快速示例 52 数组加、减、乘、除运算　　　　　　示例位置：资源包 \MR\Code\06\52

数组加、减、乘、除运算的程序代码如下：

```
01    import numpy as np                          # 导入numpy模块
02    n1 = np.array([[1,2,3],[4,5,6],[7,8,9]])    # 创建数组
03    n2 = np.array([10, 10, 10])
04    print('两个数组相加：')
05    print(np.add(n1, n2))
06    print('两个数组相减：')
07    print(np.subtract(n1, n2))
08    print('两个数组相乘：')
09    print(np.multiply(n1, n2))
10    print('两个数组相除：')
11    print(np.divide(n1, n2))
```

运行程序，结果如下：

```
两个数组相加：
[[11 12 13]
 [14 15 16]
 [17 18 19]]
两个数组相减：
[[-9 -8 -7]
 [-6 -5 -4]
 [-3 -2 -1]]
两个数组相乘：
[[10 20 30]
 [40 50 60]
 [70 80 90]]
两个数组相除：
[[0.1 0.2 0.3]
 [0.4 0.5 0.6]
 [0.7 0.8 0.9]]
```

（2）计算倒数

reciprocal() 函数用于返回数组中各元素的倒数，如 4/3 的倒数是 3/4。

快速示例 53　计算数组元素的倒数　　　　　示例位置：资源包 \MR\Code\06\53

计算数组元素的倒数，程序代码如下：

```
01    import numpy as np
02    a = np.array([0.25, 1.75, 2, 100])
03    print(np.reciprocal(a))
```

运行程序，结果为：[4.0.57142857 0.5 0.01]。

（3）求幂

power() 函数将第一个数组中的元素作为底数，将第二个数组中相应的元素作为指数，进行幂运算。

快速示例 54　数组元素的幂运算　　　　　示例位置：资源包 \MR\Code\06\54

对数组元素进行幂运算，程序代码如下：

```
01    import numpy as np
02    n1 = np.array([10, 100, 1000])
03    print(np.power(n1, 3))
04    n2= np.array([1, 2, 3])
05    print(np.power(n1, n2))
```

运行程序，结果如下：

```
[      1000    1000000 1000000000]
[        10      10000 1000000000]
```

（4）取余

mod() 函数用于计算数组之间对应元素相除后的余数。

快速示例 55　对数组元素取余　　　　　示例位置：资源包 \MR\Code\06\55

对数组元素取余，程序代码如下：

```
01    import numpy as np
02    n1 = np.array([10, 20, 30])
03    n2 = np.array([4, 5, -8])
04    print(np.mod(n1, n2))
```

运行程序，结果为：[2 0 -2]。

⚡充电时刻

下面重点介绍 NumPy 负数取余的算法，公式如下：

```
r=a-n*[a//n]
```

其中 r 为余数，a 是被除数，n 是除数，"//" 为运算取商时保留整数的下界，即偏向于较小的整数。根据负数取余的三种情况，举例如下：

```
r=30-(-8)*(30//(-8))=30-(-8)*(-4)=30-32=-2
r=-30-(-8)*(-30//(-8))=-30-(-8)*(3)=-30+24=-6
r=-30-(8)*(-30//(8))=-30-(8)*(-4)=-30+32=2
```

2. 舍入函数

（1）四舍五入 around() 函数

四舍五入在 NumPy 中应用比较多，主要使用 around() 函数，该函数返回指定小数位数的四舍五入值，语法格式如下：

```
numpy.around(a,decimals)
```

参数说明：

☑ a：数组。

☑ decimals：舍入的小数位数，默认值为 0，如果为负，整数部分将四舍五入到小数点左边相应的位置。

快速示例 56　将数组中的一组数字四舍五入 　　　　　　　示例位置：资源包 \MR\Code\06\56

将数组中的一组数字四舍五入，程序代码如下：

```
01    import numpy as np                                           # 导入numpy模块
02    n = np.array([1.55, 6.823,100,0.1189,3.1415926,-2.345])     # 创建数组
03    print(np.around(n))                    # 四舍五入取整
04    print(np.around(n, decimals=2))        # 四舍五入保留小数点后两位
05    print(np.around(n, decimals=-1))       # 四舍五入取整到小数点左边
```

运行程序，结果如下：

```
[   2.    7. 100.    0.    3.   -2.]
[  1.55   6.82 100.    0.12   3.14  -2.35]
[   0.   10. 100.    0.    0.   -0.]
```

（2）向上取整 ceil() 函数

ceil() 函数用于返回大于或等于指定表达式的最小整数，即向上取整。

快速示例 57　对数组元素向上取整 　　　　　　　　　　示例位置：资源包 \MR\Code\06\57

对数组元素向上取整，程序代码如下：

```
01    import numpy as np                                           # 导入numpy模块
```

```
02    n = np.array([-1.8, 1.66, -0.2, 0.888, 15])      # 创建数组
03    print(np.ceil(n)) # 向上取整
```

运行程序，结果为：[-1. 2. -0. 1. 15.]。

（3）向下取整 floor() 函数

floor() 函数用于返回小于或等于指定表达式的最大整数，即向下取整。

快速示例 58 对数组元素向下取整   示例位置：资源包 \MR\Code\06\58

对数组元素向下取整，程序代码如下：

```
01    import numpy as np
02    n = np.array([-1.8, 1.66, -0.2, 0.888, 15])      # 创建数组
03    print(np.floor(n))                                # 向下取整
```

运行程序，结果为：[-2. 1. -1. 0. 15.]。

3. 三角函数

NumPy 提供了标准的三角函数：sin() 函数、cos() 函数和 tan() 函数。

快速示例 59 计算数组元素的正弦值、余弦值和正切值   示例位置：资源包 \MR\Code\06\59

计算数组元素的正弦值、余弦值和正切值，程序代码如下：

```
01    import numpy as np
02    n= np.array([0, 30, 45, 60, 90])
03    print('数组中角度的正弦值：')
04    # 通过乘以 pi/180 转化为弧度
05    print(np.sin(n * np.pi / 180))
06    print('数组中角度的余弦值：')
07    print(np.cos(n * np.pi / 180))
08    print('数组中角度的正切值：')
09    print(np.tan(n * np.pi / 180))
```

运行程序，结果如下：

```
数组中角度的正弦值：
[0.          0.5          0.70710678 0.8660254  1.          ]
数组中角度的余弦值：
[1.00000000e+00 8.66025404e-01 7.07106781e-01 5.00000000e-01 6.12323400e-17]
数组中角度的正切值：
[0.00000000e+00 5.77350269e-01 1.00000000e+00 1.73205081e+00 1.63312394e+16]
```

arcsin() 函数、arccos() 函数和 arctan() 函数用于返回给定角度的正弦、余弦和正切的反三角函数。这些函数的结果可以通过 degrees() 函数将弧度转换为角度。

快速示例 60 将弧度转换为角度   示例位置：资源包 \MR\Code\06\60

首先计算不同角度的正弦值，然后使用 arcsin() 函数计算角度的反正弦值，返回值以弧度为单位，最后使用 degrees() 函数将弧度转换为角度来验证结果，程序代码如下：

```
01    import numpy as np
02    n = np.array([0, 30, 45, 60, 90])
03    print('不同角度的正弦值：')
04    sin = np.sin(n * np.pi / 180)
05    print(sin)
```

```
06    print('计算角度的反正弦值，返回值以弧度为单位: ')
07    inv = np.arcsin(sin)
08    print(inv)
09    print('弧度转化为角度: ')
10    print(np.degrees(inv))
```

运行程序，结果如下:

```
不同角度的正弦值:
[0.          0.5         0.70710678 0.8660254  1.          ]
计算角度的反正弦值，返回值以弧度为单位:
[0.          0.52359878 0.78539816 1.04719755 1.57079633]
弧度转化为角度:
[ 0. 30. 45. 60. 90.]
```

arccos() 函数和 arctan() 函数的用法与 arcsin() 函数的用法类似，这里不再举例。

6.5.2 统计分析函数

统计分析函数是对整个 NumPy 数组或某个轴上的数据进行统计运算的，函数介绍如表 6.3 所示。

表 6.3 统计分析函数

函数	说明
sum()	对数组中的元素或某行某列的元素求和
cumsum()	对所有数组元素累计求和
cumprod	对所有数组元素累计求积
mean()	计算平均值
min()、max()	计算数组中元素的最小值和最大值
average()	计算数组中元素的加权平均值
median()	计算数组中元素的中位数（中值）
var()	计算方差
std()	计算标准差
eg()	对数组中第二维度的数据求平均值
argmin()、argmax()	计算数组中元素最小值和最大值的下标（注: 是一维下标）
unravel_index()	根据数组形状将一维下标转成多维下标
ptp()	计算数组中元素最大值和最小值的差

下面介绍几个常用的统计分析函数。首先创建一个数组，如图 6.33 所示。

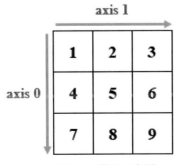

图 6.33 数组示意图

1. 求和 sum() 函数

快速示例 61 对数组元素求和　　　　　　　　　　　　　示例位置：资源包 \MR\Code\06\61

分别对数组元素求和，对数组元素按行和按列求和，程序代码如下：

```
01    import numpy as np
02    n=np.array([[1,2,3],[4,5,6],[7,8,9]])
03    print('对数组元素求和：')
04    print(n.sum())
05    print('对数组元素按行求和：')
06    print(n.sum(axis=0))
07    print('对数组元素按列求和：')
08    print(n.sum(axis=1))
```

运行程序，结果如下：

```
对数组元素求和：
45
对数组元素按行求和：
[12 15 18]
对数组元素按列求和：
[ 6 15 24]
```

2. 求平均值 mean() 函数

快速示例 62 对数组元素求平均值　　　　　　　　　　　示例位置：资源包 \MR\Code\06\62

分别对数组元素求平均值，对数组元素按行求平均值和按列求平均值，主要代码如下：

```
01    print('对数组元素求平均值：')
02    print(n.mean())
03    print('对数组元素按行求平均值：')
04    print(n.mean(axis=0))
05    print('对数组元素按列求平均值：')
06    print(n.mean(axis=1))
```

运行程序，结果如下：

```
对数组元素求平均值：
5.0
对数组元素按行求平均值：
[4. 5. 6.]
对数组元素按列求平均值：
[2. 5. 8.]
```

3. 求最大值 max() 函数和求最小值 min() 函数

快速示例 63 对数组元素求最大值和最小值　　　　　　　示例位置：资源包 \MR\Code\06\63

对数组元素求最大值和最小值，主要代码如下：

```
01    print('数组元素的最大值：')
02    print(n.max())
03    print('数组中每一行的最大值：')
04    print(n.max(axis=0))
```

```
05    print('数组中每一列的最大值：')
06    print(n.max(axis=1))
07    print('数组元素的最小值：')
08    print(n.min())
09    print('数组中每一行的最小值：')
10    print(n.min(axis=0))
11    print('数组中每一列的最小值：')
12    print(n.min(axis=1))
```

运行程序，结果如下：

```
数组元素的最大值：
9
数组中每一行的最大值：
[7 8 9]
数组中每一列的最大值：
[3 6 9]
数组元素的最小值：
1
数组中每一行的最小值：
[1 2 3]
数组中每一列的最小值：
[1 4 7]
```

对二维数组求最大值在实际中应用非常广泛，例如统计销售冠军。

4. 求加权平均值 average() 函数

在日常生活中，常用平均值表示一组数据的"平均水平"。在一组数据里，一个数据出现的次数称为权。将一组数据与出现的次数相乘再做平均处理就是求"加权平均值"。加权平均值能够反映一组数据中各个数据的重要程度及其对整体趋势的影响。加权平均值在日常生活应用非常广泛。

快速示例 64　计算电商平台活动期间的加权平均价　　　　示例位置：资源包 \MR\Code\06\64

某电商平台在开学季、6.18、双十一、双十二等活动期间的商品价格都不同，下面计算加权平均价，程序代码如下：

```
01    import numpy as np
02    price=np.array([34.5,36,37.8,39,39.8,33.6])      # 创建"单价"数组
03    number=np.array([900,580,230,150,120,1800])      # 创建"销售数量"数组
04    print('加权平均价：')
05    print(np.average(price,weights=number))
```

运行程序，结果如下：

```
加权平均价：
34.84920634920635
```

5. 求中位数 median() 函数

中位数用来衡量数据取值的中等水平或一般水平，可以避免极值的影响。在数据处理的过程中，当数据中存在少量异常值时，中位数不受其影响，基于这一特点，一般使用中位数来评价分析结果。

那么，什么是中位数？将各个变量按大小顺序排列起来，形成一个数列，居于数列中间位置的数即中位数。例如，1、2、3、4、5 这 5 个数，中位数就是中间的数字 3，而 1、2、3、4、5、6 这 6 个数，中位数则是中间两个数的平均值，即 3.5。

说明　中位数与平均数不同，它不受异常值的影响。例如，将1、2、3、4、5、6改为1、2、3、4、5、288，中位数依然是3.5。

快速示例 65　计算电商平台活动价的中位数　　　　示例位置：资源包 \MR\Code\06\65

计算电商平台在开学季、6.18、双十一、双十二等活动期间商品价格的中位数，程序代码如下：

```
01    import numpy as np
02    n=np.array([34.5,36,37.8,39,39.8,33.6])    # 创建"单价"数组
03    # 数组排序后，查找中位数
04    sort_n = np.sort(n)
05    print('数组排序：')
06    print(sort_n)
07    print('数组中位数为：')
08    print(np.median(sort_n))
```

运行程序，结果如下：

```
数组排序：
[33.6 34.5 36.  37.8 39.  39.8]
数组中位数为：
36.9
```

6. 求方差 var() 函数和求标准差 std() 函数

方差、标准差的定义在第 4 章已经介绍过，这里不再赘述，直接进入主题。

快速示例 66　求数组的方差和标准差　　　　示例位置：资源包 \MR\Code\06\66

在 NumPy 中求方差和标准差，程序代码如下：

```
01    import numpy as np
02    n=np.array([34.5,36,37.8,39,39.8,33.6])    #创建"单价"数组
03    print('数组方差：')
04    print(np.var(n))
05    print('数组标准差：')
06    print(np.std(n))
```

运行程序，结果如下：

```
数组方差：
5.168055555555551
数组标准差：
2.2733357771247853
```

6.5.3　数组的排序

1. sort() 函数

使用 sort() 函数进行排序将直接改变原数组，参数 axis 指定按行排序还是按列排序。

快速示例 67　对数组元素按行和按列排序　　　　示例位置：资源包 \MR\Code\06\67

对数组元素排序，程序代码如下：

```
01    import numpy as np
02    n=np.array([[4,7,3],[2,8,5],[9,1,6]])
03    print('数组排序: ')
04    print(np.sort(n))
05    print('按行排序: ')
06    print(np.sort(n,axis=0))
07    print('按列排序: ')
08    print(np.sort(n,axis=1))
```

运行程序，结果如下：

```
数组排序:
[[3 4 7]
 [2 5 8]
 [1 6 9]]
按行排序:
[[2 1 3]
 [4 7 5]
 [9 8 6]]
按列排序:
[[3 4 7]
 [2 5 8]
 [1 6 9]]
```

2. argsort() 函数

使用 argsort() 函数对数组元素排序，返回升序排列之后数组元素从小到大的索引值。

快速示例 68 对数组元素升序排序　　　　　　　　示例位置：资源包 \MR\Code\06\68

对数组元素排序，程序代码如下：

```
01    import numpy as np
02    x=np.array([4,7,3,2,8,5,1,9,6])
03    print('升序排列后的索引值')
04    y = np.argsort(x)
05    print(y)
06    print('按排序后的顺序重构原数组')
07    print(x[y])
```

运行程序，结果如下：

```
升序排列后的索引值:
[6 3 2 0 5 8 1 4 7]
按排序后的顺序重构原数组:
[1 2 3 4 5 6 7 8 9]
```

3. lexsort() 函数

lexsort() 函数用于对多个序列进行排序，类似于对电子表格排序，每一列代表一个序列，排序时优先照顾靠后的列。

快速示例 69 通过排序解决成绩相同学生的录取问题　　　　示例位置：资源包 \MR\Code\06\69

某重点高中精英班录取学生参考总成绩，由于名额有限，总成绩相同时，数学成绩高的优先录取，总成绩和数学成绩都相同时，英语成绩高的优先录取。下面使用 lexsort() 函数对学生成绩排序，程序代码如下：

```
01   import numpy as np
02   math=np.array([101,109,115,108,118,118])        # 创建数学成绩数组
03   en=np.array([117,105,118,108,98,109])            # 创建英语成绩数组
04   total=np.array([621,623,620,620,615,615])        # 创建总成绩数组
05   sort_total=np.lexsort((en,math,total))
06   print('排序后的索引值')
07   print(sort_total)
08   print ('通过排序后的索引值获取排序后的数组：')
09   print(np.array([[en[i],math[i],total[i]] for i in sort_total]))
```

运行程序，结果如下：

```
排序后的索引值
[4 5 3 2 0 1]
通过排序后的索引值获取排序后的数组：
[[ 98 118 615]
 [109 118 615]
 [108 108 620]
 [118 115 620]
 [117 101 621]
 [105 109 623]]
```

在上述示例中，按照数学成绩、英语成绩和总成绩进行升序排列，总成绩为 620 分的有两名同学，按照数学成绩高的优先录取原则进行第一轮排序，总成绩为 615 分的两名同学的数学成绩也相同，则按照英语成绩高的优先录取原则进行第二轮排序。

6.6 小结

通过本章的学习，读者能够掌握 NumPy 的常用操作，从数组创建到数组基本操作和运算。对于数据统计分析来说，这些内容已经足够。对于机器学习的应用，还需要更加深入地学习 NumPy 相关知识。

本章 e 学码：关键知识点拓展阅读

标量	步长	矩阵	嵌套序列
三维空间	向量	正态分布	

第**7**章
数据统计分析案例

(▶ 视频讲解：1 小时 23 分钟）

本章概览

学习一定要学以致用，将所学内容应用到实践中去，即学有所用。

本章以案例为主，通过简单的知识讲解使读者了解数据统计分析中常用的分析方法，如对比分析，同比、定比和环比分析，贡献度分析，差异化分析，相关性分析，时间序列分析。通过典型案例，将数据统计分析方法与前面学习的内容相结合，力求将所学内容应用到实践中。

知识框架

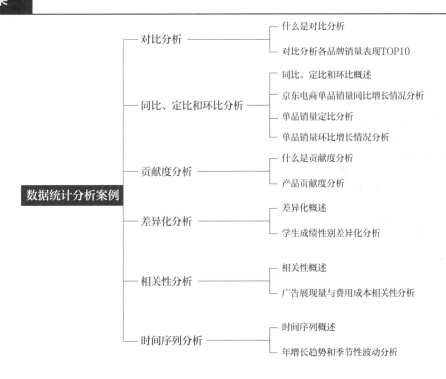

7.1 对比分析

1. 什么是对比分析

对比分析是指将两个或两个以上的数据进行比较，分析其中的差异，从而揭示事物发展的变化情况和规律。

特点：能非常直观地看出事物在某方面的变化或差距，而且可以准确地量化表示。

对比分析通常是对两个相互联系的指标数据进行比较的，从数量上展示和说明研究对象规模的大小，水平的高低，速度的快慢，以及各种关系是否协调。对比分析一般来说有以下几种方法：纵向对比、横向对比、标准对比、实际与计划对比。

2. 案例

案例：对比分析各品牌销量表现 TOP10　　　　案例位置：资源包 \MR\Code\07\example\01

对比各国产品牌汽车 1 月份销量并展示前 10 名，效果如图 7.1 所示。

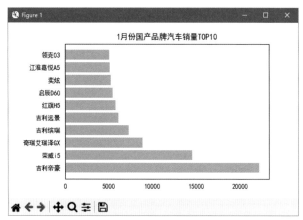

图 7.1 对比分析各品牌销量表现 TOP10

程序代码如下：

```
01    # 导入相关模块
02    import pandas as pd
03    import matplotlib.pyplot as plt
04    df = pd.read_excel('car.xlsx')                # 读取Excel文件
05    df1=df.head(10)                               # 抽取Top数据
06    plt.rcParams['font.sans-serif']=['SimHei']    # 解决中文乱码问题
07    x=df1['1月份销量'];y=df1['车型']                 # x、y轴数据
08    plt.subplots_adjust(left=0.2)                 # 调整图表与左侧边缘的距离
09    # 确定坐标轴上的刻度线是否显示
10    plt.tick_params(bottom=False,left=False)
11    plt.yticks(range(10))                         # y轴刻度
12    plt.title('1月份国产品牌汽车销量TOP10')          # 图表标题
13    plt.barh(x, y,color='Turquoise')             # 柱形蓝绿色
14    plt.show()                                    # 显示图表
```

7.2 同比、定比和环比分析

在数据分析中，有一个重要的分析方法叫趋势分析，即对两期或连续数期报告中的同一指标进行

对比，确定其增减变动的方向、数值和幅度，以确定该指标的变动趋势。趋势分析包含同比分析、定比（定基比）分析和环比分析，以及同比增长率分析、定比（定基比）增长率分析和环比增长率分析。

1. 同比、定比和环比概述

首先了解一下同比、定比和环比的概念。

☑ 同比：本期数据与上年同期数据比较。例如，2020 年 2 月数据与 2019 年 2 月数据相比较。

☑ 定比：本期数据与特定时期的数据（固定期数据）比较。例如，2020 年 2 月数据与 2019 年 12 月数据相比较。

☑ 环比：本期数据与上期数据比较。例如，2020 年 2 月数据与 2020 年 1 月数据相比较。

举一个生活中经常出现的例子来说明。

☑ 同比：去年这个这时候我还能穿这条裙子，现在穿不进去啦！

☑ 定比：与 18 岁相比，我如今的年龄已经翻倍。

☑ 环比：我这个月好像比上个月胖了。

同比的好处是可以排除一部分季节因素。

环比的好处是可以更直观地表明阶段性的变化，但是会受季节因素的影响。

定比则常用于财务数据分析。

下面简单介绍一下同比、定比和环比的计算公式。

☑ 同比

$$同比 = \frac{本期数据}{上年同期数据}$$

$$同比增长率 = \frac{（本期数据-上年同期数据）}{上年同期数据} \times 100\%$$

☑ 定比

$$定比 = \frac{本期数据}{固定期数据}$$

$$定比增长率 = \frac{（本期数据-固定期数据）}{固定期数据} \times 100\%$$

☑ 环比

环比增长率反映本期比上期增长了多少，公式如下：

$$环比增长率 = \frac{（本期数据-上期数据）}{上期数据} \times 100\%$$

环比发展速度是本期数据与上期数据之比，反映前后两期的发展变化情况，公式如下：

$$环比发展速度 = \frac{本期数据}{上期数据} \times 100\%$$

$$环比增长率 = 环比发展速度 - 1$$

2. 案例

案例：京东电商单品销量同比增长情况分析　　　　案例位置：资源包 \MR\Code\07\example\02\01

　　下面分析 2024 年 2 月与 2023 年 2 月相比，京东电商《零基础学 Python》一书在全国各地区的销量同比增长情况，效果如图 7.2 所示。

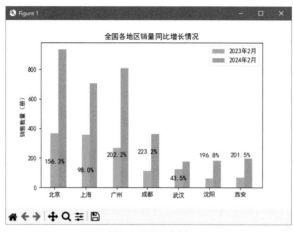

图 7.2 同比分析

　　从运行结果得知：上海、武汉地区的销量同比增长率较低。

　　程序代码如下：

```
01    # 导入相关模块
02    import pandas as pd
03    import matplotlib.pyplot as plt
04    import numpy as np
05    df=pd.read_excel('JD2024.xlsx')                              # 读取Excel文件
06    df= df.set_index('日期')                                      # 将日期设置为索引
07    df1=pd.concat([df.loc['2023-02-01'],df.loc['2024-02-01']])   # 抽取数据并合并
08    df1=df1[df1['商品名称']=='零基础学Python（全彩版）']              # 筛选数据
09    df1=df1[['北京','上海','广州','成都','武汉','沈阳','西安']]        # 抽取数据
10    df2=df1.T                                                     # 行列转置
11    # x、y轴数据
12    x=np.array([0,1,2,3,4,5,6])
13    y1=df2['2023-02-01']
14    y2=df2['2024-02-01']
15    # 同比增长率
16    df2['rate']=((df2['2024-02-01']-df2['2023-02-01'])/df2['2023-02-01'])*100
17    y=df2['rate']
18    print(y)                                                     # 输出增长率
19    width =0.25                                                  # 柱形宽度
20    plt.rcParams['font.sans-serif']=['SimHei']                   # 解决中文乱码问题
21    plt.title('全国各地区销量同比增长情况')                         # 图表标题
22    plt.ylabel('销售数量（册）')                                   # y轴标签
23    # x轴刻度及标签
24    plt.xticks(x,labels=['北京','上海','广州','成都','武汉','沈阳','西安'])
25    # 双柱形图
26    plt.bar(x,y1,width=width,color = 'orange',label='2023年2月')
27    plt.bar(x+width,y2,width=width,color = 'deepskyblue',label='2023年2月')
```

```
28    # 增长率标签
29    for a, b in zip(x,y):
30        plt.text(a,b,('%.1f%%' % b), ha='center', va='bottom', fontsize=11)
31    plt.legend()                                    # 图例
32    plt.show()                                      # 显示图表
```

案例：单品销量定比分析　　　　　　　　　　　　　案例位置：资源包 \MR\Code\07\example\02\02

下面实现京东电商《零基础学 Python》一书 2023 年全国销量定比分析，以 2023 年 1 月为基期，基点为 1，效果如图 7.3 所示。

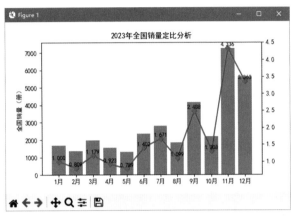

图 7.3 定比分析

程序代码如下：

```
01    # 导入相关模块
02    import pandas as pd
03    import matplotlib.pyplot as plt
04    df=pd.read_excel('JD2024.xlsx')          # 读取Excel文件
05    # 数据筛选并排序
06    df1=df[df['商品名称']=='零基础学Python（全彩版）'].sort_values('日期')
07    df1=df1[['北京','上海','广州','成都','武汉','沈阳','西安','日期']] # 数据抽取
08    df1= df1.set_index('日期')                  # 将日期设置为索引
09    df1['全国销量']=df1.sum(axis=1)              # 求和运算
10    df1=df1.loc['2023-01-01':'2023-12-01']    # 抽取2023年数据
11    # 定比分析（以2023年1月为基期，基点为1）
12    df1['January']=df1.iloc[0,7]
13    df1['base']=df1['全国销量']/df1['January']
14    # x、y轴数据
15    x=[0,1,2,3,4,5,6,7,8,9,10,11]
16    y1=df1['全国销量']
17    y2=df1['base']
18    fig = plt.figure()                          # 创建空画布
19    plt.rcParams['font.sans-serif']=['SimHei']  # 解决中文乱码问题
20    plt.rcParams['axes.unicode_minus'] = False  # 用来正常显示负号
21    ax1 = fig.add_subplot(111)                  # 添加子图
22    plt.title('2023年全国销量定比分析')          # 图表标题
23    # x轴刻度及标签
24    plt.xticks(x,labels=['1月','2月','3月','4月','5月','6月','7月','8月','9月','10月','11
月','12月'])
```

```
25    ax1.bar(x,y1,color = 'blue',label='left',alpha=0.5)          # 柱形图
26    ax1.set_ylabel('全国销量（册）')                               # y轴标签
27    ax2 = ax1.twinx()                                             # 添加一条y轴
28    ax2.plot(x,y2,color='r',linestyle='-',marker='D',linewidth=2)# 折线图
29    # 添加文本标签
30    for a,b in zip(x,y2):
31        plt.text(a, b+0.02, '%.3f' %b, ha='center', va= 'bottom',fontsize=9)
32    plt.show()                                                    # 显示图表
```

案例：单品销量环比增长情况分析　　　　案例位置：资源包 \MR\Code\07\example\02\03

下面分析京东电商《零基础学 Python》一书 2023 年全国销量环比增长情况，效果如图 7.4 所示。

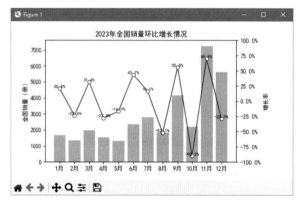

图 7.4 环比分析

程序代码如下：

```
01    # 导入相关模块
02    import pandas as pd
03    import matplotlib.pyplot as plt
04    import matplotlib.ticker as mtick
05    df=pd.read_excel('JD2024.xlsx')                               # 读取Excel文件
06    df1=df[df['商品名称']=='零基础学Python（全彩版）'].sort_values('日期')  # 数据筛选并排序
07    df1=df1[['北京','上海','广州','成都','武汉','沈阳','西安','日期']]       # 数据抽取
08    df1= df1.set_index('日期')                                     # 将日期设置为索引
09    df1['全国销量']=df1.sum(axis=1)                                 # 求和运算
10    # 环比增长率
11    df1['rate']=((df1['全国销量']-df1['全国销量'].shift())/df1['全国销量'])*100
12    df1=df1['2023-01-01':'2023-12-01']                            # 抽取2023年数据
13    df1.to_excel('aa.xlsx')                                       # 导出Excel文件
14    # x、y轴数据
15    x=[0,1,2,3,4,5,6,7,8,9,10,11]
16    y1=df1['全国销量']
17    y2=df1['rate']
18    fig = plt.figure()                                            # 创建空画布
19    plt.rcParams['font.sans-serif']=['SimHei']                    # 解决中文乱码问题
20    plt.rcParams['axes.unicode_minus'] = False                    # 用来正常显示负号
21    ax1 = fig.add_subplot(111)                                    # 添加子图
22    plt.title('2023年全国销量环比增长情况')                          # 图表标题
23    # x轴刻度及标签
24    plt.xticks(x,labels=['1月','2月','3月','4月','5月','6月','7月','8月','9月','10月','11
      月','12月'])
```

```
25    ax1.bar(x,y1,color = 'deepskyblue',label='left')    # 柱形图
26    ax1.set_ylabel('全国销量（册）')                      # y轴标签
27    ax2 = ax1.twinx()                                   # 添加一条y轴坐标轴
28    ax2.plot(x,y2,color='r',linestyle='-',marker='o',mfc='w',label=u"增长率")  # 折线图
29    # 设置右侧y轴的格式、范围和标签
30    fmt = '%.1f%%'
31    yticks = mtick.FormatStrFormatter(fmt)
32    ax2.yaxis.set_major_formatter(yticks)
33    ax2.set_ylim(-100,100)
34    ax2.set_ylabel(u"增长率")
35    # 添加文本标签
36    for a,b in zip(x,y2):
37        plt.text(a, b+0.02, '%.1f%%' % b, ha='center', va= 'bottom',fontsize=8)
38    plt.subplots_adjust(right=0.8)                       # 调整图表与右边缘的距离
39    plt.show()                                           # 显示图表
```

技巧

在使用 Matplotlib 绘制图表时，可能会出现如下所示的警告信息。

MatplotlibDeprecationWarning:

Adding an axes using the same arguments as a previous axes currently reuses the earlier instance. In a future version, a new instance will always be created and returned. Meanwhile, this warning can be suppressed, and the future behavior ensured, by passing a unique label to each axes instance.

"Adding an axes using the same arguments as a previous axes"

解决方法：

出现上述警告，原因是在创建画布 fig=plt.figure() 后就设置了图表标题或坐标轴标签，将图表标题或坐标轴标签相关代码放置在定义子图的 ax=fig.add_subplot(111) 代码后就不会出现警告信息了。

7.3 贡献度分析

1. 什么是贡献度分析

贡献度分析又称 80/20 法则、二八法则、帕累托法则、帕累托定律、最省力法则或不平衡原则。

该法则是由意大利经济学家帕累托提出的。80/20 法则认为：原因和结果、投入和产出、努力和报酬之间本来存在着无法解释的不平衡关系。例如，一个公司 80% 的利润常常来自于 20% 的产品，使用贡献度分析就可以知道获利最高的 20% 的产品是什么。

说明

真正的比例不一定正好是 80% : 20%。80/20 法则表明在多数情况下两个指标间的关系很可能是不平衡的，并且数据接近 80% : 20%。

2. 案例

案例：产品贡献度分析　　　　　　　　　　　　　例位置：资源包 \MR\Code\07\example\03

下面分析淘宝电商全彩系列图书上半年销售收入占比 80% 的产品。首先，计算产品累计贡献度，结果如图 7.5 所示。从图 7.5 中可以看出，到图书编号 B13 时，累计贡献度就已达到了 0.817665（接近总销售收入的 80%），其中共有 10 个产品，接下来在图表中进行标注，如图 7.6 所示。

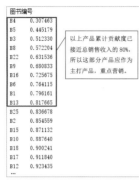

图 7.5 输出累计贡献度

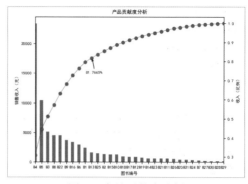

图 7.6 产品贡献度分析

程序代码如下：

```python
01    # 导入相关模块
02    import pandas as pd
03    import matplotlib.pyplot as plt
04    df = pd.read_excel('data11.xlsx')                              # 读取Excel文件
05    # 分组统计排序
06    # 通过reset_index()函数对groupby()的分组结果重新设置索引
07    df1 = df.groupby(["图书编号"])["买家实际支付金额"].sum().reset_index()
08    df1 = df1.set_index('图书编号')                                # 设置索引
09    df1 = df1[u'买家实际支付金额'].copy()                          # 拷贝副本
10    df2=df1.sort_values(ascending=False)                          # 降序排列
11    print(df2)                                                    # 输出数据
12    # 图表字体为黑体，字号为8
13    #plt.rc('font', family='SimHei', size=8)
14    plt.rcParams['font.sans-serif']=['SimHei']                    # 解决中文乱码问题
15    df2.plot(kind='bar')                                          # 柱形图
16    plt.ylabel(u'销售收入（元）')                                  # y轴标签
17    p = 1.0*df2.cumsum()/df2.sum()                                # 计算累计贡献度
18    print(p)
19    p.plot(color='r', secondary_y=True, style='-o', linewidth=0.5)  # 累计贡献度曲线
20    plt.title("产品贡献度分析")                                     # 图表标题
21    plt.annotate(format(p.iloc[9], '.4%'), xy=(9, p.iloc[9]), xytext=(9 * 0.9, p.iloc[9] *
0.9),arrowprops=dict(arrowstyle="->", connectionstyle="arc3,rad=.1"))   # 添加标记并指定箭头样式
22    plt.ylabel(u'收入（比例）')                                    # 右侧y轴标签
23    plt.show()                                                    # 显示图表
```

7.4 差异化分析

1. 差异化概述

鲁迅在《准风月谈·难得糊涂》中说道："然而风格和情绪、倾向之类，不但因人而异，而且因事而异，因时而异。"任何事物都存在差异，如同上课听讲，有人津津有味，有人昏昏欲睡。

通过差异化分析，可以比较不同事物之间在某个指标上存在的差异，并根据差异定制不同的策略。对于产品而言，差异化分析是指企业在其提供给顾客的产品上，通过各种方法满足顾客的偏好，使顾客能够把自己的产品同其他竞争企业提供的同类产品有效地区别开来，从而使企业在市场竞争中占据有利的地位。

比较常见的有性别差异、年龄差异。通过差异化分析比较不同性别的人之间在某个指标上存在的差异，通过分析结果为不同性别的人定制不同的方案。例如，分析不同性别的同学在学习成绩上的差异，了解男生和女生之间的差异，因材施教，定制不同的弥补弱项的方案。

年龄差异化分析主要了解不同年龄段用户的需求，投其所好，使企业的利润最大化。例如，网购、自媒体、汽车、旅游等行业，通过年龄差异化分析，找出不同年龄段用户的喜好，从而增加产品销量。

2. 案例

案例：学生成绩性别差异化分析　　　　　　　　　　案例位置：资源包 \MR\Code\07\example\04

"女孩喜欢毛绒玩具，男孩喜欢车"，这大概是天生的。

科学研究表明，男孩、女孩的差别在相当程度上是由生理基础决定的。通过高科技扫描就可以发现，男孩、女孩的大脑都会有某些部位比对方相应的部位更发达、更忙碌。

随着成长，这种天生的性别差异就会对孩子的学习产生影响，并且不断强化。而反过来，学习本身也在影响着大脑机能的发育。因为当孩子玩耍和学习的时候，相应的脑细胞就会更加活跃且随时更新，而那些不经常使用的部分将会逐渐萎缩。

下面我们用数据说话，通过雷达图分析男生、女生各科成绩的差异，效果如图 7.7 所示。

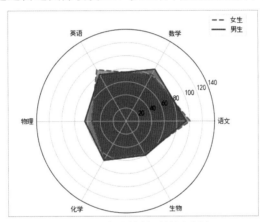

图 7.7 学生成绩性别差异分析

从分析结果得知，男生的数学和物理成绩高于女生，而女生在英语和语文上更占优势。针对性别差异造成学习成绩的差距，应该因材施教，分别提高女生的数学和物理成绩，以及男生的语文和英语成绩。

程序代码如下：

```
01    # 导入相关模块
02    import pandas as pd
03    import matplotlib.pyplot as plt
04    import numpy as np
05    df = pd.read_excel('成绩表.xlsx')                        # 读取Excel文件
06    df=df.iloc[:,1:8]                                        # 抽取数据
07    df = df.set_index('性别')                                # 设置性别为索引
08    plt.rcParams['font.sans-serif']=['SimHei']                     # 解决中文乱码问题
09    labels = np.array(['语文','数学','英语','物理','化学','生物'])    # 标签
10    dataLenth = 6                                            # 数据长度
11    # 计算女生、男生各科平均成绩
12    df1=df.query('性别==["女"]').mean().round(2)
13    df2=df.query('性别==["男"]').mean().round(2)
14    # 设置雷达图的角度，用于平分一个平面
15    angles = np.linspace(0, 2*np.pi, dataLenth, endpoint=False)
```

16	`plt.polar(angles, df1, 'r--', linewidth=2,label='女生')`	# 设置极坐标系，r--代表red和虚线
17	`plt.fill(angles, df1,facecolor='r',alpha=0.5)`	# 填充
18	`plt.polar(angles, df2,'b-', linewidth=2,label='男生')`	# 设置极坐标系，bo代表blue和实线
19	`plt.fill(angles, df2,facecolor='b',alpha=0.5)`	# 填充
20	`plt.thetagrids(angles * 180/np.pi, labels)`	# 设置网格、标签
21	`plt.ylim(0,140)`	# 设置y轴上下限
22	`plt.legend(loc='upper right',bbox_to_anchor=(1.2,1.1))`	# 图例及图例位置
23	`plt.show()`	# 显示图表

7.5 相关性分析

视频讲解

1. 相关性概述

任何事物之间都存在一定的联系。例如，夏天温度的高低与空调的销量存在相关性。当温度升高时，空调的销量也会相应提高。

相关性分析是指对多个具备相关关系的数据进行分析，从而衡量数据之间的相关程度或密切程度。相关性分析可以应用到所有的数据分析过程中。如果一组数据的改变会引发另一组数据朝相同方向变化，那么这两组数据存在正相关性。例如，身高与体重，一般个子高的人体重会重一些，个子矮的人体重会轻一些。如果一组数据的改变会引发另一组数据朝相反方向变化，那么这两组数据存在负相关性。例如，运动量与体重。

2. 案例

案例：广告展现量与费用成本相关性分析　　　　案例位置：资源包 \MR\Code\07\example\05

为了促进销售，电商平台必然要投入广告，这样就会产生广告展现量和费用成本相关数据。通常情况下我们认为，投入费用高，广告效果就好，它们之间必然存在联系，但仅通过主观判断没有说服力，无法证明数据之间真实存在关系，也无法度量它们之间相关性的强弱。因此我们要通过相关性分析来找出数据之间的关系。

下面来看一下费用成本与广告展现量相关数据（由于数据太多，只显示部分内容），如图 7.8 和图 7.9 所示。

图 7.8 费用成本　　　　　　　　　　　　　图 7.9 广告展现量

相关性分析方法有很多，简单的相关性分析方法是将数据进行可视化处理，因为单纯从数据的角度很难发现数据之间的变化趋势和联系，而将数据绘制成图表后就可以直观地看出数据之间的变化趋势和联系。

下面通过散点图看一下广告展现量与费用成本的相关性，效果如图 7.10 所示。

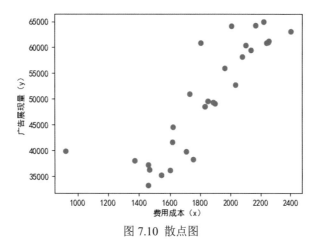

图 7.10 散点图

　　首先对数据进行简单处理，由于"费用 .xlsx"表中同一天会产生多个类型的费用，所以需要按天统计费用，然后将"展现量 .xlsx"和"费用 .xlsx"两个表中的数据合并，最后绘制散点图，程序代码如下：

```
01    # 导入相关模块
02    import pandas as pd
03    import matplotlib.pyplot as plt
04    # 解决数据输出时列名不对齐的问题
05    pd.set_option('display.unicode.east_asian_width', True)
06    # 设置数据显示的列数和宽度
07    pd.set_option('display.max_columns',500)
08    pd.set_option('display.width',1000)
09    df_y = pd.read_excel('展现量.xlsx')            # 读取Excel文件
10    df_x = pd.read_excel('费用.xlsx')
11    df_x= df_x.set_index('日期')                   # 将日期设置为索引
12    df_y= df_y.set_index('日期')                   # 将日期设置为索引
13    df_x.index = pd.to_datetime(df_x.index)        # 将数据的索引转换为datetime类型
14    df_x=df_x.resample('D').sum()                  # 按天统计费用
15    data=pd.merge(df_x,df_y,on='日期')             # 数据合并
16    print(data)
17    plt.rcParams['font.sans-serif']=['SimHei']     # 解决中文乱码问题
18    plt.xlabel('费用成本（x）')
19    plt.ylabel('广告展现量（y）')
20    plt.scatter(data['费用'], data['展现量'])      # 绘制散点图，以"费用"和"展现量"作为横纵坐标
21    plt.show()                                     # 显示图表
```

　　虽然图表清晰地展示了广告展现量与费用成本的相关性，但无法判断数据之间有什么关系，相关性也没有被准确地度量，并且数据超过两组时也无法完成对各组数据的相关性分析。

　　下面再介绍一种方法，相关系数方法。相关系数是反映数据之间关系密切程度的统计指标，相关系数的取值区间在 1 到 –1 之间。1 表示数据之间完全正相关（线性相关），–1 表示数据之间完全负相关，0 表示数据之间不相关。越接近 0 表示数据相关性越弱，越接近 1 表示数据相关性越强。

　　计算相关系数需要参考计算公式，而在 Python 中无须使用烦琐的公式，通过 DataFrame 对象提供的 corr() 函数就可以轻松实现，关键代码如下：

```
data.corr()
```

　　运行程序，输出结果如图 7.11 所示。

	费用	展现量	点击量	订单金额	加购数	下单新客数	访问页面数	进店数	商品关注数
费用	1.000000	0.856013	0.858597	0.625787	0.601735	0.642448	0.763320	0.650899	0.155748
展现量	0.856013	1.000000	0.938554	0.728037	0.751283	0.756107	0.847017	0.697591	0.209990
点击量	0.858597	0.938554	1.000000	0.854883	0.815858	0.863694	0.910142	0.585917	0.205446
订单金额	0.625787	0.728037	0.854883	1.000000	0.813694	0.947238	0.803193	0.465630	0.279830
加购数	0.601735	0.751283	0.815858	0.813694	1.000000	0.809087	0.776379	0.471594	0.312882
下单新客数	0.642448	0.756107	0.863694	0.947238	0.809087	1.000000	0.842903	0.485570	0.361718
访问页面数	0.763320	0.847017	0.910142	0.803193	0.776379	0.842903	1.000000	0.541397	0.327500
进店数	0.650899	0.697591	0.585917	0.465630	0.471594	0.485570	0.541397	1.000000	0.393864
商品关注数	0.155748	0.209990	0.205446	0.279830	0.312882	0.361718	0.327500	0.393864	1.000000

图 7.11 各组数据的相关系数

从输出结果得知："费用"与"费用"自身的相关系数是 1，与"展现量""点击量"的相关系数是 0.856013、0.858597；"展现量"与"展现量"自身的相关系数是 1，与"点击量""订单金额"的相关系数是 0.938554、0.728037。可以看出"费用"与"展现量""点击量"等有一定的正相关性，而且相关性很强。

相关系数的优点是可以通过数据对变量间的关系进行度量，并且带有方向性，缺点是无法利用这种关系对数据进行预测。

7.6 时间序列分析

1. 时间序列概述

顾名思义，时间序列就是按照时间顺序排列的一组数据序列。时间序列分析就是找出数据的变化的规律，从而预测数据未来的走势。

时间序列分析有以下几种表现形式。

☑ 长期趋势变化：受某种因素的影响，数据依据时间变化，按某种规则稳步增长或下降。使用的分析方法有移动平均法、指数平滑法等。

☑ 季节性周期变化：受季节更替等因素影响，数据依据固定周期规则性变化。季节性周期变化，不局限于自然季节，还包括月、周等短期周期。采用的分析方法有：季节指数法。

☑ 循环变化：一种较长时间的上下起伏周期性波动，一般循环时间为 2~15 年。

☑ 随机性变化：由许多不确定因素引起的数据变化，在时间序列中无法预测。

2. 案例

案例：年增长趋势和季节性波动分析　　　　　　　　**案例位置：资源包 \MR\Code\07\example\06**

下面分析淘宝店铺收入近三年的增长趋势和季节性波动，如图 7.12 所示。从分析结果得出，近三年淘宝店铺收入先呈现增长趋势，但在 2023 年有所下降，季节性波动比较明显，每年的第 4 季度是销售"旺季"。

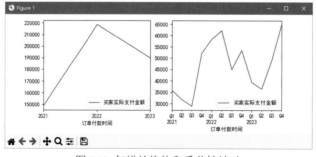

图 7.12 年增长趋势和季节性波动

程序代码如下：

```
01    # 导入相关模块
02    import pandas as pd
03    import matplotlib.pyplot as plt
04    df = pd.read_excel('TB.xlsx')                    # 读取Excel文件
05    df1=df[['订单付款时间','买家实际支付金额']]          # 抽取数据
06    df1 = df1.set_index('订单付款时间')                 # 将"订单付款时间"设置为索引
07    plt.rcParams['font.sans-serif']=['SimHei']       # 解决中文乱码问题
08    # 按年统计数据
09    df_y=df1.resample('AS').sum().to_period('A')
10    print(df_y)
11    # 按季度统计数据
12    df_q=df1.resample('Q').sum().to_period('Q')
13    print(df_q)
14    # 绘制子图
15    fig = plt.figure(figsize=(8,3))
16    ax=fig.subplots(1,2)
17    df_y.plot(subplots=True,ax=ax[0])
18    df_q.plot(subplots=True,ax=ax[1])
19    # 调整图表与上部和底部的距离
20    plt.subplots_adjust(top=0.95,bottom=0.2)
21    plt.show()                # 显示图表
```

7.7 小 结

本章结合常用的数据分析方法与图表，以案例的形式呈现，每一种分析方法都对应一个恰当的分析案例和一张贴切的图表，力求使读者能够真正理解数据分析，并将其应用到实际工作中。每一个案例都经过笔者反复揣摩，希望能够对读者有所帮助。

本章 e 学码：关键知识点拓展阅读

环比   雷达图
帕累托   同比

第 **8** 章

机器学习 Scikit-Learn

（▶ 视频讲解：54 分钟）

本章概览

　　机器学习顾名思义就是让机器（计算机）模拟人类学习，有效提高工作效率。Python 提供的第三方模块 Scikit-Learn 融入了大量的数学模型算法，使得数据分析、机器学习变得简单高效。

　　由于本书以数据处理和数据分析为主，而非以机器学习为主，所以对于 Scikit-Learn 的相关技术只做简单讲解，主要包括 Scikit-Learn 简介、安装 Scikit-Learn、线性模型（最小二乘法回归、岭回归）、支持向量机和聚类。

知识框架

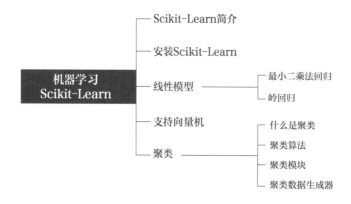

8.1 Scikit-Learn 简介

视频讲解

Scikit-Learn（简称 Sklearn）是 Python 的第三方模块，它是机器学习领域中知名的 Python 模块之一，它对常用的机器学习算法进行了封装，包括回归（Regression）、降维（Dimensionality Reduction）、分类（Classfication）和聚类（Clustering）四大机器学习算法。Scikit-Learn 具有以下特点。

☑ 具有简单高效的数据挖掘和数据分析工具。

☑ 能够在复杂的环境中重复使用。

☑ 是 Scipy 的扩展，建立在 NumPy 和 Matplotlib 的基础上。利用这几大模块的优势，可以大大提高机器学习的效率。

☑ 开源，采用 BSD 协议，可用于商业场景。

8.2 安装 Scikit-Learn

视频讲解

Scikit-Learn 对 Python 的版本要求如下。

☑ Scikit-Learn 0.20：最后一个支持 Python 2.7 和 Python 3.4 的版本。

☑ Scikit-Learn 0.21：支持 Python 3.5~3.7。

☑ Scikit-Learn 0.22：支持 Python 3.5~3.8。

☑ Scikit-Learn 0.23~0.24：需要 Python 3.6 或更新的版本。

☑ Scikit-Learn 1.0：支持 Python 3.7~3.10。

☑ Scikit-Learn 1.1 及更高版本：需要 Python 3.8 或更新的版本。

Scikit-Learn 依赖包最小版本及用途如表 8.1 所示。

表 8.1 Scikit-Learn 依赖包最小版本及用途

依赖包	版本要求	用途
numpy	1.17.3	构建、安装
scipy	1.5.0	构建、安装
joblib	1.1.1	安装
threadpoolctl	2.0.0	安装
cython	0.29.33	构建
matplotlib	3.1.3	基准、文档、示例、测试
scikit-image	0.16.2	文档、示例、测试
pandas	1.0.5	基准、文档、示例、测试
seaborn	0.9.0	文档、示例
memory_profiler	0.57.0	基准、文档
pytest	7.1.2	测试
pytest-cov	2.9.0	测试
ruff	0.0.272	测试
black	23.3.0	测试
mypy	1.3	测试

续表

依赖包	版本要求	用途
pyamg	4.0.0	测试
sphinx	6.0.0	文档
sphinx-copybutton	0.5.2	文档
sphinx-gallery	0.10.1	文档
numpydoc	1.2.0	文档、测试
Pillow	7.1.2	文档
pooch	1.6.0	文档、示例、测试
sphinx-prompt	1.3.0	文档
sphinxext-opengraph	0.4.2	文档
plotly	5.14.0	文档、示例
conda-lock	2.1.1	维护

由于 Scikit-Learn 的依赖包较多，笔者建议使用 pip 命令安装，因为使用 pip 命令安装会同时安装必要的依赖包，大概率不会出现安装错误。在系统"搜索"文本框中输入 cmd，打开"命令提示符"窗口，输入如下安装命令：

```
pip install -U scikit-learn
```

-U 表示升级包，命令也可以写作"pip install -upgrade 包名"。

说明

也可以在 PyCharm 开发环境中安装。运行 PyCharm，选择 File→Settings 菜单项，打开"Settings"窗口，选择当前工程下的"Python Interpreter"选项，然后单击添加模块"+"按钮，打开"Available Packages"窗口，在搜索文本框中输入需要安装的模块名称，例如"scikit-learn"，然后在列表中选择需要安装的模块，单击"Install Package"按钮即可实现 Scikit-Learn 的安装，如图 8.1 所示。

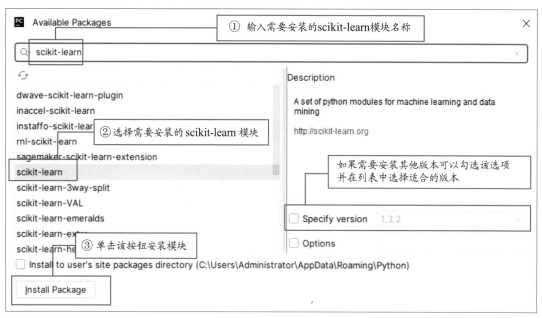

图 8.1 安装 Scikit-Learn

8.3 线性模型

Scikit-Learn 已经为我们设计好了线性模型（sklearn.linear_model），在程序中直接调用即可，无须编写过多代码就可以轻松实现线性回归分析。首先了解一下线性回归分析。

线性回归分析是利用数理统计中的回归分析，来确定两个或两个以上变量间相互依赖的定量关系的一种统计分析与预测方法，其运用十分广泛。

在线性回归分析中只包括一个自变量和一个因变量，且二者的关系可用一条直线来近似表示，这种回归分析称为一元线性回归分析。如果线性回归分析中包括两个或两个以上的自变量，且因变量和自变量之间呈线性关系，则称为多元线性回归分析。

在 Python 中，无须理会烦琐的线性回归求解过程，直接使用 Scikit-Learn 的 linear_model 模块就可以实现线性回归分析。linear_model 模块提供了很多线性模型，包括最小二乘法回归、岭回归、Lasso、贝叶斯回归等。本节主要介绍最小二乘法回归和岭回归。

首先导入 linear_model 模块，程序代码如下：

```
from sklearn import linear_model
```

导入 linear_model 模块后，在程序中就可以使用相关函数实现线性回归分析了。

8.3.1 最小二乘法回归

线性回归是数据挖掘中的基础算法之一，线性回归的思想其实就是解一组方程，得到回归系数，不过在出现误差项之后，方程的解法就发生了改变，一般使用最小二乘法进行计算，所谓"二乘"就是平方的意思，最小二乘法也称最小平方和，其目的是通过最小化误差的平方和，使得预测值与真实值无限接近。

linear_model 模块的 LinearRegression() 函数用于实现最小二乘法回归。LinearRegression() 函数拟合一个带有回归系数的线性模型，使得预测值和真实值之间的残差平方和最小，与真实值无限接近。LinearRegression() 函数语法格式如下：

```
linear_model.LinearRegression(fit_intercept=True,normalize=False,copy_X=True,n_jobs=None)
```

参数说明：

☑ fit_intercept：布尔值，指明是否需要计算截距，默认值为 True。

☑ normalize：布尔值，指明是否需要标准化，默认值为 False，和参数 fit_intercept 有关。当 fit_intercept 参数值为 False 时，将忽略该参数；当 fit_intercept 参数值为 True 时，则回归前对回归量 X 进行归一化处理，取均值相减，再除以 L2 范数。

☑ copy_X：布尔值，指明是否复制 X 数据，默认值为 True，如果为 False，则覆盖 X 数据。

☑ n_jobs：整型，代表 CPU 工作效率的核数，默认值为 1，－1 表示与 CPU 核数一致。

主要属性：

☑ coef_：数组或形状，表示线性回归分析的回归系数。

☑ intercept_：数组，表示截距。

主要方法：

☑ fit(X,y,sample_weight=None)：拟合线性模型。

☑ prodict(X)：使用线性模型返回预测值。

☑ score(X,y,sample_weight=None)：返回预测的确定系数 R^2。

LinearRegression() 函数调用 fit 属性来拟合数组 X、y，并且将线性模型的回归系数存储在其成员变量 coef_ 属性中。

快速示例 01 智能预测房价　　　　　　　　　　示例位置：资源包 \MR\Code\08\01

假设某地房屋楼层、面积和单价的关系如图 8.2 所示。下面使用 LinearRegression() 函数预测 2 楼面积为 170 平方米的房屋单价。

楼 层	面积（m²）	单价（元）
1	56	7800
2	104	9000
3	156	9200
2	200	10000
1	250	11000
1	300	12000

图 8.2 房屋楼层、面积、单价关系

程序代码如下：

```
01    # 导入相关模块
02    from sklearn import linear_model
03    import numpy as np
04    # 创建数据
05    x=np.array([[1,56],[2,104],[3,156],[2,200],[1,250],[1,300]])
06    y=np.array([7800,9000,9200,10000,11000,12000])
07    clf = linear_model.LinearRegression()      # 创建模型
08    clf.fit (x,y)                              # 拟合线性模型
09    k=clf.coef_                                # 回归系数
10    b=clf.intercept_                           # 截距
11    x0=np.array([[2,170]])                     # 新数据
12    # 通过给定的x0预测y0，y0=截距+x0×回归系数
13    y0=clf.predict(x0)                         # 预测值
14    print('回归系数：',k)
15    print('截距：',b)
16    print('预测值：',y0)
```

运行程序，结果如下：

```
回归系数：  [-124.53522378   16.03749212]
截距：  7191.56427294429
预测值：  [9668.86748582]
```

8.3.2 岭回归

岭回归在最小二乘法回归的基础上加入了对回归系数的 L2 范数约束。岭回归是缩减法的一种，相当于对回归系数的大小施加了限制。岭回归主要使用 linear_model 模块的 Ridge() 函数实现。语法格式如下：

```
linear_model.Ridge(alpha=1.0,fit_intercept=True,normalize=False,copy_X=True,
max_iter=None,tol=0.001,solver='auto',random_state=None)
```

参数说明：

☑ alpha：权重。

☑ fit_intercept：布尔值，指明是否需要计算截距，默认值为 True。

☑ normalize：输入的样本特征归一化，默认值为 False。

☑ copy_X：复制或者重写。

212

☑ max_iter：最大迭代次数。

☑ tol：浮点型，控制求解的精度。

☑ solver：求解器，其值包括 auto、svd、cholesky、sparse_cg 和 lsqr，默认值为 auto。

主要属性：

☑ coef_：数组或形状，表示线性回归分析的回归系数。

主要方法：

☑ fit(X,y)：拟合线性模型。

☑ predict(X)：使用线性模型返回预测值。

Ridge() 函数使用 fit 属性将线性模型的回归系数存储在其成员变量 coef_ 属性中。

快速示例 02 使用岭回归智能预测房价   示例位置：资源包 \MR\Code\08\02

下面使用岭回归函数 Ridge() 智能预测房价，程序代码如下：

```
01    # 导入相关模块
02    from sklearn.linear_model import Ridge
03    import numpy as np
04    # 创建数据
05    x=np.array([[1,56],[2,104],[3,156],[2,200],[1,250],[1,300]])
06    y=np.array([7800,9000,9200,10000,11000,12000])
07    clf = Ridge(alpha=1.0)      # 岭回归权重为1.0
08    clf.fit(x, y)               # 拟合岭回归模型
09    k=clf.coef_                 # 回归系数
10    b=clf.intercept_            # 截距
11    x0=np.array([[2,170]])      # 新数据
12    # 通过给定的x0预测y0，y0=截距+x0×斜率
13    y0=clf.predict(x0)          # 预测值
14    print('回归系数: ',k)
15    print('截距: ',b)
16    print('预测值: ',y0)
```

运行程序，结果如下：

```
回归系数  [-94.29397947  16.1062615 ]
截距:  7128.944172027532
预测值:  [9678.42066865]
```

8.4 支持向量机

视频讲解

支持向量机（SVMs）可用于监督学习算法，主要包括分类、回归和异常检测。支持向量分类的方法可以被扩展用于解决回归问题，这个方法被称作支持向量回归。

本节介绍支持向量回归函数——LinearSVR() 函数。LinearSVR() 函数不仅适用于线性模型，还可以用于对数据和特征之间的非线性关系进行研究，避免多重共线性问题，从而提高泛化性能，解决高维问题。其语法格式如下：

```
sklearn.svm.LinearSVC(penalty='l2', loss='squared_hinge', *, dual='warn', tol=0.0001, C=1.0,
multi_class='ovr', fit_intercept=True, intercept_scaling=1, class_weight=None, verbose=0,
random_state=None, max_iter=1000)
```

主要参数说明：

☑ penalty：指定惩罚中使用的规范。参数值为 l2 和 l1，l2 惩罚是 SVC 中使用的标准；l1 导致 coef_ 向量是稀疏的。

☑ loss：string 类型值，损失函数，该参数有两种选项。

　　➤ hinge：损失函数为 L ε（标准 SVR）。

　　➤ squared_hinge：默认值。

☑ dual：auto 或 boolean 类型值，选择算法以解决对偶或原始优化问题。设置为 True 时将解决对偶问题，设置为 False 时将解决原始问题。

☑ tol：float 类型值，终止迭代的标准值，默认值为 0.0001。

☑ C：float 类型值，罚项参数，该参数越大，使用的正则化方法越少，默认值为 1.0。

☑ fit_intercept：boolean 类型值，指明是否计算此模型的截距。如果设置为 False，则不会在计算中使用截距。默认值为 True。

☑ intercept_scaling：float 类型值，当 fit_intercept 为 True 时，实例向量 x 变为 [x，self.intercept_scaling]。此时相当于添加了一个特征，该特征对于所有实例而言都是常数。

　　➤ 此时截距变成 intercept_scaling 特征的权重 w ε。

　　➤ 此时该特征值也参与罚项的计算。

☑ verbose：int 类型值，指明是否开启 verbose 输出，默认值为 True。

☑ random_state：int 类型值，随机数生成器的种子，在数据清洗时使用。

☑ max_iter：int 类型值，要运行的最大迭代次数。默认值为 1000。

☑ coef_：赋予特征的权重，返回 array 数据类型。

☑ intercept_：决策函数中的常量，返回 array 数据类型。

快速示例 03 波士顿房价预测　　　　　　　　　　示例位置：资源包 \MR\Code\08\03

通过 Scikit-Learn 自带的数据集"波士顿房价"，实现房价预测，程序代码如下：

```
01    # 导入相关模块
02    from sklearn.svm import LinearSVR
03    import pandas as pd
04    # 读取Excel文件（波士顿房价数据）
05    df = pd.read_excel('波士顿房价.xlsx')
06    # 抽取特征数据
07    feature_names=['CRIM','ZN','INDUS','CHAS','NOX','RM','AGE','DIS','RAD','TAX','PTRATIO
      ','B','LSTAT']
08    data_mean = df.mean()                              # 计算平均值
09    data_std = df.std()                                # 计算标准差
10    data_train = (df - data_mean) / data_std           # 数据标准化
11    print(data_train)
12    x_train = data_train[feature_names].values         # 特征数据
13    y_train = data_train['PRICE'].values               # 目标数据
14    linearsvr = LinearSVR(C=0.1,dual='auto')           # LinearSVR模型
15    linearsvr.fit(x_train, y_train)                    # 模型拟合
16    # 预测，并还原结果
17    x = ((df[feature_names] - data_mean[feature_names]) / data_std[feature_names]).values
18    # 添加预测房价的信息列
19    df[u'y_pred'] = linearsvr.predict(x) * data_std['PRICE'] + data_mean['PRICE']
20    print(df[['PRICE', 'y_pred']].head())              # 输出真实价格与预测价格
```

运行程序，结果如下：

```
    PRICE      y_pred
0   24.0    28.412980
1   21.6    23.862423
2   34.7    29.938920
3   33.4    28.320622
4   36.2    28.136131
```

8.5 聚类

视频讲解

8.5.1 什么是聚类

聚类类似于分类，不同的是，聚类所划分的类是未知的，也就是说不知道数据应该属于哪类，需要通过一定的算法自动分类。在实际应用中，聚类是一个将在某些方面相似的数据进行分类汇总的过程（简单地说就是将相似的数据聚在一起），如图 8.3 和图 8.4 所示。

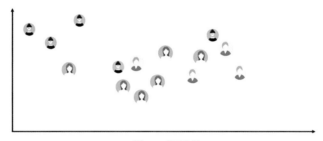

图 8.3 聚类前

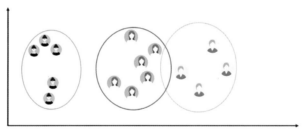

图 8.4 聚类后

聚类分析主要的应用领域如下。

☑ 商业：聚类分析被用来发现不同的客户群，并且通过购买模式刻画不同客户群的特征。

☑ 生物学：聚类分析被用来对动植物和对基因进行分类，获取对种群固有结构的认识。

☑ 保险行业：聚类分析通过一个高的平均消费来鉴定汽车保险单持有者的分类，同时根据住宅类型、价值和地理位置来判断一个城市的房产分类。

☑ 因特网：聚类分析被用来在网上进行文档归类。

☑ 电子商务：聚类分析在电子商务网站建设和数据挖掘中应用广泛，通过分组聚类获取有相似浏览行为的客户，并分析客户的共同特征，更好地帮助商家了解自己的客户，以便向客户提供更合适的服务。

8.5.2 聚类算法

k-means 算法是一种聚类算法，它是一种无监督学习算法，目的是将相似的对象归到同一个簇中。簇内的对象越相似，聚类的效果就越好。

传统的聚类算法包括划分方法、层次方法、基于密度方法、基于网格方法和基于模型方法。本节主要介绍 k-means 聚类算法，它是划分方法中较典型的一种，也被称为 k 均值聚类算法。

1. K-means 聚类概述

k-means 聚类也称 k 均值聚类，是著名的聚类算法，由于简洁和高效，它成为所有聚类算法中应用最为广泛的一种。给定一个数据集合和需要的聚类数目 k，k 由用户指定，k-means 聚类算法将根据某个距离函数反复把数据分入 k 个聚类中。

2. 算法原理

随机选取 k 个数据作为初始质心（质心即簇中所有数据的中心），然后将集中的数据分配到一个簇中，具体来说，就是为每个数据找到距其最近的质心，并将其分配给该质心所对应的簇。这一步完成之后，每个簇的质心更新为该簇所有数据的平均值。这个过程将不断重复直到满足某个终止条件。终止条件可以是以下的任何一个。

（1）没有（或最小数目）对象被重新分配给不同的簇。

（2）没有（或最小数目）簇中心发生变化。

（3）误差平方和达到局部最小。

伪代码如下：

```
01    创建k个点作为起始质心，可以随机选择（位于数据边界内）
02    当任意一个点的簇分配结果发生改变时，初始化为True
03        对数据集中每个数据，重新分配质心
04            对每个质心
05                计算质心与数据之间的距离
06                将数据分配到距其最近的簇
07        对每一个簇，计算簇中所有数据的平均值并将该值作为新的质心
```

通过以上介绍，相信你对 k-means 聚类算法已经有了初步的认识，在 Python 中应用该算法无须手动编写代码，因为 Python 第三方模块 Scikit-Learn 已经帮我们写好了，在性能和稳定性上比自己编写好得多，只需在程序中调用即可。

8.5.3 聚类模块

Scikit-Learn 的 cluster 模块用于聚类分析，该模块提供了很多聚类算法，下面主要介绍 KMeans() 方法，该方法通过 k-means 聚类算法实现聚类分析。

首先导入 sklearn.cluster 模块的 KMeans() 方法，程序代码如下：

```
from sklearn.cluster import KMeans
```

接下来就可以在程序中使用 KMeans() 方法了。KMeans() 方法的语法格式如下：

```
sklearn.cluster.KMeans(n_clusters=8, *, init='k-means++', n_init='warn', max_iter=300,
tol=0.0001, verbose=0, random_state=None, copy_x=True, algorithm='lloyd')
```

参数说明：

☑ n_clusters：整型，默认值为 8，是生成的聚类数，即产生的质心（centroids）数。

☑ init：参数值为 k-means++、random 或者传递一个数组向量。默认值为 k-means++。

➢ k-means++：用一种特殊的方法选定初始质心从而加速迭代过程的收敛。

➢ random：随机从训练数据中选取初始质心。如果传递数组类型，则应该是 shape(n_clusters ,n_features) 的形式，并给出初始质心。

☑ n_init：整型，默认值为 10，用不同的质心初始化值所需运行算法的次数。

☑ max_iter：整型，默认值为 300，每执行一次 k-means 聚类算法的最大迭代次数。

☑ tol：浮点型，默认值为 0.0001，控制求解的精度。

☑ verbose：整型，默认值为 0，冗长的模式。

☑ random_state：整型或随机数组类型，是用于初始化质心的生成器（generator）。如果值为一个整数，则确定一个种子（seed）。默认值为 NumPy 的随机数生成器。

☑ copy_x：布尔值，默认值为 True。如果值为 True，则原始数据不会被改变；如果值为 False，则会直接在原始数据上做修改并在函数返回值时将其还原。但是在计算过程中由于有对数据均值的加减运算，所以数据返回后，原始数据同计算前的数据可能会有细小的差别。

☑ algorithm：表示 k-means 聚类算法法则，参数值为 lloyd、elkan、auto、full，默认值为 lloyd。

主要属性：

☑ cluster_centers_：返回数组，表示分类簇的均值向量。

☑ labels_：返回数组，表示每个样本数据所属的类别标记。

☑ inertia_：返回数组，表示每个样本数据与它们各自质心的距离之和。

主要方法：

☑ fit(X[,y])：计算 k-means 聚类。

☑ fit_predictt(X[,y])：计算簇质心并为每个样本数据预测类别。

☑ predict(X)：为每个样本数据估计最近的簇。

☑ score(X[,y])：计算聚类误差。

快速示例 04 对一组数据聚类　　　　　　　　　　　示例位置：资源包 \MR\Code\08\04

对一组数据聚类，程序代码如下：

```
01    import numpy as np
02    from sklearn.cluster import KMeans
03    X=np.array([[1,10],[1,11],[1,12],[3,20],[3,23],[3,21],[3,25]])
04    kmodel = KMeans(n_clusters = 2,n_init ='auto')        # 调用KMeans()方法实现聚类（两类）
05    y_pred=kmodel.fit_predict(X)              # 预测类别
06    print('预测类别: ',y_pred)
07    print('聚类中心坐标值: ','\n',kmodel.cluster_centers_)
08    print('类别标记: ',kmodel.labels_)
```

运行程序，结果如下：

```
预测类别:  [0 0 0 1 1 1 1]
聚类中心坐标值:
 [[ 1.    11.   ]
 [ 3.    22.25]]
类别标记:  [0 0 0 1 1 1 1]
```

8.5.4 聚类数据生成器

8.5.3 节举了一个简单的聚类示例，但是聚类效果并不明显。本节生成了专门的聚类算法测试数据，可以更好地诠释聚类算法，展示聚类效果。

Scikit-Learn 的 make_blobs() 方法用于生成聚类算法的测试数据，直观地说，make_blobs() 方法可以根据用户指定的特征数量、质心数量、范围等生成几类数据，这些数据可用于测试聚类算法的效果。

make_blobs() 方法的语法格式如下：

```
sklearn.datasets.make_blobs(n_samples=100,n_features=2,centers=3,cluster_std=1.0,center_
box=(-10.0,10.0),shuffle=True,random_state=None)
```

主要参数说明：
☑ n_samples：待生成的样本总数。
☑ n_features：每个样本的特征数。
☑ centers：类别数。
☑ cluster_std：每个类别的方差，例如，生成两类数据，其中一类比另一类具有更大的方差，可以将 cluster_std 设置为 [1.0,3.0]。

快速示例 05 生成用于聚类的测试数据　　　　　　示例位置：资源包 \MR\Code\08\05

生成用于聚类的测试数据（500 个样本，每个样本有两个特征），程序代码如下：

```
01    from sklearn.datasets import make_blobs
02    from matplotlib import pyplot
03    x,y = make_blobs(n_samples=500, n_features=2, centers=3)
```

接下来，通过 KMeans() 方法对测试数据进行聚类，程序代码如下：

```
01    from sklearn.cluster import KMeans
02    y_pred = KMeans(n_clusters=4, random_state=9,n_init ='auto').fit_predict(x)
03    plt.scatter(x[:, 0], x[:, 1], c=y_pred)
04    plt.show()
```

运行程序，结果如图 8.5 所示。

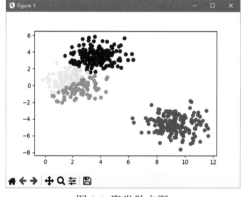

图 8.5 聚类散点图

从分析结果得知，相似的数据聚在一起，分成了 4 堆，也就是 4 类，并以不同的颜色显示，看上去清晰直观。

8.6 小结

通过本章的学习，读者能够了解机器学习 Scikit-Learn 模块，该模块中包含大量的算法模型，本章仅介绍了几个常用模型并结合快速示例演示，力求使读者能够轻松上手，快速理解相关模型的用法，并为后期学习数据分析与数据预测打下良好的基础。

本章 e 学码：关键知识点拓展阅读

BSD 协议	回归	聚类
L2 范数约束	机器学习	因变量
分类	降维	自变量

e 学码

第 **9** 章

Python 股票数据分析
（Jupyter Notebook 版）

（▶ 视频讲解：44 分钟）

本章概览

　　无论是金融分析师，还是股票爱好者，日常都会接触到股票数据，Python 在处理和分析股票数据方面具有相当大的优势，因为 Pandas 的创始人本身就是一名量化分析师，其中的很多函数和方法是专门为分析这类数据而设计的。本章将介绍如何通过 Python 分析股票数据。

知识框架

9.1 概述

利用 Python 分析股票数据首先通过 Tushare 模块获取股票数据，然后对数据进行归一化处理，再通过 Matpoltlib 模块绘制可视化股票走势图、股票收盘价格走势图、股票成交量时间序列图、股票涨跌情况分析图，并通过 mplfinance 模块绘制股票 k 线走势图。

9.2 项目效果预览

可视化股票走势图如图 9.1 所示，股票收盘价格走势图如图 9.2 所示，股票成交量时间序列图如图 9.3 所示，股票涨跌情况分析图如图 9.4 所示，股票 k 线走势图如图 9.5 所示。

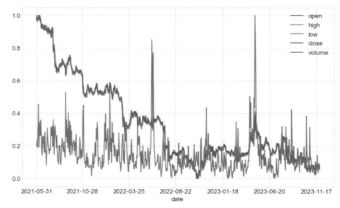

图 9.1 可视化股票走势图

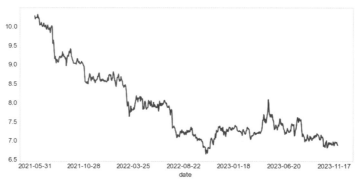

图 9.2 股票收盘价格走势图

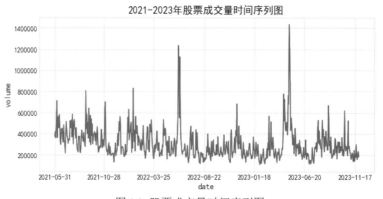

图 9.3 股票成交量时间序列图

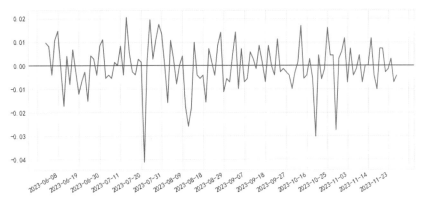

图 9.4 股票涨跌情况分析图

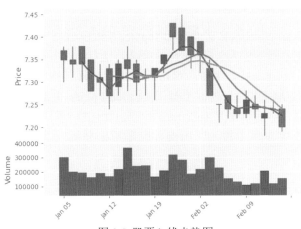

图 9.5 股票 k 线走势图

9.3 项目开发环境

☑ 操作系统：Windows 10。

☑ Python 版本：Python 3.12。

☑ 开发工具：Anaconda3、Jupyter Notebook。

☑ 第三方模块：Pandas（2.1.3）、OpenPYxL（3.1.2）、SciPy（1.11.4）、NumPy（1.26.2）、Matplotlib（3.8.2）、Tushare（1.2.89）、mplfinance（0.12.10b0）。

9.4 前期准备

9.4.1 安装第三方模块

案例涉及两个比较特殊的模块，即 Tushare 模块和 mplfinance 模块。Tushare 模块用于获取股票数据，mplfinance 模块用于绘制股票 k 线走势图。下面介绍 Tushare 模块和 mplfinance 模块的安装方法。

（1）Tushare 模块

Tushare 是一个免费、开源的 Python 财经数据接口包，主要实现对股票等金融数据从数据采集、清洗加工到数据存储的过程，能够为金融分析人员提供快速、整洁和多样的数据分析环境，为他们在数据获取方面极大地减轻工作量。Tushare 返回的绝大部分数据的格式是 Pandas DataFrame 对象，非常适合用 Pandas、NumPy、Matplotlib 进行数据分析和可视化。

在 Anaconda 中安装 Tushare 模块，单击系统的"开始"菜单，依次选择 Anaconda3（64-bit）
→ Anaconda Prompt，打开 Anaconda Prompt 命令提示符窗口，使用 pip 命令安装，命令如下：

```
pip install tushare
```

（2）mplfinance 模块

由于 Matplotlib 的 finance 停止了更新，因此案例使用 mplfinance 模块来绘制 k 线走势图。
mplfinance 模块更加简单易用，增加了很多新功能，例如 renko 砖形图、volume 柱形图、ohlc 图等，
并且支持多种风格，可以定制多种颜色、线条形式（默认线条较粗，影响观感）等。

安装 mplfinance 模块，在 Anaconda Prompt 命令提示符窗口使用 pip 命令，命令如下：

```
pip install mplfinance
```

9.4.2 新建 Jupyter Notebook 文件

下面介绍如何新建 Jupyter Notebook 文件夹和 Jupyter Notebook 文件，具体步骤如下。

（1）在系统"搜索"文本框中输入 Jupyter Notebook，运行 Jupyter Notebook。

（2）新建一个 Jupyter Notebook 文件夹，单击右侧的"New"按钮，选择 Folder，如图 9.6 所示。
此时会在当前页面列表中默认创建一个名称类似于 Untiled Folder 的文件夹。接下来重命名该文件夹，
勾选该文件夹前面的复选框，然后单击"Rename"按钮，如图 9.7 所示。打开"重命名路径"对话框，
在"请输入一个新的路径"文本框中输入"Python 股票数据分析"，然后单击"重命名"按钮，如图
9.8 所示。

图 9.6 新建 Jupyter Notebook 文件夹

图 9.7 勾选 Untiled Folder 文件夹

图 9.8 重命名 Untiled Folder 文件夹

（3）新建 Jupyter Notebook 文件。单击"Python 股票数据分析"文件夹，进入该文件夹，单击右侧的"New"按钮，由于我们创建的是 Python 文件，因此选择 Python 3（ipykernel），如图 9.9 所示。

图 9.9 新建 Jupyter Notebook 文件

文件创建完成后会打开如图 9.10 所示的代码编辑窗口，在该窗口中就可以编写代码了。至此，新建 Jupyter Notebook 文件的工作就完成了，接下来介绍编写代码的过程。

图 9.10 代码编辑窗口

9.4.3 导入必要的库

本项目主要使用了 Pandas、Tushare、Matplotlib、mplfinance、NumPy 和 matplotlib.dates 模块，下面在 Jupyter Notebook 中导入项目所需要的库，代码如下：

```
01    import pandas as pd
02    import tushare as ts
03    import matplotlib.pyplot as plt
04    import mplfinance as mpf
05    import numpy as np
```

9.4.4 获取股票历史数据

Python 获取股票历史数据的方法有很多，这里主要使用 Tushare 模块。

下面使用 Tushare 模块获取股票代码为"600000"的股票历史数据，然后将该数据导出为 Excel 文件，方便日后使用，代码如下：

```
01    # 通过股票代码获取股票历史数据
02    df=ts.get_hist_data('600000')
03    # 显示前10条数据
04    df.head(10)
```

运行程序，单击工具栏中的运行按钮" ▶ 运行 "或者按快捷键【Ctrl+Enter】运行本单元，效果如图 9.11 所示。

date	open	high	close	low	volume	price_change	p_change	ma5	ma10	ma20	v_ma5	v_ma10	v_ma20	turnover
2023-11-29	6.88	6.88	6.82	6.80	284165.66	-0.05	-0.73	6.894	6.907	6.909	211361.77	206420.82	200498.22	0.10
2023-11-28	6.92	6.92	6.87	6.86	182492.80	-0.03	-0.43	6.918	6.921	6.911	189610.24	202344.29	200426.04	0.06
2023-11-27	6.96	6.97	6.90	6.86	231076.98	-0.05	-0.72	6.936	6.922	6.909	212480.24	197872.49	204388.01	0.08
2023-11-24	6.93	6.98	6.95	6.92	201652.81	0.02	0.29	6.938	6.920	6.904	202918.00	188932.86	219028.60	0.07
2023-11-23	6.93	6.96	6.93	6.89	157420.59	-0.01	-0.14	6.920	6.913	6.906	204138.23	189226.57	218678.83	0.05
2023-11-22	6.97	6.99	6.94	6.94	175408.02	-0.02	-0.29	6.920	6.913	6.907	201479.87	195394.86	223177.55	0.06
2023-11-21	6.94	7.00	6.96	6.92	296842.78	0.05	0.72	6.924	6.909	6.907	215078.33	195615.29	227827.74	0.10
2023-11-20	6.88	6.92	6.91	6.83	183265.81	0.05	0.73	6.908	6.904	6.900	183264.73	181844.02	227050.25	0.06
2023-11-17	6.94	6.94	6.86	6.85	207753.95	-0.07	-1.01	6.902	6.907	6.896	174947.71	182950.28	229799.12	0.07
2023-11-16	6.97	6.98	6.93	6.92	144128.81	-0.03	-0.43	6.906	6.910	6.896	174314.91	184377.42	234945.40	0.05

图 9.11 获取股票历史数据（前 10 条）

说明

由于股票历史数据每天都会更新，因此读者获取到的数据和运行结果和笔者的会有所不同。

上述程序通过 head() 方法显示前 10 条数据，下面来了解一下各个字段的含义。

☑ date：日期，索引列。

☑ open：开盘价。每个交易日开市后的第一笔股票成交价格。

☑ high：最高价。最高价是好的卖出价格。

☑ low：最低价。最低价是好的买进价格，可根据价格极差判断股价的波动程度和是否超出常态范围。

☑ close：收盘价。最后一笔交易前一分钟所有交易的加权平均价，无论当天股价如何振荡，最终将定格在收盘价上。

☑ volume：成交量。时间单位内某只股票成交的数量，可根据成交量的增加幅度或减少幅度来判断股票趋势，预测市场供求关系和活跃程度。

☑ price_change：价格变动。

☑ p_change：涨跌幅度。

☑ ma5：5 日均价。

☑ ma10：10 日均价。

☑ ma20：20 日均价。

☑ v_ma5：5 日均量。

☑ v_ma10：10 日均量。

☑ v_ma20：20 日均量。

☑ turnover：换手率，也称"周转率"，指在一定时间内市场中股票转手买卖的频率，是反映股票流通性强弱的指标之一。

```
01    # 将数据导出为Excel文件
02    df.to_excel('600000.xlsx')
```

9.5 数据预处理

9.5.1 数据查看与缺失性分析

（1）查看数据集的形状，即行数和列数，代码如下：

```
01    # 查看数据集的形状
02    df.shape
```

运行程序，返回元组结果为 (608, 14)，也就是说该数据集共有 608 行 14 列。

（2）查看摘要信息和数据是否缺失

在进行数据统计分析前，首先要清晰地了解数据，查看数据中是否有缺失值、列数据类型是否正常。下面使用 info() 方法查看数据类型、非空值情况及内存使用量等，代码如下：

```
01    # 查看摘要信息
02    df.info()
```

运行程序，结果如图 9.12 所示。

从运行结果得知，数据有 608 行，索引是日期，从 2021 年 5 月 31 日至 2023 年 11 月 28 日。总共有 14 列，并给出了每一列的名称和数据类型，且数据中没有缺失值。

另外，还有一种方法可以查看是否有缺失值，即查看列数据中是否包含空值，代码如下：

```
01    # 查看数据中的空值
02    df.isnull().any()
```

运行程序，结果如图 9.13 所示。

```
<class 'pandas.core.frame.DataFrame'>
Index: 608 entries, 2023-11-28 to 2021-05-31
Data columns (total 14 columns):
 #   Column        Non-Null Count   Dtype
     
 0   open          608 non-null     float64
 1   high          608 non-null     float64
 2   close         608 non-null     float64
 3   low           608 non-null     float64
 4   volume        608 non-null     float64
 5   price_change  608 non-null     float64
 6   p_change      608 non-null     float64
 7   ma5           608 non-null     float64
 8   ma10          608 non-null     float64
 9   ma20          608 non-null     float64
 10  v_ma5         608 non-null     float64
 11  v_ma10        608 non-null     float64
 12  v_ma20        608 non-null     float64
 13  turnover      608 non-null     float64
dtypes: float64(14)
memory usage: 71.2+ KB
```

图 9.12 查看摘要信息

```
open            False
high            False
close           False
low             False
volume          False
price_change    False
p_change        False
ma5             False
ma10            False
ma20            False
v_ma5           False
v_ma10          False
v_ma20          False
turnover        False
dtype: bool
```

图 9.13 查看列数据中是否包含空值

从运行结果得知，每一列数据中都不包含空值，即没有缺失值。

9.5.2 描述性统计分析

描述性统计分析主要查看数据的统计信息，如最大值、最小值、平均值等，也可以洞察异常数据，如空值和值为 0 的数据。下面使用 DataFrame 对象的 describe() 方法快速查看数据的统计信息，代码如下：

```
01    # 描述性统计分析
02    df.describe()
```

运行程序，结果如图 9.14 所示。

	open	high	close	low	volume	price_change	p_change	ma5	ma10	ma20	v_ma5	v_m
count	608.000000	608.000000	608.000000	608.000000	6.080000e+02	608.000000	608.000000	608.000000	608.000000	608.000000	608.000000	608.000
mean	7.888832	7.939375	7.883668	7.836332	3.056614e+05	-0.003734	-0.038766	7.894669	7.908262	7.935627	306279.152270	307260.833
std	0.904062	0.908137	0.901669	0.898409	1.509038e+05	0.072444	0.923338	0.907492	0.915257	0.929537	118173.028622	103120.467
min	6.650000	6.710000	6.640000	6.630000	1.089596e+05	-0.280000	-3.540000	6.708000	6.751000	6.832000	132915.270000	153385.930
25%	7.190000	7.230000	7.180000	7.147500	2.049165e+05	-0.040000	-0.550000	7.200000	7.207500	7.217000	223490.110000	235200.482
50%	7.500000	7.585000	7.525000	7.430000	2.687036e+05	0.000000	0.000000	7.522000	7.508000	7.547500	273226.880000	284370.350
75%	8.570000	8.610000	8.570000	8.530000	3.672437e+05	0.040000	0.492500	8.582500	8.599250	8.610250	366504.217500	360752.055
max	10.340000	10.380000	10.310000	10.220000	1.431179e+06	0.310000	4.000000	10.270000	10.270000	10.270000	992747.000000	733542.740

图 9.14 描述性统计分析

从运行结果可知数据整体统计分布情况，包括总计数值、平均值、标准差、最小值、1/4 分位数（25%）、1/2 分位数（50%）、3/4 分位数（75%）和最大值。

9.5.3 数据处理

由于本案例仅分析 open（开盘价）、high（最高价）、close（收盘价）、low（最低价）和 volume（成交量），因此首先抽取这部分数据作为特征数据。另外，通过前面显示的数据，我们发现数据是按日期升序排列的，这里参考该排序方法输出数据，代码如下：

```
01    # 抽取数据
02    feature_data=df[['open','high','low','close','volume']].sort_values(by='date')
03    print(feature_data)
```

运行程序，结果如图 9.15 所示。

```
            open   high   low  close     volume
date
2021-05-31  10.34  10.34  10.22  10.27  372557.25
2021-06-01  10.23  10.26  10.18  10.19  418803.84
2021-06-02  10.21  10.23  10.13  10.22  358304.78
2021-06-03  10.21  10.32  10.18  10.23  522449.09
2021-06-04  10.25  10.38  10.19  10.23  710524.31
...           ...    ...    ...    ...        ...
2023-11-22   6.97   6.99   6.94   6.94  175408.02
2023-11-23   6.93   6.96   6.89   6.93  157420.59
2023-11-24   6.93   6.98   6.92   6.95  201652.81
2023-11-27   6.96   6.97   6.86   6.90  231076.98
2023-11-28   6.92   6.92   6.86   6.87  182492.80

[608 rows x 5 columns]
```

图 9.15 数据处理

9.5.4 异常值分析

异常值是与其他数据明显不同的数据值，它们的存在可能会使数据分析过程产生问题。因此，在数据分析前应首先分析异常值。异常值的分析方法有很多种，下面我们通过箱形图来分析异常值，这里主要使用 Pandas 内置的绘图工具来绘制箱形图，这样比较方便快捷，代码如下：

```
01    # 绘制箱形图
02    feature_data.boxplot()
03    plt.show()
```

使用 DataFrame 的 boxplot() 函数绘制箱形图，观察异常值。运行程序，结果如图 9.16 所示。

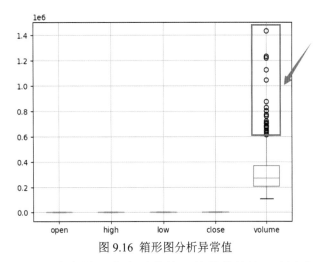

图 9.16 箱形图分析异常值

从运行结果得知，volume（成交量）存在异常值。异常值的处理方法有多种，这里根据实际情况选择不处理，直接在数据集上进行数据分析。

9.5.5 数据归一化处理

通过前面显示的数据我们发现，volume（成交量）数据相对于 open（开盘价）、high（最高价）、close（收盘价）、low（最低价）数据，数值非常大。在这种情况下如果单独分析成交量数据是没有问题的，但是如果对多个指标数据进行分析与可视化，就会出现数值较小的数据被数值较大的数据淹没，而在数据分析图表中看不出来的情况，如图 9.17 所示。

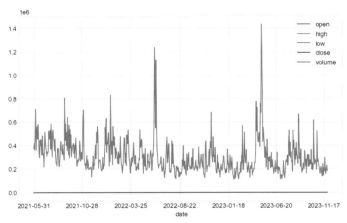

图 9.17 数据归一化处理前的股票走势图

那么，这种情况应该怎么处理呢？答案是进行数据归一化处理。

数据归一化也称"数据标准化"，它可以将数据处理成同在一个水平线上的状态。数据归一化有几种方法，这里使用 0-1 标准化方法，该方法非常简单，通过遍历特征数据里的每一个数值，将 Max（最大值）和 Min（最小值）记录下来，然后将 Max－Min 作为基数（即 Min=0，Max=1）进行数据归一化处理，公式如下：

```
x = (x - Min) / (Max - Min)
```

下面我们对上述数据进行归一化处理，代码如下：

```
01    # 数据归一化（采用0-1标准化方法）
02    normalize_data=(feature_data-feature_data.min())/(feature_data.max()-feature_data.
min())
```

```
03        print(normalize_data)
```

运行程序，结果如图 9.18 所示。

```
                 open       high        low      close     volume
date
2021-05-31   1.000000   0.989101   1.000000   0.989101   0.199360
2021-06-01   0.970190   0.967302   0.988858   0.967302   0.234337
2021-06-02   0.964770   0.959128   0.974930   0.975477   0.188581
2021-06-03   0.964770   0.983651   0.988858   0.978202   0.312724
2021-06-04   0.975610   1.000000   0.991643   0.978202   0.454966
...               ...        ...        ...        ...        ...
2023-11-22   0.086721   0.076294   0.086351   0.081744   0.050255
2023-11-23   0.075881   0.068120   0.072423   0.079019   0.036651
2023-11-24   0.075881   0.073569   0.080780   0.084469   0.070104
2023-11-27   0.084011   0.070845   0.064067   0.070845   0.092358
2023-11-28   0.073171   0.057221   0.064067   0.062670   0.055613

[608 rows x 5 columns]
```

图 9.18 数据归一化处理

从运行结果得知，数据发生了变化，所有数据都在一个水平线上。有的读者可能会问：数据归一化后，会不会影响数据的走势？答案是不影响，因为它没有改变原始数据。

9.6 数据统计分析

视频讲解

9.6.1 可视化股票走势图

数据处理完成后，接下来对数据进行可视化，观察股票走势。这里直接使用 DataFrame 对象自带的绘图工具，该绘图工具能够快速出图，并自动优化图表输出形式。所用数据为归一化处理后的数据，以时间作为横坐标，以每日的 open（开盘价）、high（最高价）、low（最低价）、close（收盘价）和 volume（成交量）作为纵坐标，绘制多折线图，通过多折线图观察股票随时间的变化情况。代码如下：

```
01        # 绘制可视化股票走势图
02        # 使用DataFrame对象的plot()方法绘制多折线图
03        normalize_data.plot(figsize=(9,5))
04        plt.show()
```

运行程序，结果如图 9.19 所示。

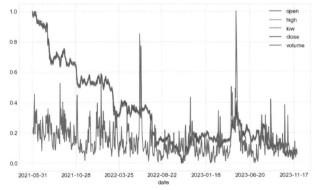

图 9.19 可视化股票走势图

9.6.2　股票收盘价格走势图

绘制股票在 2021 年到 2023 年的日收盘价格走势图，只需要一个字段，即 colse（收盘价）。以时间作为横坐标，以每日的收盘价作为纵坐标，绘制折线图，通过该折线图观察股票收盘价随时间的变化情况。代码如下：

```
01    # 设置画布大小
02    plt.subplots(figsize=(9,4))
03    # 绘制股票收盘价格走势图
04    feature_data['close'].plot(grid=False,color='blue')
05    # 显示图表
06    plt.show()
```

运行程序，结果如图 9.20 所示。

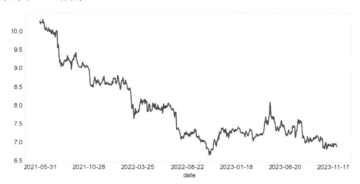

图 9.20　股票收盘价格走势图

9.6.3　股票成交量时间序列图

绘制股票在 2021 年到 2023 年的日成交量时间序列图。以时间为横坐标，以每日的成交量为纵坐标，绘制折线图，通过该折线图观察股票成交量随时间的变化情况。代码如下：

```
01    # 设置画布大小
02    plt.subplots(figsize=(9,4))
03    # 解决中文乱码问题
04    plt.rcParams['font.sans-serif']=['SimHei']
05    # 取消科学记数法
06    plt.gca().get_yaxis().get_major_formatter().set_scientific(False)
07    # 成交量折线图
08    feature_data['volume'].plot(color='red')
09    # 设置图表标题和字号
10    plt.title('2021-2023年股票成交量时间序列图', fontsize='15')
11    # 设置x、y轴标签
12    plt.ylabel('volume', fontsize='12')
13    plt.xlabel('date', fontsize='12')
14    # 显示图表
15    plt.show()
```

运行程序，结果如图 9.21 所示。

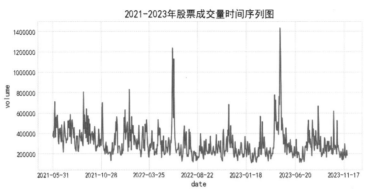

图 9.21 股票成交量时间序列图

9.6.4 股票涨跌情况分析图

股票涨跌情况分析主要分析"收盘价"。收盘价分析常常是基于股票收益率的。股票收益率又可以分为简单收益率和对数收益率。

☑ 简单收益率：是指相邻两个价格之间的变化率。

☑ 对数收益率：是指所有价格取对数后两两之间的变化率。

下面通过对数收益率分析股票涨跌情况并绘制图表，具体步骤如下。

（1）抽取指定日期范围的收盘价数据。

（2）使用 NumPy 模块的 log() 函数计算对数收益率。log() 函数用于计算自然对数。

（3）绘制图表，同时绘制水平分割线，标记股票涨跌情况。

程序代码如下：

```
01    # 抽取指定日期范围的收盘价数据
02    Mydate1=feature_data.loc['2023-06-01':'2023-12-31']
03    mydate_close=mydate1.close
04    # 对数收益率= 当日收盘价取对数-昨日收盘价取对数
05    log_change=np.log(mydate_close)-np.log(mydate_close.shift(1))
06    plt.rcParams['axes.unicode_minus'] = False # 用来正常显示负号
07    # 设置画布和画板
08    fig,ax=plt.subplots(figsize=(11,5))
09    # 绘制图表
10    ax.plot(log_change)
11    # 绘制水平分割线，标记股票收盘价相对于y=0的偏离程度
12    ax.axhline(y=0,color='red')
13    # 日期刻度定位为星期
14    plt.gca().xaxis.set_major_locator(mdates.WeekdayLocator())
15    # 自动旋转日期标记
16    plt.gcf().autofmt_xdate()
17    plt.show()
```

代码解析：

（1）这里需要注意一个问题，在数据抽取过程中，如果数据是升序排列的，则小日期在前，大日期在后；如果数据是降序排列的，则大日期在前，小日期在后。否则将出现空数据，即找不到指定范围内的数据。

（2）使用 NumPy 模块的 log() 函数计算对数。对数收益率＝当日收盘价取对数－昨日收盘价取对数。

运行程序，结果如图 9.22 所示。

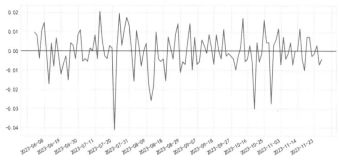

图 9.22 股票涨跌情况分析图

在上述图表中，值在 y=0 基线上面表示今天相对于昨天股票涨了，值在下面表示今天相对于昨天股票跌了。

9.6.5 股票 k 线走势图

相传 k 线走势图起源于日本德川幕府时代，当时的商人用此图来记录米市的行情和价格波动，后来 k 线走势图被引入股票市场。每天的四项指标数据（即"最高价"、"收盘价"、"开盘价"和"最低价"），用蜡烛形状的图表进行标记，不同的颜色分别代表涨跌情况，如图 9.23 所示。

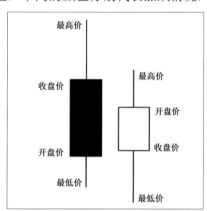

图 9.23 k 线走势图示意图

在 Python 中主要使用 mplfinance 模块绘制 k 线走势图，具体步骤如下。
（1）抽取"最高价"、"收盘价"、"开盘价"、"最低价"和"成交量"数据。
（1）抽取指定日期范围的数据。
（2）自定义颜色和图表样式。
（3）绘制 k 线走势图。
程序代码如下：

```
01   # 将日期索引转换为k线走势图识别的日期格式
02   feature_data.index = pd.to_datetime(feature_data.index)
03   # 抽取指定日期范围的数据
04   mydate2=feature_data['2023-01-05':'2023-02-15']
05   # 绘制k线走势图
06   # 自定义颜色
07   mc = mpf.make_marketcolors(
08       up='red',     # 上涨k线柱形的颜色为"红色"
09       down='green', # 下跌k线柱形的颜色为"绿色"
```

```
10          edge='i',        # 柱形边缘的颜色（i代表继承自up和down的颜色），下同
11          volume='i',      # 成交量直方图的颜色
12          wick='i'         # 上下影线的颜色
13    )
14    # 调用make_mpf_style()函数，自定义k线走势图样式
15    mystyle = mpf.make_mpf_style(base_mpl_style="ggplot", marketcolors=mc)
16    # 自定义样式mystyle
17    # 显示成交量
18    # 添加移动平均线mav（即3、6、9日的平均线）
19    mpf.plot(mydate2,type='candle',style=mystyle,volume=True,mav=(3,6,9))
20    plt.show()
```

运行程序，结果如图 9.24 所示。

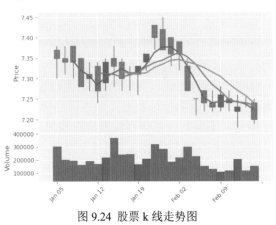

图 9.24 股票 k 线走势图

9.7 关键技术

在 Python 中绘制 k 线走势图主要使用 mplfinance 模块，语法格式如下：

```
mplfinance.plot(data, type, title, ylabel, style, volume, ylabel_lower, show_nontrading,
figratio, mav)
```

参数说明：

☑ data：DataFrame 对象，其中包含 "open" "high" "low" "close" 字段，如果要显示成交量，还需要提供 "volume" 字段，默认 date 字段为索引。

☑ type：图表类型，可选参数值为 ohlc、candle、line、renko 和 pnf。

☑ title：图表标题。

☑ ylabel：y 轴标签。

☑ style：k 线走势图的样式，mplfinance 模块提供了很多内置样式。

☑ volume：参数值为 True 表示添加成交量，默认值为 False。

☑ ylabel_lower：成交量的 y 轴标签。

☑ show_nontrading：参数值为 True 表示显示非交易日，默认值为 False。

☑ figratio：控制图表大小的元组。

☑ mav：整数或包含整数的列表、元组，指明是否在图表中添加移动平均线。

下面按功能详细介绍 mplfinance 模块。

（1）调整样式

mplfinance 模块提供了很多内置样式，方便用户快速创建美观的 k 线走势图，主要通过 style 参

数 进 行 设 置，该 参 数 值 为 binance、blueskies、brasil、charles、checkers、classic、default、mike、nightclouds、sas、starsandstripes 或者 yahoo，用户可以随意选择一种样式，例如下面的代码：

```
mpf.plot(mydate,type='candle',style='yahoo')
```

（2）添加成交量

添加成交量主要通过 volume 参数进行设置，设置该参数值为 True，即可在图表中添加成交量，例如下面的代码：

```
mpf.plot(mydate,type='candle',style='yahoo',volume=True)
```

运行程序，结果如图 9.25 所示。

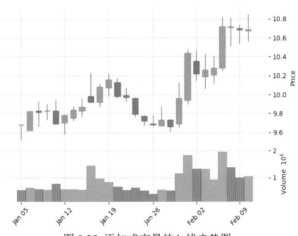

图 9.25 添加成交量的 k 线走势图

（3）显示非交易日

显示非交易日主要通过 show_nontrading 参数进行设置，设置该参数值为 True，即可在图表中显示非交易日，例如下面的代码：

```
mpf.plot(mydate,type='candle',style='yahoo',volume=True,show_nontrading=True)
```

（4）自定义样式

如果内置样式不满足需求，则可以自定义样式，并将该样式指定给 style 参数。

首先设置 k 线的颜色，调用 make_marketcolors() 函数，例如下面的代码：

```
01    mc = mpf.make_marketcolors(
02        up='red',      # 上涨k线柱形的颜色为"红色"
03        down='green',  # 下跌k线柱形的颜色为"绿色"
04        edge='i',      # 柱形边缘的颜色（i代表继承自up和down的颜色），下同
05        volume='i',    # 成交量直方图的颜色
06        wick='i'       # 上下影线的颜色
07    )
```

然后调用 make_mpf_style() 函数自定义 k 线走势图样式，例如下面的代码：

```
mystyle = mpf.make_mpf_style(base_mpl_style="ggplot", marketcolors=mc)
```

最后将自定义样式 mystyle 指定给 style 参数，例如下面的代码：

```
mpf.plot(mydate,type='candle',style=mystyle,volume=True)
```

（5）调整图表大小

调整图表大小主要使用 figratio 参数，例如下面的代码：

```
mpf.plot(mydate,type='candle',style=mystyle,volume=True,figratio=(3,2))
```

（6）添加移动平均线

添加移动平均线主要使用 mav 参数，该参数值为整数或包含整数的列表、元组。例如，添加 3、6、9 日的平均线，代码如下：

```
mpf.plot(mydate,type='candle',style=mystyle,volume=True,mav=(3,6,9))
```

运行程序，结果如图 9.26 所示。

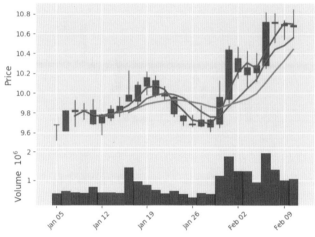

图 9.26 添加移动平均线的 k 线走势图

9.8 小结

本章使用 Jupyter Notebook 作为开发环境，力求使读者真正体验 Jupyter Notebook 图文结合的优越性及通过图表输出数据的整洁美观性。另外，本章还涉及一些股票数据专属的图表风格，使读者能够更进一步地应用 Matplotlib 模块，从而绘制出更多丰富多彩的图表。

第10章

京东电商销售数据分析与预测

（▶ 视频讲解：49 分钟）

本章概览

　　随着电商行业的竞争日益激烈，电商平台推出了各种数字营销方案，付费广告形式也花样繁多。那么电商平台投入广告后，究竟能给企业增加多少收益，对销量的影响究竟有多大，是否满足了企业的需求，是否达到了企业的预期效果呢？针对这些问题，企业又将如何应对和处理呢？本章将以京东电商平台为例，介绍销售数据的分析与预测。

知识框架

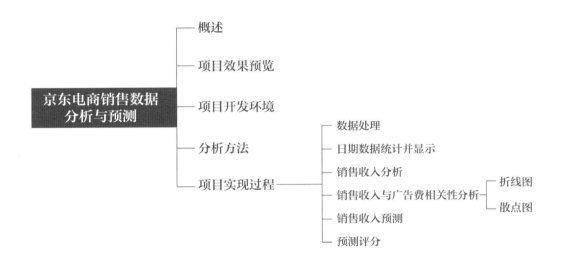

10.1 概述

电商行业投入广告后，究竟能给企业增加多少收益是每个企业都关心的问题。

例如，京东电商连续几个月投入付费广告，收益还不错，未来 6 个月计划多投入一些广告，那么多投入的广告未来能给企业带来多少收益？为了搞清楚这个问题，我们用 Python 结合科学的统计分析方法对京东电商的销售收入和广告费数据进行分析与预测，首先探索以往销售收入和广告费两组数据间的关系，然后对未来的销售收入进行预测。

10.2 项目效果预览

销售收入分析如图 10.1 所示。销售收入和广告费分析折线图如图 10.2 所示。销售收入和广告费分析散点图如图 10.3 所示。销售收入和广告费分析线性拟合图如图 10.4 所示。

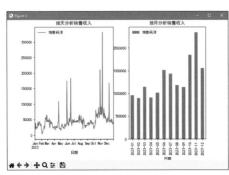

图 10.1 销售收入分析

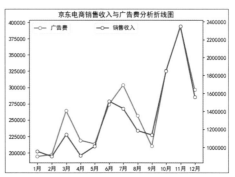

图 10.2 销售收入和广告费分析折线图

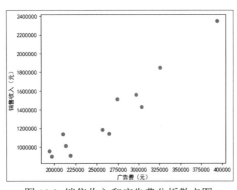

图 10.3 销售收入和广告费分析散点图

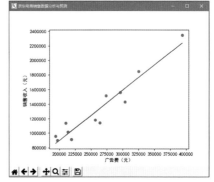

图 10.4 销售收入和广告费分析线性拟合图

10.3 项目开发环境

☑ 操作系统：Windows 10。

☑ 语言：Python 3.12。

☑ 开发环境：PyCharm。

☑ 第三方模块：Pandas（2.1.3）、OpenPYxL（3.1.2）、SciPy（1.11.4）、NumPy（1.26.2）、Matplotlib（3.8.2）、Scikit-Learn（1.3.2）

10.4 分析方法

对京东电商销售收入和广告费数据分析可知，这两组数据存在一定的线性关系，因此我们采用线性回归分析方法对未来 6 个月的销售收入进行预测。

线性回归包括一元线性回归和多元线性回归。

☑ 一元线性回归：只有一个自变量和一个因变量，且二者的关系可以用一条直线近似表示。（研究因变量 y 和一个自变量 x 之间的关系）

☑ 多元线性回归：自变量有两个或多个，研究因变量 y 和多个自变量 $x_1, x_2, ..., x_n$ 之间的关系。

说明

被预测的变量叫作因变量，被用来进行预测的变量叫作自变量。

简单来说，当研究一个因素（广告费）对销售收入的影响时，可以使用一元线性回归；当研究多个因素（广告费、用户评价、促销活动、产品介绍、季节因素等）对销售收入的影响时，可以使用多元线性回归。

在本章中通过对京东电商每月销售收入和广告费的分析，判断销售收入和广告费存在一定的线性关系，因此可以通过线性回归公式求得销售收入的预测值，公式如下：

$$y=bx+k$$

其中，y 为预测值（因变量），x 为特征（自变量），b 为斜率，k 为截距。

上述公式的求解过程主要使用最小二乘法，所谓"二乘"就是平方的意思，最小二乘法也称最小平方和，其目的是通过最小化误差的平方和，使得预测值与真实值无限接近。

这里对求解过程不做过多介绍，我们主要使用 Scikit-Learn 线性模型（linear_model）中的 LinearRegression 方法实现销售收入的预测。

10.5 项目实现过程

用 Python 编写程序实现京东电商销售收入的预测，首先要分析京东电商销售收入和广告费数据，然后通过折线图、散点图判断销售收入和广告费两组数据的相关性，最后实现销售收入的预测。

10.5.1 数据处理

京东电商存在两组历史数据，分别存放在两个 Excel 文件中，一个是销售收入数据，另一个是广告费数据。在分析预测前，首先要对这些数据进行处理，提取与数据分析相关的数据。

例如，销售收入分析只需要"日期"和"销售码洋"信息，关键代码如下：

```
df=df[['日期','销售码洋']]
```

10.5.2 日期数据统计并显示

为了便于分析每天和每个月的销售收入数据，需要按天、按月统计 Excel 表中的销售收入数据，这里主要使用 Pandas 中 DataFrame 对象的 resample() 方法。首先将 Excel 表中的日期转换为 datetime，然后设置日期为索引，最后使用 resample() 方法和 to_period() 方法实现日期数据的统计和显示，效果如图 10.5 和 10.6 所示。

	A	B
1	**日期**	**销售码洋**
2	2023-01-01 00:00:00	20673.4
3	2023-01-02 00:00:00	17748.6
4	2023-01-03 00:00:00	17992.6
5	2023-01-04 00:00:00	31944.4
6	2023-01-05 00:00:00	37875
7	2023-01-06 00:00:00	22400.2
8	2023-01-07 00:00:00	21861.6
9	2023-01-08 00:00:00	19516
10	2023-01-09 00:00:00	26330.6
11	2023-01-10 00:00:00	24406.4
12	2023-01-11 00:00:00	23858.6
13	2023-01-12 00:00:00	23208
14	2023-01-13 00:00:00	22199.8
15	2023-01-14 00:00:00	35673.8
16	2023-01-15 00:00:00	37140.4
17	2023-01-16 00:00:00	42839
18	2023-01-17 00:00:00	28760.4
19	2023-01-18 00:00:00	38567.4
20	2023-01-19 00:00:00	31018.6
21	2023-01-20 00:00:00	31745.6
22	2023-01-21 00:00:00	35466.6
23	2023-01-22 00:00:00	42177.6

图 10.5 按天统计销售收入数据（部分数据）

	A	B
1	**日期**	**销售码洋**
2	2023-01-01 00:00:00	958763.6
3	2023-02-01 00:00:00	900500.2
4	2023-03-01 00:00:00	1144057.4
5	2023-04-01 00:00:00	911718.8
6	2023-05-01 00:00:00	1014847.8
7	2023-06-01 00:00:00	1515419
8	2023-07-01 00:00:00	1433418.2
9	2023-08-01 00:00:00	1185811
10	2023-09-01 00:00:00	1138865
11	2023-10-01 00:00:00	1848853.4
12	2023-11-01 00:00:00	2347063
13	2023-12-01 00:00:00	1560959.6

图 10.6 按月统计销售收入数据

关键代码如下：

```
01    df['日期'] = pd.to_datetime(df['日期'])        # 将日期转换为日期格式
02    df1= df.set_index('日期',drop=True)            # 设置日期为索引
03    # 按天统计销售收入数据
04    df_d=df1.resample('D').sum().to_period('D')
05    print(df_d)
06    # 按月统计销售收入数据
07    df_m=df1.resample('M').sum().to_period('M')
08    print(df_m)
```

10.5.3 销售收入分析

这一步实现了按天和按月分析销售收入数据，并通过图表显示，效果更加清晰直观，如图 10.7 所示。

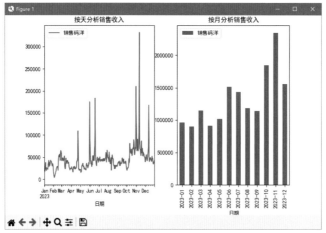

图 10.7 销售收入分析

这里通过 DataFrame 对象提供的绘图方法实现了图表的绘制，并应用了子图，主要使用 subplots() 函数实现。首先，使用 subplots() 函数创建坐标系对象 axes，然后在绘制图表时指定 axes 对象，关键代码如下：

源码位置：资源包 \MR\Code\10\sales.py

```
01    # 图表字体为黑体，字号为10
02    plt.rc('font', family='SimHei',size=10)
03    fig = plt.figure(figsize=(9,5))                      # 设置画布大小
04    ax=fig.subplots(1,2)                                 # 创建1行2列的子图
05    # 分别设置图表标题
06    ax[0].set_title('按天分析销售收入')
07    ax[1].set_title('按月分析销售收入')
08    df_d.plot(ax=ax[0],color='r')                        # 第一个图为折线图
09    df_m.plot(kind='bar',ax=ax[1],color='g')             # 第二个图为柱形图
10    # 取消科学记数法
11    plt.gca().get_yaxis().get_major_formatter().set_scientific(False)
12    # 调整图表与上部和底部的距离
13    plt.subplots_adjust(top=0.95,bottom=0.15)
14    plt.show()                                           # 显示图表
```

10.5.4 销售收入与广告费相关性分析

在使用线性回归方法预测销售收入前，需要对相关数据进行分析。单纯从数据中很难发现其中的趋势和联系，而将数据绘制成图表后，数据间的趋势和联系就会变得清晰起来。

下面通过折线图和散点图来看一看销售收入与广告费的相关性。

绘制图表前，最重要的是获取数据，数据很重要，销售收入和广告费数据分别如图 10.8 和图 10.9 所示。（由于数据较多，这里只显示部分数据）

	A	B	C	D
1	日期	商品名称	成交件数	销售码洋
2	2023-1-1	Python从入门到项目实践（全彩版）	36	3592.8
3	2023-1-1	零基础学Python（全彩版）	28	2234.4
4	2023-1-1	零基础学C语言（全彩版）	20	1396
5	2023-1-1	零基础学Java（全彩版）	26	1814.8
6	2023-1-1	SQL即查即用（全彩版）	12	597.6
7	2023-1-1	零基础学C#（全彩版）	10	798
8	2023-1-1	Java项目开发实战入门（全彩版）	12	717.6
9	2023-1-1	JavaWeb项目开发实战入门（全彩版）	8	558.4
10	2023-1-1	C++项目开发实战入门（全彩版）	7	488.6
11	2023-1-1	零基础学C++（全彩版）	12	957.6
12	2023-1-1	零基础学HTML5+CSS3（全彩版）	8	638.4
13	2023-1-1	C#项目开发实战入门（全彩版）	8	558.4
14	2023-1-1	Java精彩编程200例（全彩版）	16	1276.8
15	2023-1-1	案例学WEB前端开发（全彩版）	3	149.4
16	2023-1-1	零基础学JavaScript（全彩版）	7	558.6
17	2023-1-1	C#精彩编程200例（全彩版）	6	538.8
18	2023-1-1	C语言精彩编程200例（全彩版）	7	558.6
19	2023-1-1	C语言项目开发实战入门（全彩版）	5	299
20	2023-1-1	ASP.NET项目开发实战入门（全彩版）	3	209.4
21	2023-1-1	零基础学Android（全彩版）	5	449
22	2023-1-1	零基础学PHP（全彩版）	2	159.6
23	2023-1-1	PHP项目开发实战入门（全彩版）	2	139.6

图 10.8 销售收入（部分数据）

	A	B
1	投放日期	支出
2	2023-1-1	810
3	2023-1-1	519
4	2023-1-1	396
5	2023-1-1	278
6	2023-1-1	210
7	2023-1-1	198
8	2023-1-1	164
9	2023-1-1	162
10	2023-1-1	154
11	2023-1-1	135
12	2023-1-1	134
13	2023-1-1	132
14	2023-1-1	125
15	2023-1-1	107
16	2023-1-1	93
17	2023-1-1	92
18	2023-1-1	82
19	2023-1-1	81
20	2023-1-1	59
21	2023-1-1	54
22	2023-1-1	47
23	2023-1-1	43

图 10.9 广告费（部分数据）

首先读取数据，大致对数据进行浏览，程序代码如下：

```
01    # 导入相关模块
02    import pandas as pd
03    import matplotlib.pyplot as plt
04    # 读取Excel文件
05    df1= pd.read_excel('./data/广告费.xlsx')
06    df2= pd.read_excel('./data/销售表.xlsx')
07    # 输出前5条数据
```

```
08    print(df1.head())
09    print(df2.head())
```

运行程序，输出结果如图 10.10 所示。

	投放日期	支出		
0	2023-01-01	810		
1	2023-01-01	519		
2	2023-01-01	396		
3	2023-01-01	278		
4	2023-01-01	210		

	日期	商品名称	成交件数	销售码洋
0	2023-01-01	Python从入门到项目实践（全彩版）	36	3592.8
1	2023-01-01	零基础学Python（全彩版）	28	2234.4
2	2023-01-01	零基础学C语言（全彩版）	20	1396.0
3	2023-01-01	零基础学Java（全彩版）	26	1814.8
4	2023-01-01	SQL即查即用（全彩版）	12	597.6

图 10.10 读取部分数据

1. 折线图

为了更清晰地对比销售收入与广告费这两组数据的变化和趋势，我们使用双 y 轴折线图来显示数据，其中主 y 轴用来绘制广告费数据，次 y 轴用来绘制销售收入数据。通过折线图可以发现，广告费和销售收入两组数据的变化和趋势大致相同，从整体趋势来看，广告费和销售收入两组数据都呈现增长趋势。从规律性来看，广告费和销售收入数据每次的最低点都出现在同一个月。从细节上看，两组数据的短期趋势也基本一致，如图 10.11 所示。

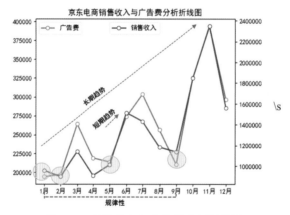

图 10.11 销售收入与广告费分析折线图

关键代码如下：

源码位置：资源包 \MR\Code\10\line.py

```
01    # y1为广告费，y2为销售收入
02    y1=pd.DataFrame(df_x['支出'])
03    y2=pd.DataFrame(df_y['销售码洋'])
04    fig = plt.figure()                              # 创建空画布
05    plt.rc('font', family='SimHei',size=11)         # 图表字体为黑体，字号为11
06    ax1 = fig.add_subplot(111)                      # 添加子图
07    plt.title('京东电商销售收入与广告费分析折线图')        # 图表标题
08    # 图表x轴刻度及标签
09    x=[0,1,2,3,4,5,6,7,8,9,10,11]
```

```
10    plt.xticks(x,['1月','2月','3月','4月','5月','6月','7月','8月','9月','10月','11月','12
月'])
11    # 广告费折线图
12    ax1.plot(x,y1,color='orangered',linewidth=2,linestyle='-',marker='o',mfc='w',label='
广告费')
13    plt.legend(loc='upper left')                      # 图例位于左上方
14    ax2 = ax1.twinx()                                 # 添加一条y轴
15    # 销售收入折线图
16    ax2.plot(x,y2,color='b',linewidth=2,linestyle='-',marker='o',mfc='w',label='销售收入')
17    plt.subplots_adjust(right=0.85)                   # 调整图表与画布边缘的间距
18    # 取消科学记数法
19    plt.gca().get_yaxis().get_major_formatter().set_scientific(False)
20    plt.legend(loc='upper center')                    # 图例位于上方中心
21    plt.show()                                        # 显示图表
```

2. 散点图

对比折线图，散点图更加直观。散点图去除了时间维度的影响，只关注广告费和销售收入两组数据间的关系。在绘制散点图之前，我们将广告费设置为自变量，将销售收入设置为因变量。下面根据每个月销售收入和广告费数据绘制散点图，x 轴是自变量广告费数据，y 轴是因变量销售收入数据。从数据点的分布情况可以发现，自变量和因变量有着相同的变化趋势，当广告费增加后，销售收入也随之增加，如图 10.12 所示。

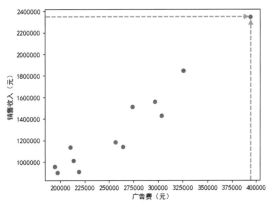

图 10.12 销售收入与广告费分析散点图

关键代码如下：

源码位置：资源包 \MR\Code\10\scatter.py

```
01    # x为广告费，y为销售收入
02    x=pd.DataFrame(df_x['支出'])
03    y=pd.DataFrame(df_y['销售码洋'])
04    # 图表字体为黑体，字号为11
05    plt.rc('font', family='SimHei',size=11)
06    plt.figure('京东电商销售收入与广告费分析散点图')
07    plt.scatter(x, y,color='r')          # 真实值散点图
08    plt.xlabel(u'广告费（元）')
09    plt.ylabel(u'销售收入（元）')
10    # 取消科学记数法
11    plt.gca().get_yaxis().get_major_formatter().set_scientific(False)
```

```
12    plt.subplots_adjust(left=0.15)    # 调整图表与画布边缘的间距
13    plt.show()                        # 显示图表
```

折线图和散点图清晰地展示了广告费和销售收入两组数据，让我们直观地发现了数据之间隐藏的关系，能为接下来的决策提供重要依据。经过折线图和散点图分析后，就可以对销售收入进行预测，进而做出科学的决策了。

10.5.5 销售收入预测

2024 年上半年计划投入的广告费如图 10.13 所示。根据上述分析，这里采用线性回归分析方法对未来 6 个月的销售收入进行预测，主要使用 Scikit-Learn 提供的线性模型 linear_model 模块。

1月	2月	3月	4月	5月	6月
120,000.00	130,000.00	150,000.00	180,000.00	200,000.00	250,000.00

图 10.13 计划投入广告费（单位：元）

首先，将广告费设置为 x，也就是自变量，将销售收入设置为 y，也就是因变量，将计划广告费设置为 x0，预测值为 y0，然后拟合线性模型，获取回归系数和截距。通过给定的计划广告费 x0 和线性模型来预测销售收入 y0，关键代码如下：

源码位置：资源包 \MR\Code\10\pred.py

```
01    clf=linear_model.LinearRegression()    # 创建线性模型
02    # x为广告费，y为销售收入
03    x=df_x.values
04    y=df_y.values
05    clf.fit(x,y)                           # 拟合线性模型
06    k=clf.coef_                            # 获取回归系数
07    b=clf.intercept_                       # 获取截距
08    # 未来6个月计划投入的广告费
09    x0=np.array([120000,130000,150000,180000,200000,250000])
10    x0=x0.reshape(6,1)                     # 数组重塑
11    # 预测未来6个月的销售收入（y0）
12    y0=clf.predict(x0)
13    print('预测销售收入：')
14    print(y0)
```

运行程序，结果如图 10.14 所示。

```
预测销售收入：
[[ 343161.02820353]
 [ 412384.58984301]
 [ 550831.71312199]
 [ 758502.39804046]
 [ 896949.52131943]
 [1243067.32951688]]
```

图 10.14 预测销售收入

接下来，为了直观地观察真实值与预测值之间的关系，我们在散点图中加入预测值（预测回归线）绘制线性拟合图，效果如图 10.15 所示。

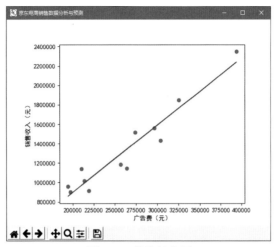

图 10.15 线性拟合图

将散点图与折线图结合形成线性拟合图。散点图体现真实值，折线图体现预测值，关键代码如下：

```
01    # 使用线性模型预测y值
02    y_pred =clf.predict(x)
03    # 图表字体为华文细黑，字号为10
04    plt.rc('font', family='SimHei',size=11)
05    plt.figure('京东电商销售数据分析与预测')
06    plt.scatter(x, y,color='r')                              # 真实值散点图
07    plt.plot(x,y_pred, color='blue', linewidth=1.5)         # 预测回归线
08    plt.ylabel(u'销售收入（元）')
09    plt.xlabel(u'广告费（元）')
10    # 取消科学记数法
11    plt.gca().get_yaxis().get_major_formatter().set_scientific(False)
12    plt.subplots_adjust(left=0.2)                           # 调整图表与画布边缘的间距
13    plt.show()                                              # 显示图表
```

10.5.6 预测评分

我们要对预测准确率进行评分，准确率评分越高，说明预测的销售收入越接近真实情况。

下面使用 Scikit-Learn 提供的评价指标函数 metrics 实现回归模型的评估，主要包括以下 4 种方法。

☑ explained_variance_score：回归模型的方差得分，取值范围是 0~1。

☑ mean_absolute_error：平均绝对误差。

☑ mean_squared_error：均方差。

☑ r2_score：判定系数，解释回归模型的方差得分，取值范围是 0~1。

下面使用 r2_score 方法评估回归模型，为预测结果评分。如果评分是 0，说明预测结果跟瞎猜差不多；如果评分是 1，说明预测结果非常准；评分越接近，说明预测结果越好；如果评分是负数，说明预测结果还不如瞎猜，数据间没有线性关系。

假设未来 6 个月的实际销售收入（单位：元）是 360000、450000、600000、800000、920000、1300000，程序代码如下：

```
01    from sklearn.metrics import r2_score
02    y_true = [360000,450000,600000,800000,920000,1300000] # 真实值
03    score=r2_score(y_true,y0)   # 预测评分
04    print(score)
```

运行程序，输出结果为 0.9839200886906196，说明预测结果非常好。

10.6 小结

本章融入了数据处理、图表绘制、数据分析和机器学习的相关知识，通过项目实践进一步巩固和加深了前面所学的知识，并进行了综合应用。例如，相关性分析和线性回归分析方法的结合，为数据预测提供了有力的依据。通过实际项目，读者能掌握 Scikit-Learn 线性回归模型，并为日后的数据分析工作奠定坚实的基础。

博文视点精选Python好书

为学习Python提供有趣、有料、好玩、好用的参考书籍!

看漫画学Python精选好书

ISBN: 978-7-121-43666-6
关东升 著　赵大羽 绘

ISBN: 978-7-121-38839-2
关东升 著　赵大羽 绘

ISBN: 978-7-121-45775-3
张文霖 著

对比Excel轻松学Python精选好书

ISBN: 978-7-121-42072-6
张俊红 著

ISBN: 978-7-121-44754-9
张俊红 著

ISBN: 978-7-121-35793-0
张俊红 著

Python自动化办公精选好书

ISBN: 978-7-121-42297-3
关东升 著

ISBN: 978-7-121-43634-5
黄伟　朱鹏伟(朱小五)著

ISBN: 978-7-121-41241-7
廖茂文 著

博文视点精选好书

大模型类热销图书

《大规模语言模型：从理论到实践》

ISBN: 978-7-121-46705-9

作者：张奇 桂韬 郑锐 黄萱菁

《多模态大模型：技术原理与实战》

ISBN: 978-7-121-46562-8

作者：彭勇 彭旋 郑志军 茹炳晟

《Llama大模型实践指南》

ISBN: 978-7-121-47010-3

作者：张俊祺 等

《LangChain入门指南：
构建高可复用、可扩展的
LLM应用程序》

ISBN: 978-7-121-47010-3

作者：李特丽 康轶文

编程进阶图书

《左耳听风：传奇程序员练级攻略》

ISBN: 978-7-121-46680-9

作者：陈皓

《代码的艺术：用工程思维驱动
软件开发》

ISBN: 978-7-121-42671-1

作者：章淼

《框架设计指南：构建可复用.NET库
的约定、惯例与模式（第3版）》

ISBN: 978-7-121-45010-5

作者：【美】Krzysztof Cwalina
【美】Jeremy Barton
【美】Brad Abrams
译者：王桥

电子工业出版社

PUBLISHING HOUSE OF ELECTRONICS INDUSTRY

http://www.phei.com.cn